Wilhelm Rein, E Scheller, A. Pickel

Theorie und Praxis des Volksschulunterrichts nach Herbartischen Grundsätzen

Grundsätzen

VI. Band: Das sechste Schuljahr

Wilhelm Rein, E Scheller, A. Pickel

Theorie und Praxis des Volksschulunterrichts nach Herbartischen Grundsätzen
VI. Band: Das sechste Schuljahr

ISBN/EAN: 9783743653719

Hergestellt in Europa, USA, Kanada, Australien, Japan

Cover: Foto ©Paul-Georg Meister /pixelio.de

Weitere Bücher finden Sie auf **www.hansebooks.com**

Theorie und Praxis

des

Volksschulunterrichts

nach Herbartischen Grundsätzen

Bearbeitet

von

Dr. W Rein

Professor an der Universität Jena

A Pickel und E Scheller

Seminaroberlehrer †   Seminarlehrer

zu Eisenach

VI Band

Das sechste Schuljahr

Leipzig

Verlag von Heinrich Bredt

1900

Das sechste Schuljahr

Ein theoretisch-praktischer Lehrgang

für Lehrer und Lehrerinnen

sowie zum Gebrauch in Semiuaren

Bearbeitet

von

Dr W Rein
Professor au der Universität Jena

A Pickel und E Scheller
Seminaroberlehrer †   Seminarlehrer

zu Eisenach

Dritte Auflage

Leipzig

Verlag von Heinrich Bredt

1900

Vorwort zur dritten Auflage

Der VI. Band unserer „Schuljahre" wird hier zwar in neuer Auflage, aber doch im ganzen nicht wesentlich verändert vorgelegt. Wenn wir auch das Bedürfnis fühlten, einzelne Abschnitte einer gründlichen Umarbeitung zu unterziehen, so schien uns der Zeitpunkt dazu noch nicht gekommen angesichts mancher schwebenden Fragen in der speziellen Methodik.

Den Abschnitt über den deutschen Unterricht hat Herr Oberlehrer Lehmensick in Jena durchgesehen, den über Raumlehre Herr Seminarlehrer Reich in Eisenach unter pietätvoller Berücksichtigung der gegebenen Ausführungen, die aus der Feder unseres verstorbenen Mitarbeiters, des Herrn Seminaroberlehrers Pickel, stammten.

Jena und Eisenach, Herbst 1899

Die Verfasser

Inhalt

	Seite
A Historisch-humanistische Fächer	
I Gesinnungsunterricht (S. 1—44):	
1. Biblische Geschichte	1—27
2. Geschichte	28—44
II Kunstunterricht (S. 45—63):	
1. Zeichnen	45—46
2. Singen	47—63
III Sprachunterricht	64—90
B Naturwissenschaftliche Fächer	
IV Erdkunde	91—108
V Naturkunde	109—116
VI Mathematik (S. 117—182):	
1. Raumlehre	117—157
2. Rechnen	158—182

I Der Religions-Unterricht *)

Litteratur: Siehe das „vierte Schuljahr", S. 1 und ebendaselbst im „fünften" Schuljahr". Vergl. auch Lietz: „Der Leben-Jesu-Unterricht in der Erziehungsschule" in Reins encyclop. Handbuch der Pädagogik, Bd. IV. Eine Zusammenstellung der neueren Litteratur. 5. Schulj. 3. Aufl. S. 30 ff. Thrändorf, Der Rel.-Unterr. L 2. Aufl. Dresden, 1898.

I Die Anordnung des Stoffes

Über Auswahl und Anordnung des biblischen Hauptstoffes für das sechste Schuljahr haben wir uns schon im „fünften Schuljahr" (S. 1—3) ausgesprochen und wiederholen daher nur, dass wir dort zu dem Vorschlag gelangten, dem sechsten Schuljahr die Behandlung der zweiten Hälfte des Lebens Jesu zuzuweisen. Hierfür aber bleiben uns übrig: einmal die s c h w i e r i g e r e n W u n d e r g e s c h i c h t e n und die H a u p t m a s s e der G l e i c h n i s s e, sodann die B e r g p r e d i g t und die Geschichten vom L e i d e n, T o d und A u f e r s t e h u n g Jesu.

Wir bringen die erstgenannten Stoffe nicht in geschlossenen Gruppen — diese Gruppierung überlassen wir der Thätigkeit der Schüler — sondern wiederum in ungezwungener Abwechslung; chronologisch geordnet tritt aus naheliegenden Gründen nur die Leidensgeschichte auf. Dass die Bergpredigt den Schluss der Lehre Jesu bildet, ist wohl mit dem Hinweis auf ihre Schwierigkeit genügend begründet, und dass die Leidensgeschichte als Abschluss des Ganzen auftritt, ist nicht bloss sachlich notwendig, sondern empfiehlt sich auch methodisch wegen der Schwierigkeit, die Schüler in das historische und religiöse Verständnis des irdischen Ausganges Jesu einzuführen.

Diese Bemerkungen (cf. auch V. Schuljahr, S. 1—4) mögen genügen; doch darf nicht unausgesprochen bleiben, dass in der von uns getroffenen Stoffauswahl für das fünfte und sechste Schuljahr nicht etwa ein Urteil über das Nichtgeeignetsein anderer **) evangelischer Erzählungen oder

---

*) Von einer Umarbeitung dieses Abschnittes ist jetzt noch abgesehen worden, da die Fragen des Unterrichts über alttestamentliche Prophetie und das Leben Jesu sich im Flusse befinden und die Bearbeitung des Stoffes für das VI. Schuljahr nach unserem bisherigen Plane sehr eng mit dem des V. verknüpft ist. (S. das V. Schuljahr, 3. Aufl.)

**) Vieles davon, das man nicht als besondere methodische Einheit durcharbeiten mag oder kann, wird ganz gut auf den fünften Stufen der behandelten Einheiten als Aufgabe auftreten können.

1

Stücke liegen soll; wir wollten nicht erschöpfen, sondern nur anregen. Über unsere Stellung zu dem Thrändorfschen Vorschlag (Anschluss des Lebens Jesu an die Lektüre des Matthäusevangeliums) haben wir uns im V. Schuljahr, 3. Aufl., ausgesprochen. Der Text der biblischen Geschichten ist aus den ebendaselbst angegebenen Gründen gleichfalls nicht abgedruckt.

2 Die Gliederung des Stoffes

1. Das Gleichnis vom Säemann.
2. Das Gleichnis vom Unkraut unter dem Weizen.
3. Das Gleichnis vom Schatz im Acker und von der Perle.
4. Das Gleichnis vom grossen Abendmahl.
5. Der Kranke am Teiche Bethesda.
6. Die Stillung des Sturmes.
7. Die Heilung des Blindgeborenen.
8. Das Gleichnis von den Arbeitern im Weinberg.
9. Das Gleichnis von den anvertrauten Zentnern.
10. Vom reichen Mann und vom armen Lazarus.
11. Das Gleichnis von den zehn Brautjungfrauen.
12. Vom Weltgericht.
13. Die Bergpredigt.
14. Maria und Martha.
15. Die Auferweckung des Lazarus.
16. Die Feinde Jesu.
17. Die Salbung Jesu in Bethanien und sein Einzug in Jerusalem.
18. Jesu Streitreden gegen seine Feinde.
19. Der Verrat des Judas.
20. Die Fusswaschung und das heilige Abendmahl.
21. Jesus in Gethsemane.
22. Jesus vor den Hohenpriestern. Verleugnung des Petrus, Ende des Judas.
23. Jesus vor Pilatus.
24. Jesu Kreuzigung.
25. Begräbnis und Auferstehung Jesu.
26. Jesu Himmelfahrt.

3 Das Lehrverfahren

A Im allgemeinen

Hierüber verweisen wir auf das im „fünften Schuljahr" (S. 4—5) Gesagte und Angeführte.

B Im besonderen

1 Das Gleichnis vom Säemann
(Matth. 13, 1—9.)

Ziel: Überschrift.

1. Stufe. Thätigkeit des Säemanns. Abhängigkeit des Ausfalls der Ernte von der Bodenart.

2. Stufe. Zur Besprechung. Der Erfolg der Säemannsarbeit und der Grund hiervon; die erste Bodenart ist nicht weich, die zweite nicht tief, die dritte nicht rein, die vierte aber ist weich und tief und rein, darum kann der Samen nur auf ihr gedeihen.

Zur Deutung: Der Säemann ist Jesus (und Gott), die Samenkörner sind die Worte Gottes, welche Jesus verkündigt, das Saatfeld sind die Menschenherzen, der viererlei Boden bedeutet viererlei Herzen. Mit der ersten Bodenart sind die Hartherzigen gemeint (Absalom, der Schalksknecht), in die das Wort Gottes gar nicht eindringt; mit der zweiten Bodenart sind die Oberflächlichen gemeint (z. B. Saul), bei denen das Wort Gottes nicht in die Tiefe dringt und darum durch Versuchung oder Trübsal bald vernichtet wird; mit der dritten Bodenart sind die geteilten oder unreinen Herzen (Volk Israel, David im Fall) gemeint, in denen das emporspriessende Gute durch das rascher wachsende Böse unterdrückt wird; mit der vierten Bodenart sind die guten Herzen gemeint (Abraham, Moses), bei welchen die Worte Gottes in die Tiefe dringen und dort, ungestört durch böse Nachbarn, zu guten Gesinnungen und guten Thaten (Früchten) reifen. Freilich ändern sich gar oft die Menschenherzen, sie gehören manchmal zu dieser, manchmal zu jener Bodenart (Saul und David).

3. Stufe. Auch heute noch finden wir die viererlei Bodenarten bei den Menschen, jeder Christ gehört zu einer derselben, aber der rechte Christ muss der vierten Bodenart gleichen, und er kann auch selbst viel dazu thun, dass sein Herz immer weicher und tiefer und reiner werde, damit die Worte Christi immer mehr Frucht bringen (Beispiele). Nur wer auf solche Früchte seines Lebens hinsehen kann, ist glücklich und selig hier und dort.

4. Stufe. „Selig sind, die Gottes Wort hören und bewahren" (bekannt).

5. Stufe. Jesus schloss sein Gleichnis mit den Worten: „Wer Ohren hat zu hören, der höre." Was sollst du für dich aus dem Gleichnis heraushören?

Auch heute noch wird das Wort Gottes ausgesät. Wo und von wem? Kannst du auch ein Säemann werden?

2 Das Gleichnis vom Unkraut unter dem Weizen
(Matth. 13, 24—30.)

Ziel: Überschrift.

1. Stufe. Die Ansicht der Kinder und des Landmanns über das im Weizenfeld wachsende Unkraut; Weizen und Unkraut wird bei der Ernte geschieden (Wurfschaufel), nur die reine Weizenfrucht wird zur Nahrung aufbewahrt.

2. Stufe. Zur Besprechung: Nicht der Herr des Ackers, sondern sein Feind bringt das Unkraut unter den Weizen. Der Rat der Knechte ist gut gemeint, aber thöricht; darum lässt der Herr das Unkraut und den Weizen bis zur Ernte stehen, um beides erst dann durch seine Schnitter scheiden zu lassen.

Zur Deutung: Die Kinder deuten das leichte Gleichnis und vergleichen dann ihre Deutung mit der des Herrn (Matth. 13, 36—43). Diese Deutung ist noch in folgender Weise zu erweitern: Alles Gute in

1*

der Welt kommt von Gott und Christus, alles Böse kommt von der Sünde, die aus dem Herzen der Menschen herauswächst (Beispiele). Der Wunsch mancher rechtschaffenen Menschen, doch die Bösen aus der Welt wegschaffen zu können, ist thöricht, da sie Bosheit und Güte, die ja im Herzen wohnt, nicht sehen und unterscheiden können; und wenn sie den Menschen in's Herz sehen könnten, so würden sie darin stets eine Mischung von Gut und Bös, von Weizen und Unkraut, antreffen. Die Menschen unterscheiden sich nur durch die verschiedene und stets wechselnde Menge und Herrschaft des einen und des anderen. Ein richtiges und gerechtes Urteil über sie kann darum nur von Gott am Ende ihres Lebens ausgesprochen werden.

3. Stufe. Den eifrigen aber unklugen Knechten gleichen alle diejenigen Menschen, welche hart und streng über ihre sündigen Brüder richten; sie richten sich damit selber, da sie ja auch nicht ganz frei sind von Unkraut.

4. Stufe. „Richtet nicht, auf dass ihr nicht gerichtet werdet."

5. Stufe. Welcher Trost und welche Mahnung für uns liegt in diesem Gleichnis? Vergleicht dies Gleichnis mit dem vom Säemann.

3 Die Gleichnisse vom Schatz im Acker und von der Perle

(Matth. 13, 44—46.)

Ziel: Überschrift.

1. Stufe. Erinnerung an Menschen, die grosse Schätze besassen, und an das, was sie thaten, um diese Schätze zu gewinnen oder zu behalten.

2. Stufe. Zur Deutung: In beiden Gleichnissen wird das Himmelreich mit kostbaren Dingen verglichen, und für ihren Gewinn wird beide Male alle andere Habe hingegeben; Jesus meint also, dass das Himmelreich für den Menschen das Kostbarste und Wertvollste in der ganzen Welt sei. Der Unterschied zwischen beiden Gleichnissen besteht nur darin, dass das Himmelreich von manchen Menschen gefunden wird, ohne dass es gesucht wurde, von anderen aber gesucht und gefunden wird.

3. Stufe. Schon vor Christus liess Gott das Volk Israel Stücke aus dem Schatze des Himmelreichs (Zehn Gebote, Sendung der Propheten) finden, durch Christus hat er aber dem Volk Israel und allen Völkern den ganzen Schatz des Himmelreichs und seiner Seligkeit geschenkt. Auch haben schon vor Christus die besten Männer des Volkes Israel nach guten Perlen gesucht, darum liess auch Gott das Volk Israel durch Christus zuerst die köstliche Perle finden. Alle aber — mögen sie nun vor Christus oder zu seiner Zeit gelebt haben — die erst einmal den hohen Wert des Himmelreichs erkannt hatten (z. B. Moses, Elias, Simon Petrus, Matthäus), gaben gern das, was sie vorher liebten und schätzten (bequemes und fröhliches Leben, Hab und Gut, Lieblingsneigungen u. s. w.) hin, um das Himmelreich — die Liebe Gottes und die Freundschaft Christi — zu gewinnen.

4. Stufe. „Wenn ich nur dich habe, so frage ich nichts nach Himmel und Erde."

5. Stufe. Alle Christen sind entweder nach dem ersten oder nach dem zweiten Gleichnis in den Besitz des Himmelreichs gelangt; viele auch auf beiderlei Weise zugleich (Nachweis).

Kein Christ darf aufhören, nach dem Himmelreich zu suchen. Warum?

Was kannst du jetzt und was musst du später für das Himmelreich hingeben?

4 Das Gleichnis vom grossen Abendmahl
(Luk. 14, 16—24.)

1. Stufe. Die Schüler sprechen sich aus über die Freuden und Genüsse eines Gastmahls (damaliger Zeit), über den dazu erforderlichen Reichtum des Einladenden und über die Ehre einer solchen Einladung.

2. Stufe. Zur Besprechung der Geschichte: Viele auserwählte Gesellschaft ist geladen zu dem grossen Freudenmahle, aber sie kommt nicht. Die Entschuldigungen der Eingeladenen sind ungenügend und thöricht; sie wollen nicht kommen, weil ihnen ihre eigenen Angelegenheiten (Besitz, Geschäft, Familienverhältnisse) wichtiger sind, als die Rücksicht auf den Gastgeber und auf die von ihm bereiteten Freuden. Darum lädt der Herr geringe Leute zu seinem Abendmahl ein und schliesst die zuerst Geladenen aus.

Zur Deutung: Gott, der Herr, hat in alten Zeiten das Volk Israel durch seine Knechte, die Propheten, und zuletzt eben wiederum durch seinen Sohn zu den Freuden der Gottseligkeit einladen lassen und hat gerade durch seinen Sohn die ganze Herrlichkeit und Seligkeit der Gotteskindschaft offenbart. Aber sowohl früher als jetzt gab es viele (das Volk Israel, die Pharisäer, das jüdische Volk, welches rief: Kreuzige ihn), die nichts von der freundlichen Einladung Gottes annehmen wollten, weil ihnen die Sorge für sich wichtiger und freudenreicher erschien, als die Sorge für Gott, oder weil sie sich einbildeten, dass sie schon wegen ihrer eigenen Gerechtigkeit und Heiligkeit an der Freudentafel des Himmelreiches sitzen müssten. Darum wandte sich Jesus mit seiner Einladung an die Armen und Verachteten, die Demütigen und Bussfertigen, die Fischer, Zöllner und Sünder, und diese folgten gerne seinem Ruf. Und als das jüdische Volk den Heiland für seine Einladung gekreuzigt hatte, da ging die Einladung an die verachteten, aber demütigen Heiden, auch an unser Volk, und sie hörten die freundlichen Worte und bekehrten sich und erfreuten sich an den Gaben des Himmelreichs.

3. Stufe. Auch heute noch dauert das Gastmahl Gottes fort, auch heute lädt er und Christus die Menschen dazu ein (wo? wie?), auch heute noch halten gar manche ihre eigenen irdischen Angelegenheiten (Beispiele!) für wichtiger als Gottes Einladung und erwarten in ihrem Hochmut von der eigenen Arbeit mehr Freude, als von den Gaben Gottes. So versäumen sie über der vergänglichen irdischen Freude die himmlische Freude, die schon hier beginnt und dort nimmermehr aufhört, denn auch heute noch lässt Gott nur die demütigen und willigen Herzen sein Abendmahl schmecken.

4. Stufe. „Habt nicht lieb die Welt, noch was in der Welt ist. So jemand die Welt lieb hat, in dem ist nicht die Liebe des Vaters.

Und die Welt vergeht mit ihrer Lust; wer aber den Willen Gottes thut,
der bleibet in Ewigkeit."
Wiederholung: Kommet her zu mir alle, die ihr mühselig . . .
5. Stufe. Wann und wie bist du schon zum grossen Abendmahl
eingeladen worden? Wie lauten heutzutage die Entschuldigungen derer,
die nicht kommen wollen? — Deutet das Gleichnis von der königlichen
Hochzeit (Matth. 22; NB.! Fürstliche Gastgeber schenkten damals ihren
Gästen ein hochzeitlich Kleid).

5 Der Kranke am Teiche Bethesda
(Joh. 5, 1—18.)

1. Stufe. Vertiefung und Klärung dessen, was die Schüler von
Heilquellen und deren Heilkraft wissen. Mitteilung der wichtigsten
Notizen über den Teich Bethesda (resp. Lektüre von Joh. 5, 2—4).
2. Stufe. Zur Besprechung: Jesus fühlt Mitleid mit dem armen
Kranken, der in so langer Leidenszeit keine mitleidige Seele gefunden
und der trotzdem geduldig und demütig geblieben ist. Der Kranke
glaubt dem unglaublichen Wort, versucht sich aufzurichten, und sein
Glaube wird durch völlige Heilung herrlich belohnt; der Herr aber verliert sich in der Menge, um dem Dank und dem Ruhme auszuweichen.
— Die Juden (wohl Pharisäer), welche peinlich streng auf die Sabbath-
ruhe halten, tadeln den Geheilten, anstatt sich mit ihm, dem Fröhlichen,
zu freuen, aber der Geheilte glaubt, mehr dem Gebote des freundlichen
und mächtigen Helfers als dem Gebot der Hartherzigen folgen zu müssen.
Und als diese gar dem Heiland selber Vorwürfe machen, beruft der sich
auf seinen Vater, der immer schafft und wirkt und Gutes thut, auch am
Sabbath, und dem er also nur dann ähnlich sein kann, wenn er auch
alle Tage und also auch am Sabbath Gutes thut. —
Aus der Mahnung des Herrn an den dankbaren (er ist im Tempel)
Geheilten sehen wir, dass sich der letztere wohl sein Leiden durch sünd-
haftes Genussleben zugezogen hat; aber sein Leid hat ihn wieder zu
Gott geführt, der hat ihn durch seinen Sohn geheilt, damit er nun immer
bei ihm und seinem Worte bleibe.
3. Stufe. Der Vergleich dessen, was der freundliche Herr an dem
mit Schuld und Leid beladenen Kranken that, mit andern Ausserungen
seiner Heilandsliebe und mit dem, was er heute noch durch sein Wort
und seine rechten Jünger für die Linderung irdischen Elendes thut, führt
zu einer weiteren Verstärkung des Spruches:
4. Stufe. „Kommet her zu mir alle, die ihr mühselig und beladen
seid, ich will euch erquicken."
5. Stufe. Wie kannst du dem Heiland nachfolgen (in Bezug auf
die Mühseligen und Beladenen)?

6 Die Stillung des Sturmes
(Matth. 8, 23—27.)

Ziel: Jesus und seine Jünger im Sturm auf dem See.
1. Stufe. Der See Genezareth, an seinen Ufern die Haupt-
wirkungsstätte Jesu. Wie geht's im Sturme (auf dem Lande, zur See)

zu? Wie werden sich Jesu Jünger benehmen? Wie wird sich der Herr verhalten?

2. Stufe. Zur Vertiefung: Anstatt darauf zu vertrauen, dass der Herr Jesus und sein Vater mit ihnen ist, verzagen die Jünger in der Gefahr; sie sehen eben nur auf die Not, die sie bedrängt und bedroht, und vergessen darüber die Macht und die Liebe Gottes, auf den sie doch — nach Jesu Wort — überall und immer vertrauen können und sollen. Jesus allein behält in der Not den rechten grossen Glauben; er denkt nur an seinen allmächtigen Vater im Himmel und ruht in dem festen Vertrauen, dass ihm nichts geschehen kann, als was sein Vater will. Darum tadelt er den Kleinglauben der Jünger und zeigt ihnen durch die wunderbare Stillung des Sturmes, dass Gott auch in der grössten Not retten kann und retten will, und dass sie also an jedem Ort und zu jeder Zeit sicher und getrost in Gottes Hand ruhen können und — wenn sie ihrem Meister ähnlich sein wollen — auch sollen.

3. Stufe. Aus einer reichen Anzahl nahe liegender Beispiele (Abraham, Moses, Volk Israel u. s. w.) ergiebt sich, dass die Frommen und Halbfrommen (Nichtfrommen) aller Zeiten sich in der Not verhalten haben, wie Jesus und seine Jünger. Alle, die mehr auf die Not (auf das, was wider sie war) sahen, verzagten, alle, die mehr auf Gott (auf den, der für sie war) sahen, blieben ruhig und getrost und wurden von Gott errettet. Auch heute ist das noch gerade so (Beispiele).

4. Stufe. „Ist Gott für uns, wer mag wider uns sein!" Wiederholung: Gott ist unsere Zuversicht . . . Verlass dich auf den Herrn . . . Rufe mich an . . . Der Herr ist nahe . . . und die übrigen Aussprüche des Gottvertrauens.

5. Stufe. Was ist jetzt wider dich? Was kann später wider dich sein? Wann bist du ein rechter Jünger des Herrn? Zum Erklären und Lernen: das Lied „In allen meinen Thaten . . ." (mit Auswahl).

7 Die Heilung des Blindgeborenen
(Joh. 9, 1—38.)

Ziel: Von Jesus und einem Blindgeborenen.

1. Stufe. Das Unglück eines Blindgeborenen, die Teilnahme, die ihm gebührt (cf. V. Schuljahr, N. 15).

2. Stufe. Zur Vertiefung: Die Frage der Jünger beruht auf der im jüdischen Volke herrschenden Meinung, dass Unglück stets eine Strafe für Sünde (Glück stets ein Lohn für Tugend) sei. Jesus verwirft diese Meinung durch den Ausspruch, dass der Unglückliche blind sei nur deshalb, damit er durch den Heiland sehend, glücklich und (nebst den Zeugen der göttlichen That) gläubig und selig werde — und erlöst den Armen von seinem Leid. Diese wunderbare That erregt beim Volke Bewunderung, bei den Pharisäern Ärger wegen der Sabbathentheiligung und Zwietracht wegen der göttlichen Sendung des Heilands; bald aber vereinigen sie sich dahin, dass der Heiland nicht als der gottgesandte Messias anerkannt werden dürfe, und bedrohen jeden anders Denkenden mit Ausstossung aus der Synagoge (Kirchengemeinde). Doch der Geheilte hält ihn trotzdem für einen Propheten, während seine ängstlichen

Eltern ihre Ansicht darüber nicht auszusprechen wagen. Als aber die Pharisäer den Heiland wegen der Sabbathentheiligung gar für einen Sünder erklären, behauptet der Geheilte mutig die göttliche Sendung des Wunderthäters und wird deshalb aus der Synagoge ausgestossen. Und als er von Jesus hört, dass sein Helfer der verheissene Messias, der Sohn Gottes, sei, glaubt er das von ganzem Herzen und schliesst sich nun an diejenigen an, die durch den Glauben an Jesus selig werden. So hat ihm Jesus auch die Augen des Herzens aufgethan, so dass sie die seligmachende Wahrheit erkannt haben.

3. Stufe. Aus der Vergleichung des Blindgeborenen mit dem Kranken am Teiche Bethesda und mit bekannten alt-testamentlichen Personen (Jakob, Joseph u. s. w.) ergiebt sich eine neue Bestätigung des Gedankens, dass Gott aus Liebe seine Menschenkinder durch allerlei Leiden zur Frömmigkeit und Glauben erzieht. „Wen der Herr lieb hat, den züchtigt er.“

Die Vergleichung der beiden Blindenheilungen (cf. V, 15) unter sich und mit anderen Beispielen von Erweckung des seligmachenden Glaubens durch Jesus führt zu der Erkenntnis, dass die grösseren Wunderthaten Jesu im Sehendmachen zahlloser blinder Herzen bestehen. „Ich bin das Licht der Welt . . .“

Aus dem Vergleich der beiden Sabbathheiligungen, zu dem auch unsere heutige Sonntagsheiligung heranzuziehen ist, ergiebt sich der Spruch: „Man mag wohl am Sabbath Gutes thun.“

4. Stufe. „Wen der Herr lieb hat, den züchtigt er.“ „Ich bin das Licht der Welt; wer mir nachfolgt, der wird nicht wandeln in Finsternis, sondern wird das Licht des Lebens haben.“ Wiederholung: „Ich bin das Licht, ich leucht' euch für . . .“ — „Man mag wohl am Sabbath Gutes thun.“

5. Stufe. Wie soll der Christ über seine Leiden denken? Hat der Herr auch uns sehend gemacht? Was ist die beste Sabbathheiligung? (Konkrete Beispiele!)

8 Das Gleichnis von den Arbeitern im Weinberg
(Matth. 20, 1—16.)

Ziel: Überschrift.

1. Stufe. Die Thätigkeit des Arbeiters in einem Weinberg; die damalige Stundenberechnung von sechs Uhr morgens bis 6 Uhr abends.

2. Stufe. Zur Besprechung der Geschichte: Die erste Gruppe der Arbeiter arbeitet nur um des Lohnes willen, darum sind sie auch unzufrieden bei der Austeilung des gleichen Lohnes an alle Arbeiter und beneiden ihre Mitarbeiter. Die anderen Gruppen der Arbeiter haben alle kürzere Zeit als die erste gearbeitet (am kürzesten die letzte Gruppe), aber sie alle arbeiten nicht um des Lohnes willen, sondern sie freuen sich, dass sie Arbeit finden und vertrauen auf die Güte des Hausvaters. Bei der Lohnausteilung zeigt sich der Hausvater gegen die ersten Arbeiter gerecht, gegen die anderen gnädig, denn es freut ihn, dass sie mit der rechten freudigen und vertrauensvollen Gesinnung gearbeitet haben.

Zur Deutung: Gott braucht viele Arbeiter (konkrete Ausführung der hier nötigen Arbeit!) für seinen Weinberg, das Himmelreich, und hat zu allen Zeiten durch seine Propheten, durch seinen Sohn und durch dessen Diener zur Weinbergsarbeit gerufen. Da fand er aber gar oft Arbeiter (besonders unter den zuerst Gerufenen, dem alten Volk Israel, den Pharisäern), die ihm nur um ihres Nutzens willen (Glück auf Erden, Ehre und Ruhm bei den Menschen) dienen wollten. Er fand aber auch Arbeiter, die ihm freudig und gerne dienten, ohne nach Lohn zu fragen. Darum erhalten auch jene zum Lohn nur das, was sie erstrebt und erwartet haben, diese aber unendlich mehr, als sie zu hoffen gewagt, Anteil am Himmelreich und die Seligkeit. Das giebt ihnen Gott aus G n a d e n , weil sie mit der rechten Gesinnung gearbeitet haben, denn v e r d i e n e n kann ja niemand die Seligkeit, da die Werke der Menschen immer ungenügend oder schlecht sind (Beispiele).

3. S t u f e. Auch heute noch ruft Gott Arbeiter in seinen Weinberg (wen? wie? wozu?) und bekommt dabei solche, die nur um des Lohnes willen, und solche, die nur um Gottes willen arbeiten (konkrete Ausführung). Das Himmelreich wird aber nur denen zu teil, die ihre Hoffnung nicht auf eigenes Verdienst, sondern auf die Gnade Gottes bauen.

4. S t u f e. „Darum auf Gott will hoffen ich, auf mein Verdienst nicht bauen . . .“ (Str. 3 von „Aus tiefer Not schrei ich.") Wiederholung: Bei dir gilt nichts, als Gnad' und Gunst . . . Wer sich selbst erhöhet . . .

5. S t u f e. Vergleicht mit unserem Gleichnis die Gleichnisse vom Pharisäer und Zöllner und vom verlorenen Sohn. Erklärt und wendet an das Schlusswort des Gleichnisses: Also werden die Letzten die Ersten, und die Ersten die Letzten sein.

9 Das Gleichnis von den anvertrauten Zentnern
(Matth. 25, 14—30.)

1. S t u f e. Die früheren Geldverhältnisse, ein Zentner Silbers etwa gleich 6000 Mark (cf. das Gleichnis vom Schalksknecht). Verwendung solcher Summen zum Gewinn neuer Summen durch Handel und Geschäft, oder zum Gewinn von Zinsen (Wucher) durch Darleihen an Wechsler (Bankiers).

2. S t u f e. Die drei Knechte, welche von ihrem Herrn verschiedene Summen (warum verschiedene?) anvertraut erhalten haben, verwalten dieselben in ganz verschiedener Weise. Die beiden ersten vermehren das Gut ihres Herrn durch eifrige Thätigkeit, der dritte lässt das Geld unbenutzt liegen. Bei der Rechenschaftsablegung lobt der Herr die beiden ersten Knechte mit gleichem Lobe, weil sie verhältnismässig Gleiches geleistet, weil sie mit gleicher Tüchtigkeit und Treue die verschiedenen Summen verwaltet haben; der dritte Knecht aber wird wegen seiner Faulheit und wegen seiner Schlechtigkeit (cf. seine verlogene und freche Rede) hart vom Herrn bestraft.

Zur Deutung: Gott hat seinen Knechten, den Menschen, unermesslich viele leibliche und geistige und himmlische Güter (reiche Beispiele!) zur Verwaltung anvertraut, aber jeder Knecht hat nach Gottes Willen

verschiedenen Anteil an diesem allgemeinen Gut (Beispiele!). Die rechten
Diener Gottes vermehren in eifriger und gewissenhafter Arbeit die Güter
Gottes bei sich und anderen (biblische Beispiele!); sie leisten ganz Ver-
schiedenes, aber Gott sieht nur auf die Treue, mit der sie arbeiten, und
ist die Treue gleich, so sind ihm auch alle gleich lieb. Starkes Miss-
fallen dagegen hat er an denjenigen Menschen, die ihre grösseren oder
kleineren Gaben nicht zum Aufbau des Himmelreichs verwenden, sondern
aus Faulheit und Untreue unbenutzt liegen lassen; ihnen schwindet
deshalb auch das, was sie haben.

3. Stufe. Auch heute ist die Ungleichheit unter den Menschen
unendlich gross, und viel Neid und Hochmut ist deswegen unter ihnen.
Doch das ist nicht recht. Gott wollte die Ungleichheit, aber die niedrigsten und die höchsten Menschen können durch gleiche Treue auch
das gleiche Wohlgefallen Gottes und damit auch das höchste Ziel ihres
Lebens erreichen, während die Ungetreuen, auch wenn sie auf Erden zu
den Höchsten gehörten, doch vor Gott die niedrigsten sind.

4. Stufe. „Sei getreu bis in den Tod, so will ich dir die Krone
des Lebens geben" (bekannt).

5. Stufe. Welcher Trost für die armen und geringen, und welche
Warnung für die vornehmen und gewaltigen Menschen liegt in diesem
Gleichnis?

Warum brauchst du jetzt und später niemand zu beneiden, und
warum darfst du niemand verachten?

10 Vom reichen Mann und vom armen Lazarus
(Luk. 16, 19—31.)

1. Stufe. Betrachtung über den Reichtum des einen, die Armut
des anderen und über die daraus hervorgehende Gesinnung gegen Gott
und den Nächsten.

2. Stufe. Die Sünde des Reichen ist die rücksichtslose Selbstsucht,
die ihn alles ausser dem eigenen Genuss, die ihn Gott und die Not des
Nächsten übersehen und vergessen lässt. Das Lobenswerte am armen
Lazarus ist, dass er sein elendes Leben mit Demut und Ergebung und
ohne Neid gegen seinen beglückten Nächsten erträgt. Der Tod kehrt
die irdischen Verhältnisse beider völlig um, er bringt den Armen zur
Glückseligkeit und stösst den Reichen in Unseligkeit, aber nicht etwa
weil der erste auf Erden arm und der andere reich war, sondern weil
der erste sich Armut und Elend zur Gottseligkeit dienen liess, während
der Reiche seinen Reichtum missbrauchte und sich durch ihn zu einem
selbstsüchtigen Leben ohne Gott verführen liess. Die Freuden des einen
und die Schmerzen des anderen im Jenseits sind wohl als Freuden des
guten und als Qualen des bösen Gewissens aufzufassen; was Gottes Gnade
und Gerechtigkeit dem Menschen im Jenseits sonst noch an Freud und
Leid bereitet, wissen wir nicht. In der Bitte des Reichen in Betreff
seiner Brüder liegt eine Anklage gegen Gottes mangelhafte Anstalten zur
Belehrung und Warnung der Menschen, aber mit Recht weist Abraham
den Ankläger darauf hin, dass Gott durch Moses und die Propheten
reichlich genug zur Besserung und Beseligung des Volkes Israel gethan hat.

Zur Deutung: Mit dem reichen Manne sind alle diejenigen gemeint, die sich durch den Besitz und den blinden Genuss irdischer Güter zum Unglauben gegen Gott, zur Missachtung seiner Gebote und zur Hartherzigkeit gegen ihre armen Brüder verleiten lassen (z. B.?); mit dem armen Lazarus aber sind diejenigen gemeint, welche Armut und alles sonstige Elend mit Geduld und Ergebung tragen und sich zu stetem Zuwachs an Glauben und Gottseligkeit dienen lassen (z. B.?). Gottes Gnade wird die letzteren zur Seligkeit führen, Gottes Gerechtigkeit wird die ersten in die Unseligkeit stossen. Sie können aber dann noch viel weniger als jener Reiche gegen Gott klagen, denn Gott hat ihnen ja mehr als Moses und die Propheten, er hat ihnen seinen Sohn als Wegweiser und Seligmacher gegeben.

3. Stufe. Weitere Beispiele aus dem biblischen und nichtbiblischen Erfahrungskreis der Schüler zur Bestätigung der eben entwickelten Gedanken.

4. Stufe. „Selig sind, die da Leid tragen, denn sie sollen getröstet werden."

Zur Wiederholung: Ihr sollt euch nicht Schätze sammeln ... Wer da weiss, Gutes zu thun ... Selig sind die Barmherzigen ...

5. Stufe. Wie können wir dem armen Lazarus gleichen? Das Gleichnis ein Trost und eine Warnung für alle Christen.

11 Das Gleichnis von den zehn Brautjungfrauen
(Matth. 25, 1—13.)

Ziel: Überschrift.

1. Stufe. Kurze Besprechung unserer Hochzeitsgebräuche, so weit sie Beziehung zum Gleichnis haben.

2. Stufe. Kulturhistorisches: Ermittelung der damaligen Hochzeitsgebräuche aus der Erzählung.

Besprechung des Thatsächlichen: Feststellung und Beurteilung der Achtsamkeit der klugen und der Unachtsamkeit der thörichten Jungfrauen.

Zur Deutung: Mit den zehn Jungfrauen sind die Christen gemeint, die auf ihren irdischen Wegen ihrem himmlischen Bräutigam Christus entgegengehen; der Vermählungstag ist der Todestag des Christen. Aber es giebt verschiedene Christen, thörichte und kluge. Die thörichten sind die schlechten, die halben Christen, die nur etwas Glauben und Liebe haben, die mit halbem Herzen Christus, mit halbem Herzen sich und die Erdenfreuden lieben und die Besserung immer hinausschieben, ohne daran zu denken, dass sie nicht wissen, wann ihr letztes Stündlein schlagen wird. Die klugen Christen sind die rechten, ganzen Christen, die ihr ganzes Herz Christus geben, die immer zunehmen an Glauben und Liebe, die über ihr Herz wachen und wohl darauf achten, dass ihr Herz stets würdig sei, sich mit dem Herrn zu vereinigen. Darum werden auch die thörichten Christen vom Tod überrascht und geängstigt und werden dann zur Strafe für ihre Unachtsamkeit und Leichtfertigkeit von den Freuden der Seligkeit ausgeschlossen. Die rechten Christen aber, die stets wachsam und stets bereit waren zur völligen Vereinigung mit dem Herrn, sind auch bereit, wenn der Tod unerwartet kommt, und können getrost sterben, denn sie gehen ein zu ihres Herrn Freude.

3. Stufe. Beispiele von solchen, die der Tod wachsam und bereit fand, und von solchen, die er überraschte in ihren Sünden.

4. Stufe. „Mache dich, mein Geist, bereit . . . (Str. 1, 2, 10). Zur Wiederholung: Wachet und betet . . . Wer da kärglich säet . . . Selig sind die Toten . . .

5. Stufe. Wann werdet ihr den klugen und wann den thörichten Jungfrauen gleichen? Erklärt und wendet an: „Wachet, wachet, Menschenkinder . . .“ (Str. 1.) — Zusammenstellung und Ordnung sämtlicher Gleichnisse. Erwägungen über den Zweck, die Bedeutung und den Erfolg der Gleichnisse Jesu.

12 Vom Weltgericht
(Matth. 25, 31—46.)

1. Stufe. Reproduktion dessen, was die Schüler von Gerichten Gottes (und Christi) auf Erden und nach dem Erdenleben (cf. die Gleichnisse) wissen. Einmal muss das letzte Gericht Gottes über alle Menschen kommen.

2. Stufe. Wann das letzte (jüngste) Gericht über alle Völker der Erde stattfinden wird, wissen wir nicht; jedenfalls aber wird es stattfinden und zwar dann, wenn Gott im Diesseits und Jenseits alles gethan hat, um alle, die von ihm abgefallen sind, oder die ihn und seinen Sohn noch nicht kennen, zu seinen Kindern zu machen. Der Richter, durch den Gott richtet, ist Christus als der Verkündiger und Vollender des göttlichen Willens. Er wird die Menschen scheiden in solche, die der Gnade Gottes wert und nicht wert sind. Das Merkmal der Würdigkeit sind wahrhaft gute Thaten, die aus reiner Nächstenliebe hervorgehen; und nur diejenigen Menschen also, die dem Herrn Christus in thätiger Menschenliebe gegen alle Liebebedürftigen ähnlich sind, erkennt er als seine wahren Jünger und als Genossen seines Reiches an. Diejenigen aber, welche teilnahmlos, lieblos und thatlos an der Not und dem Elend ihrer Brüder vorübergehen, die versündigen sich schwer an dem Gott der Liebe, sie verachten und verhindern mit Herz und That die Herrschaft Gottes, auch wenn sie den Namen des Herrn auf ihren Lippen tragen; darum können sie auch nicht Genossen des Reiches Gottes werden, sie schliessen sich selbst durch ihre Lieblosigkeit aus demselben aus und verfallen der Unseligkeit, die überall da ist, wo Gott nicht ist.

3. Stufe. Weitere Beispiele bestätigen, dass der Wert jedes Menschen nur in seiner Liebe zu Gott und den Brüdern liegt, und dass die wahre und rechte Liebe sich nicht in schönen Gefühlen und Worten, sondern im guten Willen und in guten Thaten offenbart; nur wo der Wille Gottes mit Ernst und Eifer und Treue vom Menschen erstrebt und vollbracht wird, da ist Gotteskindschaft.

4. Stufe. „Es werden nicht alle, die zu mir sagen: Herr! Herr! in das Himmelreich kommen, sondern die den Willen thun meines Vaters im Himmel.“ Wiederholung: Du sollst lieben Gott, deinen Herrn . . .

5. Stufe. Wie müssen wir zeigen, dass wir wahre Jünger Jesu sind? Erklärt und wendet an Matth. 7, 16—20.

13 Die Bergpredigt
(Matth. 5—7.)

Vorbemerkung. Wir behandeln die Bergpredigt teils wegen ihrer Schwierigkeit, teils wegen ihres Geeignetseins zur Zusammenfassung der Lehre Jesu erst an dieser Stelle. Aber wie? Da die Bergpredigt fast durchaus aus einer Reihe von abstrakten Sätzen („Systemen") besteht, die innerhalb der formalen Stufen neu nur auf der Stufe der Zusammenfassung oder auf der Stufe der Anwendung auftreten können, so empfehlen sich zweierlei Formen ihrer methodischen Behandlung. Entweder werden die einzelnen Stücke, in welche die Bergpredigt natürlich zu zerlegen ist, den Schülern einfach als Aufgaben zur vollständigen Erklärung und zur Anwendung auf das davon getroffene konkrete Material gegeben, so dass also eine grosse fünfte Stufe entsteht, oder der Hauptinhalt eines jeden Stücks wird den Schülern in Form einer Zielfrage vorgelegt, worauf sie das einschlägige konkrete Material herbeischaffen, sich in dasselbe vertiefen und aus demselben die zu findende allgemeine Wahrheit abstrahieren (erste, zweite, dritte Stufe); hierauf wird der gefundene Satz durch die klassischen Worte des Textes berichtigt oder bestätigt (vierte Stufe), um schliesslich — nach völliger Erläuterung des biblischen Wortlautes — auf anderweitiges konkretes Material, besonders auf die jetzigen und künftigen Lebensverhältnisse des Schülers zurückzuleuchten (fünfte Stufe). In der ersten Form müssen die nunmehr genügend vorgebildeten Schüler, wenn sie halbwegs tüchtig sind, arbeiten können, zumal ihnen ja viele Stellen der Bergpredigt schon aus dem früheren Unterricht bekannt und geläufig sind, die zweite Form empfiehlt sich im allgemeinen bei geringerer Schülerqualität und im besonderen bei schwierigeren Stücken. Wir möchten daher dem Wechsel zwischen beiden Formen, ja sogar einer Mischung derselben das Wort reden, auch in dem Sinne, dass z. B. die selbständige Erklärung eines Stückes mittelst einer kurzen, durch eine Zielangabe angeregten Vorbereitung angebahnt wird. Das Urteil darüber, ob an der einzelnen Stelle diese oder jene Form anzuwenden sei, überlassen wir dem Lehrer und geben daher nur bei einigen wenigen Stücken eine knappe Skizze der verschiedenen Behandlungsweisen. Bei den übrigen Stücken können wir uns mit einigen kurzen Bemerkungen begnügen, da ein gewisser Reichtum von Erläuterungen zur Bergpredigt vorliegt.

1. Nach einer allgemeinen Vorbereitung, die im wesentlichen in einer Reproduktion der den Schülern schon bekannten Stellen der Bergpredigt besteht, wird das Ziel aufgestellt: Wir wollen das erste Stück der Bergpredigt lesen, in welchem der Herr allerlei Gesinnungen selig (d. h.? als zur Seligkeit führende) preist. Ihr kennt schon einige Seligpreisungen. Reproduktion derselben. Die erste Sinnesart, die Jesus selig preist, haben wir schon im Gleichnis vom Pharisäer und Zöllner kennen gelernt. Was gefiel und missfiel dem Herrn (und auch euch) an den beiden? Aus der hierdurch angeregten Vertiefung und Vergleichung ergiebt sich: Beide waren arm an Rechtschaffenheit und Frömmigkeit (d. s. „geistliche" Dinge), aber nur der Zöllner fühlt diese Armut, während der hochmütige Pharisäer sich für reich hält an geist-

lichen Dingen; nur der Zöllner wird daher durch den Druck seiner Armut zu Schmerz, Reue, Glauben und Besserung getrieben, die Erkenntnis, „geistlich arm" zu sein, führt ihn zu geistlichem Reichtum und zur Seligkeit, während der Pharisäer wegen des Mangels dieser Erkenntnis in seinen Sünden beharrt.

Erklärung und Einprägung der ersten Seligpreisung. Anwendung: Kennt ihr noch mehr geistlich Arme? (Der verlorene Sohn, Zachäus u. s. w.) Wie könnt ihr zeigen, dass ihr geistlich arm seid?

Die übrigen Seligpreisungen, die an sich leicht und den Schülern meist schon bekannt sind, können nun ohne Vorbereitung von ihnen erklärt und auf das betreffende konkrete Material angewandt werden. Zur fünften Seligpreisung z. B. werden herangezogen Barmherzigkeitserweise gegen Notleidende (Ruth, Abraham, der Samariter u. s. w.) und gegen Schuldbeladene (Joseph, Esau, Moses, David u. s. w.).

2. Wie wird sich Jesus und wie werden sich die Pharisäer und Schriftgelehrten zum Gesetz Mosis verhalten? Aus den Erzählungen vom reichen Jüngling und vom Pharisäer und Zöllner ist bekannt, dass die Pharisäer das Gesetz erfüllt zu haben glaubten, wenn sie es nur äusserlich beobachteten, von Jesu aber wissen die Schüler aus vielen Beispielen, dass er die Gebote in seiner Gesinnung und seinen Werken erfüllte. Wie wird Jesus daher über die pharisäische Gesetzerfüllung urteilen? Wie wird z. B. Jesus und der Pharisäer über das fünfte Gebot denken? (Matth. 5, 21. 22.) In dieser Weise werden die vier Punkte des zweiten Stückes kurz vorbereitet und dann mittelst Erklärung des Textes durch die Schüler und Anwendung auf konkrete Fälle erledigt. . Aus der Zusammenfassung der vier Punkte ergiebt sich die Stellung Christi und des Christen zum Gesetz, die durch weitere Beispiele und Aufgaben zu erläutern ist.

3. Was wird Jesus und was werden die Pharisäer über Almosengeben, Beten und Fasten denken?

Vorbereitung zu jedem einzelnen Stück. Lesen und Erklärung desselben. Anwendung der gefundenen Wahrheit.

4. Die rechten Güter, der rechte Herr, die rechte Sorge. Erklärung und Anwendung des Textes.

5. Was zum Himmelreich hinführt und was von ihm wegführt. Hinweis auf die Gleichnisse Jesu vom Himmelreich. Erklärung der einzelnen Stücke des Textes mit Heranziehung biblischer Beispiele. Anwendung der gewonnenen Gedanken auf den Erfahrungskreis der Schüler.

6. Deutung des Schlussgleichnisses. —

Aufgaben zum Ganzen: Disposition der Bergpredigt. Einprägung der wichtigsten Stücke. Vergleich der Bergpredigt mit der Gesetzgebung am Berg Sinai. Die Hauptpunkte der Lehre Christi. Wie soll der Christ sein Leben nach der Bergpredigt einrichten?

14 Maria und Martha
(Luk. 10, 38—42.)

Ziel: Jesus zu Gaste bei zwei Schwestern.

1. Stufe. Betrachtung über die wahrscheinliche Gesinnung der

beiden Schwestern und über die Art und Weise, wie sie ihren Gast
bewirtet und geehrt haben werden. Geographisches: Bethanien.

2. Stufe. Martha sorgt geschäftig und emsig für die stattliche
Bewirtung des hohen Gastes, Maria lauscht demütig und heilsbegierig
auf Jesu Wort. Marthas Vorwurf und Bitte ist nur als Scherz zu verstehen, der Herr aber, der auch in kleinen Dingen grosse Gedanken
findet, entgegnet ihr freundlich, dass Maria das gute Teil erwählt habe,
da es ihm nicht auf äusserliche und mühevolle Ehrenerweisungen, sondern
auf andächtiges und treues Bewahren seiner Worte ankomme, dies sei
das eine, das wirklich notwendig sei; doch will er damit nicht sagen,
dass Martha das schlechte Teil erwählt, denn auch sie ist ja nur aus
Liebe zu ihm so eifrig.

3. Stufe. Beide Frauen sind sich gleich in ihrer Liebe zum
Herrn, aber die eine zeigt ihre Liebe durch andächtiges Hören, die
andere durch eifriges Dienen. Alle rechten Christen sollen diesen beiden
Frauen gleichen. Christus und Gott lieb haben ist das eine, was not
ist, diese Liebe aber soll sich je nach Zeit und Gelegenheit bald durch
andächtiges Beten, bald durch eifriges Arbeiten im Dienste des Herrn
offenbaren.

4. Stufe. „Bete und arbeite."

5. Stufe. Wie kannst du den beiden Schwestern gleichen? Zum
Erklären und Lernen: „Eins ist not . . ." (Str. 1. 3. 4.)

15 Die Auferweckung des Lazarus
(Joh. 11, 1—45.)

Ziel: Jesus am Grabe seines Freundes.

1. Stufe. Lazarus, der Bruder von Maria und Martha. Was mag
er für ein Mann gewesen sein? Warum hat Jesus ihn nicht geheilt, als
er noch krank darnieder lag?

2. Stufe. Jesus zögert mit seinem Kommen, um die Herrlichkeit
seines Vaters desto glänzender zu offenbaren und den Glauben der Seinen
zu stärken. Er freut sich der gläubigen Zuversicht Marthas, doch sie
ist ihm noch zu schwach im Glauben, und er stärkt sie daher, bis sie
glaubt, dass Christus als der Sohn Gottes den Seinen ewiges Leben geben
könne. Marias Schmerz und Thränen rühren auch ihn zu Thränen, denn
er liebte Lazarus und seine trauernden Schwestern. Im sicheren Vor-
ausgefühl der Erhörung dankt Jesus seinem Vater für die Erhörung der
stillen Bitte um seinen Beistand (er dankt laut um des Glaubens der
Umstehenden willen), gebietet dem Toten, lebendig zu werden, und
Gottes Allmacht, die mit Jesus ist, macht das unmöglich Scheinende
möglich, Lazarus wird dem Leben und seinen Schwestern wiedergegeben.
Felsenfest steht jetzt der Glaube der Geschwister, der Jünger und auch
vieler Juden, denn das war das gewaltigste Wunder, das Jesus während
seines Erdenlebens gethan.

3. Stufe. Der Vergleich dieser Totenerweckung mit den beiden
übrigen und von Jesu Absichten bei diesen Thaten mit seinen Absichten
bei seinen übrigen Wunderthaten zeigt, dass Jesus in der Kraft Gottes
Toten leibliches Leben geben kann, dass es ihm aber noch viel mehr auf die

Erweckung des Glaubens an ihn ankommt, weil dieser den Seinen ewiges
Leben verleiht, das schon hier beginnt und dort nicht aufhört. Das ist
die Auferstehung vom geistigen Tod, deren sich alle wahren Jünger
Jesu durch ihren Meister erfreuen, und das ist das gewaltigste Wunder,
das jemals auf Erden vollbracht wurde.

    4. Stufe. „Ich bin die Auferstehung und das Leben. Wer an
mich glaubt, der wird leben, ob er gleich stürbe. Und wer da lebet und
glaubet an mich, der wird nimmermehr sterben."

    5. Stufe. Wie können wir das ewige Leben gewinnen?

    Zusammenstellung sämtlicher Wunder Jesu und Zusammenfassung
ihrer Bedeutung in die schon bekannten Sprüche: „Die Werke, die ich
thue . . ." „Wir haben geglaubet und erkannt . . ."

16 Die Feinde Jesu
(Matth. 12. Joh. 11.)*)

    Ziel: Überschrift.

    1. Stufe. Wie ist das zu erklären, dass ein Mann, wie Jesus,
Feinde hat? Zusammenstellung der Worte und Thaten Jesu, die den
Ärger und Hass der Pharisäer, Schriftgelehrten und Priester erregten
oder erregen konnten. Ihre Feindschaft entstand aus Neid und Furcht.
Wie wird sich ihre Feindschaft weiter äussern?

    2. Stufe. Erstes Stück. Die Pharisäer und Sadduzäer fordern
von dem Herrn ein Zeichen, um ihn sowohl im Falle der Erfüllung als
auch der Nichterfüllung ihrer Forderung um die Gunst und Achtung
des Volkes zu bringen. Doch Jesus verweist sie auf seine Predigt der
Wahrheit, als auf das einzige Zeichen, das ihrem Unglauben gegeben
wird, stellt sie tief unter die heilsbegierigen Heiden und fertigt sie so
öffentlich zu ihrem grossen Ärger als widerspenstige und gottlose
Menschen ab.

    Zweites Stück. Auch die thörichte Beschuldigung anderer
Pharisäer, dass er im Bunde mit dem Teufel so grosse Thaten vollbringe,
vernichtet Jesus mit einem einzigen sonnenklaren Grund und stellt so
die Ankläger allem Volk als boshafte Lügner und Verleumder dar.

    Drittes Stück. Diesmal droht dem Herrn eine ernstliche Ge-
fahr, denn nicht bloss einzelne Zornige, sondern die höchste Obrigkeit
des jüdischen Volkes, der hohe Rat (der meist aus Pharisäern und
Sadduzäern bestand) spricht sich gegen ihn aus. Sie denken nämlich:
Jesus ist nicht der von Gott verheissene Messias, er will aber doch mit
Hilfe des ihm anhängenden Volkes ein irdisches Messiasreich gründen
und das Land von den Römern befreien, er wird aber natürlich von den
Römern besiegt und bringt so Verderben über das Volk; darum muss
etwas gegen ihn geschehen, besonders jetzt nach der Auferweckung des
Lazarus, die so viele zum Glauben an ihn gebracht hat. Der Hohe-
priester bringt die Versammelten zu der Ansicht, dass es besser sei,
nötigenfalls den falschen Messias umzubringen, als das Volk ins Verderben

---

*) Von dieser Erzählung an sind die parallelen Berichte aller Evangelien
zu vergleichen.

stürzen zu lassen. Einstweilen aber befiehlt der Hoherat, um Jesus ein-
zuschüchtern und ihn vom Besuch des nahen Passahfestes abzuhalten,
dass man ihm den Aufenthaltsort Jesu anzeige.

Zusammenfassung der drei Stücke. Erforschung und Beurteilung
der Beweggründe (Selbstsucht aller Art), von denen die handelnden Personen zu ihrem feindlichen Auftreten gegen den Heiland getrieben wurden.
3. Stufe. Zu allen Zeiten war, wie sich aus einer reichen Anzahl
naheliegender Beispiele ergiebt, die Liebe der Menschen zu sich selbst
und zu den Gütern der Erde (die Liebe „zur Finsternis") die Ursache
zur Feindschaft gegen alles Gute und alle guten, von Gott gesandten
Männer, besonders aber gegen den Sohn Gottes; die Selbstsüchtigen
hassen das Licht der Liebe, weil es das, was sie lieben, als verächtlich
und verwerflich erscheinen lässt.

4. Stufe. „Das Licht ist in die Welt gekommen, und die Menschen
liebten die Finsternis mehr, denn das Licht. Wer Arges thut, der
hasset das Licht."

5. Stufe Worin wird es sich offenbaren, ob jemand das Licht
oder die Finsternis liebt?

17 Die Salbung Jesu in Bethanien und sein Einzug in Jerusalem
(Joh. 11, cf. Matth. 26; Matth. 21.)

Erstes Stück.
Ziel: Die Salbung Jesu in Bethanien.
1. Stufe. Erinnerungen an die bekannten Salbungen (auch Ein-
balsamierung der Toten) und deren Bedeutung. Salbung der Füsse vornehmer Gäste mit kostbaren Salben und Ölen. Bei wem wird Jesus in
Bethanien einkehren? Wer wird ihn salben?

2. Stufe. Maria salbt den Herrn mit der wertvollen Salbe, um
ihre überströmende Liebe zu ihm recht deutlich auszudrücken. Judas
sieht nur auf das äussere Werk Marias, nicht auf die Gesinnung, aus
der es entsprang, und tadelt deshalb Maria als Verschwenderin. Aber
der Herr freut sich an der innigen Liebe Marias und erquickt sich um
so mehr daran, als er die Salbung als letzte Ehre, als letzten Liebes-
beweis auffassen muss, da ihm die bösen Pläne seiner mächtigen Feinde
wohl bekannt sind.

Zweites Stück.
Ziel: Jesu Einzug in Jerusalem.
1. Stufe.*) Jesus geht also in die Stadt, wo seine Feinde herrschen,
obwohl er ihr Gebot und ihre Mordpläne kennt. Warum? Er denkt:
Wenn ich nicht zum Passah komme, so verliert das Volk den Glauben
an meine Messiaswürde, meine Feinde stellen mich als Feigling und
Lügner, und mein Werk geht zu Grunde; komme ich aber, so werden
mich zwar vielleicht meine Feinde überwältigen, aber es kann mir nichts
geschehen, als was Gott will, und das ist sicherlich das Beste für mein
Werk, für die Stiftung des Himmelreichs auf Erden.

---

*) Form und Inhalt dieser und aller folgenden Vorbereitungen hängt natürlich
ganz davon ab, wie viel aus der Leidensgeschichte den Schülern von der früheren
„analytischen" Behandlung des Lebens Jesu her noch bekannt und geläufig ist.

2. Stufe. Christus lässt sich hier zum ersten Male und zwar
öffentlich königliche Ehren erweisen und lässt sich von seinen Anhängern
laut als den erhofften Messias verkünden. Er thut das nicht um seiner
Ehre willen, auch nicht, um das von den meisten erwartete irdische
Messiasreich aufzurichten, sondern um seinem zahlreich in Jerusalem versammelten Volke zum letzten Male Gelegenheit zu seiner Anerkennung
und damit zur Bekehrung und Rettung zu geben. Wie wir aus seinem
wehmütigen Wort über Jerusalem erkennen, hofft er aber nicht auf seinen
jetzigen Sieg, sondern sieht seinen Untergang voraus, aber auch den
Untergang der widerspenstigen Stadt. Trotzdem aber lässt er sich nicht
abhalten, als der Höchste in der Stadt den Tempel von gemeinem Unfug
zu reinigen.

3. Stufe. Aus dem Vergleich der beiden Stücke unter sich und
mit anderen Ehrenerweisungen, die dem Herrn zu teil wurden, ergiebt
sich, dass die ihm erwünschteste und höchste Ehrenerweisung der Glaube
an ihn und die Liebe zu ihm ist. Auch in unser Herz will und soll
Christus immer mehr als Herr und Gebieter einziehen. Die fröhliche
Aufnahme dieses Herrn und die dauernde Bewährung seiner Herrschaft
durch unser christliches Leben ist die höchste Freude, die wir ihm, und
das höchste Glück, das wir uns bereiten können.

4. Stufe. „Wie soll ich dich empfangen und recht begegnen
dir ... (Str. 1 und 2.) Wiederholung: Bereitet dem Herrn den Weg.

5. Stufe. Nennt Personen, in die Christus eingezogen ist. Wie
kannst du beweisen, dass Christus König in deinem Herzen ist?

18 Jesu Streitreden gegen seine Feinde
(Matth. 21. 22. 23.)

Ziel: Überschrift.

1. Stufe. Wer wird den Streit beginnen? Was werden die Feinde
gegen Jesus reden? (Erinnerung an ihre früheren Angriffe.) Wie wird
der Streit endigen?

2. Stufe. Erstes Stück. Die Frage der Feinde wegen seiner
Vollmacht schlägt Jesus zur neuen Beschämung der Feinde durch eine
kluge Gegenfrage nach der Vollmacht Johannis des Täufers nieder.

Zweites Stück. Die hinterlistige Frage der Pharisäer nach der
Berechtigung der Zinsabgabe an den römischen Kaiser, deren Beant-
wortung ihm entweder die Gunst des Volkes rauben oder ihn in die
Hände der Römer liefern soll, löst Jesus zum neuen Ärger der Fragenden
durch die einfache Antwort, dass es kein Unrecht sei, dem fremden
irdischen Herrn Irdisches zu geben, wenn man nur stets dem himmlischen
Herrn gebe, was ihm gebühre, nämlich das ganze Herz.

Drittes Stück. Im Gleichnis von den bösen Weingärtnern
schildert Christus die treue aber vergebliche Liebe Gottes zu seinem
undankbaren Volke, bekennt sich als Gottes Sohn, weissagt seine eigene
Ermordung durch die bösen Pharisäer und Schriftgelehrten und lässt sie
ihr eigenes Urteil aussprechen.

Viertes Stück. Die Schüler, welche die Pharisäer nunmehr genügend kennen, werden die Streitrede Jesu gegen die Pharisäer selb-

ständig erklären und disponieren können; einer Mithilfe von seiten des
Lehrers bedürfen nur V. 5 und 24. Jesu berechtigter Zorn gegen die
Heuchelei und Bosheit der Pharisäer geht in Wehmut über bei dem
Gedanken an das traurige Schicksal des irre geleiteten aber halsstarrigen
Volkes. Welche Wirkung wird diese Rede auf das Volk und auf die
Pharisäer ausüben?

Zusammenstellung der Angriffs- und Verteidigungsakte im
Kampfe zwischen Jesus und seinen Feinden; Beurteilung der sich hierbei offenbarenden Gesinnungen.

3. Stufe. Vergleich des Verhaltens der Pharisäer gegen das Volk,
gegen das Gesetz und gegen Jesus mit dem Verhalten der wahren
Jünger Jesu.

4. Stufe. „Es sei denn eure Gerechtigkeit besser, denn der Schriftgelehrten und Pharisäer, so werdet ihr nicht in das Himmelreich kommen.

5. Stufe. Wie zeigt sich noch heute unter den Christen die
pharisäische und die wahre christliche Gerechtigkeit?

19 Der Verrat des Judas
(Matth. 26.)

1. Stufe. Die Mitglieder des Hohenrats werden an ihrem Mord-
plan festhalten, da sie nach den letzten Reden Jesu durch den Propheten
Einbusse ihrer Macht und ihres Ansehens beim Volke erwarten müssen.
Es wird ihnen daran liegen, ihren immerhin noch volksbeliebten Gegner
entweder sofort ohne Aufsehen in ihre Gewalt zu bekommen, oder ihn
am Schluss des Festes, nachdem seine Anhänger fortgezogen, verhaften
zu lassen.

2. Stufe. Das Anerbieten des Judas muss dem Hohenpriester
sehr willkommen sein. Als Beweggrund zum Verrat sehen die Apostel
den Geiz des Judas an, doch in's Herz hat ihm ja keiner gesehen. Es
ist darum auch möglich, dass Judas noch mehr als vom Geiz von dem
daraus hervorwachsenden Ehrgeiz getrieben wurde. Er wollte nämlich
vielleicht den Herrn durch eine Lebensgefahr zur Offenbarung seiner
Herrlichkeit, zur Errichtung des Messiasreiches zwingen, in dem er dann
gross dazutreten hoffte, und dachte dabei, im schlimmsten Fall müsse
Jesus als unschuldiger Mann wieder freigelassen werden. Seine Schuld
würde dadurch nicht aufgehoben, sondern nur gemildert.

3. Stufe. An beide Betrachtungsweisen lässt sich der Gedanke
anschliessen, dass wie bei Judas, so auch bei vielen anderen Personen
der biblischen Geschichte (Jakob, Josephs Brüder, Saul u. s. w.) der
Geiz (die Habsucht, Ehrsucht) die Quelle der Sünde war.

4. Stufe. „Der Geiz ist eine Wurzel alles Übels.“

5. Stufe. Der Anfang zur Judassünde ist in den Herzen vieler
Christen. Darum „Wachet und betet, dass ihr nicht in Anfechtung fallet.“

20 Die Fusswaschung und das heilige Abendmahl
(Luk. 13. Matth. 26.)

1. Stufe. Erinnerung an die Sitte des Fusswaschens sowie an das
Passahmahl, dessen Gebräuche und Bedeutung.

2. Stufe. Erstes Stück. Jesus hält am Donnerstag Abend mit seinen Jüngern nach alter heiliger Sitte das Passahmahl in dem Bewusstsein, dass es sein letztes Mahl sei. Mit der Fusswaschung will er seinen Jüngern sagen, dass die von ihm gepredigte und geübte dienende Liebe das höchste sei zwischen Mensch und Mensch, und dass es darum sein höchster Wunsch sei, dass sie auf Erden auch nach seinem Tode fortdauere und die Menschen der Seligkeit zuführe. Zweites Stück. Jesus bezeichnet den Verräter, um ihm die letzte Gelegenheit zur Umkehr zu geben — und im Falle der Verstocktheit — um ihn aus dem Kreise der Liebenden zu entfernen. Dann schüttet er sein von Liebe gegen Gott und die Brüder überfliessendes Herz in die bewegten Herzen seiner treuen Jünger aus. Drittes Stück. Mit der ersten Feier des heiligen Abendmahls will der Herr seinen Jüngern und aller Welt verkünden, dass er nur aus Liebe zu den Menschen, nur zu ihrer Erlösung aus der Sünde freiwillig sein Leben dahingebe, und durch die Einsetzung des heiligen Abendmahles als dauernder christlicher Sitte will er bewirken, dass die kräftige Erinnerung an seinen Liebestod bei allen seinen künftigen Jüngern fort und fort eine ähnliche Liebe zu Gott, zu ihm und zu den Brüdern erwecke, neben welcher die Sünde im Herzen nicht bestehen könne.

3. Stufe. Der Rückblick auf alle Lebensäusserungen des Herrn ergiebt, dass er durchaus ein Leben der dienenden und erlösenden Liebe geführt, dass er auch uns gedient und auch uns erlöst hat.

4. Stufe. „Des Menschen Sohn ist nicht gekommen, dass er sich dienen lasse, sondern dass er diene und gebe sein Leben zu einer Erlösung für viele." Wiederholung: Christus hat uns ein Vorbild gelassen . . .

5. Stufe. Wie kannst du dem Herrn für seine unendliche Liebe am besten danken? Lesen und Erklären von Joh. 17.

21 Jesus in Gethsemane
(Matth. 26.)

Ziel: Jesu Seelenleiden.

1. Stufe. Jesus wird Schmerz empfinden bei dem Gedanken an den schrecklichen Tod, der ihm bevorsteht. Er konnte zwar noch immer dem Tode entgehen, aber keiner der Auswege wäre seiner würdig gewesen.

2. Stufe. Erstes Stück. Der Herr weissagt bestimmt seine Gefangennahme und den Wankelmut der Jünger; der feurige Petrus pocht auf seine felsenfeste Anhänglichkeit, aber der Herr warnt ihn und die anderen Jünger vor Überschätzung ihrer sittlichen Kraft. Zweites Stück. Jesus trauert tief im Vorgefühl seines bitteren Leidens und Sterbens, er trauert auch über die Bosheit seiner Feinde und über den Wankelmut seiner Jünger: aber der im heissen Gebet errungene Gedanke, dass es ja sein lieber Vater sei, der ihm den bitteren Kelch reiche, bringt den Zagenden zum festen Entschluss, den Weg Gottes zu gehen, auch wenn derselbe zum furchtbarsten Leid führe, und giebt ihm Trost und Freude in das betrübte Herz. — Die Jünger, die

für den Meister ihr Leben hingeben wollten, vermögen nicht einmal, ihm zu Liebe und Troste eine Stunde Schlaf zu opfern.

D r i t t e s   S t ü c k. Voll göttlichen Mutes geht der Herr den Häschern entgegen und giebt sich selbst in ihre Hände; nur zu einer Bitte für die Jünger treibt ihn sein liebevolles Herz. Ernst wehrt er dem sich mit Gewalt widersetzenden Petrus, tadelt aber auch streng die ungerechte und schuldbewusste Obrigkeit. Die Weissagung des Herrn in Bezug auf den Wankelmut der Jünger geht in Erfüllung, alle verlassen ihn, die Furcht ist stärker als ihr guter Vorsatz und ihre Treue.

3.   S t u f e. Der Vergleich der verschiedenen in diesen drei Stücken erzählten Versuchungen (Anfechtungen) der Jünger und des Meisters und der Art und Weise ihrer Überwinduug oder Nichtüberwindung ergiebt eine Bestätigung des schon bekannten Spruches „Wachet und betet, dass ihr nicht in Anfechtung fallet" mit dem neuen Zusatze „Der Geist ist willig, aber das Fleisch ist schwach", oder als neuen Spruch:

4.   S t u f e. „Wer sich lässet dünken, er stehe, mag wohl zusehen, dass er nicht falle." „Wachet und betet . . ."

5.   S t u f e. Giebt es heute noch Christen, die Ähnliches thun wie die Jünger in Gethsemane? Lesen und Erklären von Joh. 10, 1—18.

22   Jesus vor den Hohenpriestern   Verleugnung des Petrus   Ende des Judas

(Matth. 26. 27.)

1.   S t u f e. Da Jesus unschuldig ist, so müssen seine Richter irgend eine Schuld an ihm suchen, um ihn mit einem Schein des Rechts verurteilen zu können. Welche Schuld werden sie finden?

2.   S t u f e.   E r s t e s S t ü c k. Die Verurteilung Jesu. Im Vorverhör bei Hannas beruft sich Jesus auf die Öffentlichkeit seines Wirkens und wird dafür in ungerechter Weise gemisshandelt. Im Hauptverhör vor Kaiphas und dem noch eilig in der Nacht (warum?) versammelten Hohenrat suchen falsche Zeugen vergebens eine Schuld auf den Herrn zu bringen; er straft seine Richter, die ja keine Richter, sondern Mörder sind, mit dem Schweigen der Verachtung. Als aber der Hohepriester ihn im Namen Gottes fragt, ob er Christus, der Sohn Gottes, sei, da wäre Schweigen eine Lüge oder eine Feigheit gewesen, und feierlich bekennt sich deshalb der Herr als den gottgesandten Messias, als den Sohn Gottes. Da der Hoherat ihn aber von vornherein nicht als den Messias anerkennen w i l l, so kann er diese Behauptung als gotteslästerliche Lüge ansehen, und spricht darum (nach 3. Mos. 24, 16) das Todesurteil über den Herrn aus. Nun misshandeln die Feinde Jesu und ihre Knechte den Heiland in der rohesten und gemeinsten Weise, aber er erträgt alles mit himmlischer Geduld.   '

Z w e i t e s S t ü c k. Petrus, der dem Herrn bis in den Hof des Hohenpriesters gefolgt ist und hier als Jünger Jesu erkannt wird, denkt nur an die daraus für ihn entstehende Gefahr und, anstatt nach seinem früheren Wort sich mutig zum Herrn bekennen, verleugnet er aus Furcht dreimal den Herrn in immer stärkeren Ausdrücken.

Als aber der Hahn ruft, und der Herr ihn anblickt, da fühlt er das Schmachvolle seiner Schwäche, Feigheit uud Lieblosigkeit, wird von

tiefer Reue ergriffen und nimmt sich gewiss vor, seinen tiefen Fall durch
dauernde Treue zum Herrn und mutiges Bekenntnis zu ihm wieder gut
zu machen.

Drittes Stück. Als Judas sieht, dass seine Rechnung falsch ist,
und dass er einen Unschuldigen zum Tode überliefert hat, wird auch er
vom Schmerz erfasst. Aber vergeblich sucht er seine Gewissensangst
durch Zurückgabe des Sündengeldes los zu werden, und da er den einzigen Weg zur Rettung — demütiges Schuldbekenntnis, wahre Reue
und Bitte um die Gnade des Herrn — verschmäht, gerät er in Ver-
zweiflung und endet durch Selbstmord.

3. **Stufe.** Aus der Zusammenstellung des Thuns und Redens
Christi seit Beginn der Leidenszeit ergiebt sich eine neue Bestätigung
dafür, dass Christus der Sohn Gottes ist.

Der Vergleich der verschiedenen Art von Reue bei Petrus und
Judas mit Heranziehung bekannter Beispiele von Reue ergiebt den Unterschied der wahren und falschen Reue.

4. **Stufe.** „Wir haben geglaubet und erkannt, dass du bist Christus,
der Sohn des lebendigen Gottes" (bekannt). „Die göttliche Traurigkeit
wirket zur Seligkeit, eine Reue, die niemand gereuet; die Traurigkeit
aber der Welt wirket den Tod."

5. **Stufe.** Erklärung und Anwendung des Liedes „Meinen Jesum
lass' ich nicht . . ." (mit Auswahl). Wann ist unsere Traurigkeit eine
göttliche und wann eine weltliche?

23 Jesus vor Pilatus

(Matth. 27.)

1. **Stufe.** Erinnerung an das, was die Schüler über das Amt und
die Stellung des römischen Statthalters wissen. Warum muss Jesus vor
ihn geführt werden? Welche Anklage werden seine Feinde gegen ihn
vorbringen?

2. **Stufe.** Wegen der verwickelten Handlung ist eine klare **Disposition** diesmal noch nötiger als sonst.

Jesus wird von den Mitgliedern des Hohenrats als König der Juden
und mithin als Empörer gegen die Römer angeklagt, er verteidigt sich
aber vor Pilatus, indem er sich als König der Wahrheit bekennt, und
Pilatus kann daher keine Schuld an ihm finden.

Pilatus sucht das ihm aufgedrängte unangenehme Urteil von sich
auf den König Herodes von Galiläa abzuwälzen; der aber verspottet
Jesus und schickt ihn als unschuldig zurück.

Pilatus, anstatt einfach nach seiner Richterpflicht den als unschuldig
erkannten Angeklagten loszugeben, sucht ihn dadurch zu retten, dass er
das Volk wählen lässt zwischen der Begnadigung seines Messias und
eines Mörders; aber das von den Pharisäern aufgehetzte Volk erbittet
sich den Mörder und verlangt die Kreuzigung des nunmehr von ihm
verworfenen Messias.

Pilatus, der ohne es zu wollen, schon durch seinen letzten Vorschlag
Jesus als Schuldigen hingestellt hat, sucht durch die Geisselung und
Verspottung Jesu das Mitleid des Volkes zu erregen und so den Be-

drohten zu retten, doch umsonst; als aber Pilatus voll Bewunderung
über Jesu Hoheit sich noch weiter dem blutgierigen Drängen des Volkes
widersetzt, bringen ihn endlich die Ankläger durch die Drohung, ihn
beim Kaiser als schlechten und verräterischen Diener zu verklagen, zum
Nachgeben und zu der Entscheidung, dass Jesu gekreuzigt werden soll;
die Schuld für das Blut Jesu will das Volk auf sich nehmen.

Beurteilung des Denkens, Redens und Thuns der handelnden
Personen, besonders in Bezug auf die Schuld, die sie an der Verurteilung
Jesu tragen; Würdigung des erhabenen und wunderbaren Verhaltens des
Herrn.

3. Stufe. Vergleich zwischen Pilatus und Petrus („Der Geist ist
willig, aber das Fleisch ist schwach").

Zusammenstellung der Züge von göttlicher Erhabenheit im dies-
maligen und sonstigen Verhalten Jesu.

4. Stufe. „Sehet, welch ein Mensch."

Wiederholung: „Der Geist ist willig . . .“

5. Stufe. Zur Erklärung: 1. Petr. 2, 21—23. — „O Haupt,
voll Blut und Wunden . . ." (Str. 1).

24. Jesu Kreuzigung
(Matth. 27.)

1. Stufe. Besprechung über die Strafe der Kreuzigung. Reproduktion dessen, was die Schüler über die Kreuzigung Jesu wissen.

2. Stufe. Auf dem Weg zum Kreuze klagt Jesus nicht über sein
Leid, sondern über den Jammer, in den sich das verblendete Jerusalem
durch seine Ermordung stürzt.

Inmitten der grössten körperlichen und geistigen (über die Bosheit
der Menschen) Qualen offenbart er seine unermessliche Liebe, indem er
Gott um Verzeihung für alle seine Feinde bittet, und übt noch zum
letzten Mal an dem reuigen Sünder neben ihm seinen Heilandsberuf aus.
Auch seine kindliche Liebe zeigt er durch seine Fürsorge für seine
Mutter. Einen Moment überwältigen ihn die furchtbaren körperlichen
Qualen, so dass er sich von Gott verlassen fühlt, aber nachdem die Qual
des Durstes gelindert ist, spricht er das frohe Bewusstsein aus, dass er
sein sündloses Leben und sein Heilandswerk treulich vollbracht hat,
übergiebt getrost seine reine Seele dem himmlischen Vater und stirbt.
Durch wunderbare Zeichen bestätigt Gott, dass der schmählich Ermordete
sein Sohn ist.

Zusammenfassung der Urteile über den heiligen Heiland am
Kreuz und über die Sünder unter dem Kreuz (und neben dem Kreuz).

3. Stufe. Zusammenstellung der Liebeserweise des Herrn, aus
denen sich ergiebt, dass sein freiwilliger Kreuzestod der höchste Liebes-
erweis und die Vollendung der Erlösung ist.

4. Stufe. „Niemand hat grössere Liebe denn die, dass er sein
Leben lässet für seine Freunde."

Wiederholung: „Des Menschen Sohn ist nicht gekommen, dass er
sich dienen lasse . . ."

5. Stufe. „Das that ich für dich. Was thust du für mich?"
Zur Erklärung und Anwendung: 2. Cor. 5, 15. Joh. 3, 16. „O
Haupt, voll Blut und Wunden . . ." (mit Auswahl). „Wenn alle un-
treu werden . . ."

25 Begräbnis und Auferstehung Jesu
(Matth. 27. 28.)

Erstes Stück. Das Begräbnis Jesu.
Ziel: Überschrift.
1. Stufe. Reproduktion des den Schülern schon Bekannten.
2. Stufe. Kulturhistorisches: Gebräuche beim Begräbnis. Würdigung
des mutigen, frommen und gläubigen Denkens und Thuns von Joseph
und Nikodemus.
Zweites Stück: Die Auferstehung Jesu.
Ziel: Überschrift.
1. Stufe. Reproduktion des den Schülern schon Bekannten.
2. Stufe. Erst Besprechung der einzelnen Stücke in sachlicher
und ethisch-religiöser Hinsicht, dann Zusammenfassung ihres Gehaltes.

Die durch den unerwarteten Tod ihres Messias tief erschütterten
und sogar in ihrem Glauben an denselben schwankenden Jünger vermögen nicht an die Auferstehung des Herrn zu glauben.

Die am meisten suchende und glaubende Maria erhält die erste un-
zweifelhafte Bestätigung ihres Glaubens.

Die beiden Emmausjünger, welche die Thatsache des Todes ihres
Messias nicht begreifen können, erhalten vom Herrn selber die Belehrung,
dass er nicht bloss trotz seines Leidens und Sterbens, sondern gerade
wegen desselben und in demselben sich als den rechten, von den Propheten Gottes verkündeten Messias erwiesen habe.

Die dadurch im Glauben gefestigten Elf erhalten durch die leib-
haftige Erscheinung des Herrn die fröhliche Gewissheit seiner Auferstehung und seiner Messiaswürde, und werden als Mitarbeiter bei der
Errichtung seines Reiches berufen und ausgerüstet. Der Zweifler Thomas
erhält den von ihm begehrten handgreiflichen Beweis der Auferstehung
des Herrn und gewinnt daraus den festen Glauben an Jesu Göttlichkeit.

Der Auferstandene erscheint, wie er verheissen, seinen Jüngern auch
in Galiläa und setzt hier den gefallenen, aber reuigen Petrus, nachdem
er ihn ernst an seine frühere Vermessenheit erinnert und dreimal die
Beteuerung treuer Liebe aus seinem Munde vernommen, huldvoll wieder
in sein Apostelamt ein und weissagt ihm den Tod, den er dereinst für
seinen Herrn sterben wird.

Zusammenfassung des religiösen Gehaltes sämtlicher Stücke.
3. Stufe. Jesu Auferstehung, die den ersterbenden Glauben seiner
Jünger erneuerte und so sein Reich auf Erden begründen half, ist auch
uns ein Beweis seiner Göttlichkeit und eine Bürgschaft unseres eigenen
Fortlebens nach dem Tode in verklärter Leiblichkeit. Aber nur wenn
uns die Auferstehung Jesu zum rechten innigen Glauben an ihn und
somit zur eigenen geistigen Auferstehung aus dem Tode der Sünde hilft,
hat sie für uns ihre rechte Bedeutung.

4. Stufe. „Jesus, meine Zuversicht... (Str. 1, 2, 10.) „Gleich-wie Christus ist auferwecket von den Toten durch die Herrlichkeit des Vaters, also sollen auch wir in einem neuen Leben wandeln." Wieder-holung: Wir haben geglaubet und erkannt... Christus hat dem Tode die Macht genommen... Ich bin die Auferstehung und das Leben...

5. Stufe. Wie zeigt sich, dass Christus in dir auferstanden ist? — Die Bedeutung und rechte Feier des Osterfestes.

Zur Erklärung: „Jesus lebt, mit ihm auch ich ...."

26 Jesu Himmelfahrt
(Matth. 28. Apg. 1.)

Ziel: Überschrift.

1. Stufe. Wiederholung des den Schülern hierüber schon Be-kannten.

2. Stufe. Der scheidende Herr verheisst seinen Jüngern die Geistestaufe, weist ihre weltlichen Hoffnungen zurück und beruft sie zur Arbeit für die Gründung seines geistigen Reiches auf Erden. Die Kraft zu dieser Arbeit soll ihnen aus seinem Geiste kommen, der zur Herr-schaft im Himmel und auf Erden berufen ist. Als äusseres Kennzeichen der innerlich für seine Herrschaft Gewonnenen setzt der Herr die heilige Taufe ein, und nachdem er noch seinen Jüngern seine stetige und un-aufhörliche Gegenwart verheissen und sie gesegnet hat, scheidet er von ihnen und der Erde und erhebt sich zu seinem Vater in den Himmel, von wo dieser ihn einst zum Segen für die Erde herabgesandt.

Zusammenfassung: Der letzte Wille und die letzte Verheissung des Herrn.

3. Stufe. In Jesu Himmelfahrt liegt auch die Bürgschaft unserer dereinstigen Himmelfahrt. Er hat uns den Weg zu unserer wahren himmlischen Heimat gezeigt und hat uns durch sein Leben und Sterben daselbst Wohnung bereitet und wird uns, wenn wir ihm unser Herz geben und nach dem streben, was droben im Himmel ist und gilt, immer mehr zu sich emporziehen.

4. Stufe. „In meines Vaters Hause sind viele Wohnungen. Ich gehe hin, euch die Stätte zu bereiten, und will doch wiederkommen und euch zu mir nehmen, auf dass ihr seid, wo ich bin." „Seid ihr nun mit Christus auferstanden, so suchet, was droben ist, da Christus ist, sitzend zu der Rechten Gottes."

5. Stufe. Wie kannst du suchen, was droben ist? — Die Be-deutung und die rechte Feier des Himmelfahrtsfestes.

Zur Erklärung: „Auf Christi Himmelfahrt allein ich meine Nach-fahrt gründe ..."

4 Zusammenstellung

1. Die **chronologische Reihenfolge.** Siehe das vierte Schul-jahr, Seite 23, und das fünfte Schuljahr, 3. Aufl. Seite 28.

2. Das geographische Material. Siehe die Karten zur Patriarchen-, Richter- und Königszeit im dritten Schuljahr, Seite 45, im vierten Schuljahr, Seite 49; ferner das fünfte Schuljahr, Seite 26.
3. Das kulturgeschichtliche Material. Siehe das dritte Schuljahr, Seite 44, das vierte Schuljahr, Seite 49, und das fünfte Schuljahr, Seite 26.
4. Zusammenstellung des ethisch-religiösen Materials:
   Siehe das erste Schuljahr, Seite 97.
   „   „   zweite   „   „   35 f.
   „   „   dritte   „   „   42.
   „   „   vierte   „   „   50.
   „   „   fünfte   „   „   26 f.

1 Die Chronologie

Hinzufügung des Todesjahres Christi: 33.

2 Das geographische Material

Bethanien, Bethesda, Teich, Siloah, Bach Kidron, Ölberg (Gethsemane), Golgatha, Ephraim bei Bethel, Emmaus, Tiberias.

3 Das kulturgeschichtliche Material

Dasselbe erfährt folgende Erweiterungen:
Familie: Hochzeitsfeier (Brautjungfrauen, Fackelzug), Gebräuche bei Gastmählern (Zu Tische liegen. Reinigen der Hände mit Brotkrumen, Waschungen) und bei Begräbnissen (Felsengräber durch Steine verschlossen, Einbinden der Leichname in Leintücher, Salbung mit Spezereien); Gastfreundschaft (Martha).
Kleidung: Ober- und Untergewand, Luxus mit Purpur und köstlichen Leinwandkleidern; der Mantel der römischen Soldaten.
Geld: Silberlinge, Zinsmünze, Wechsler.
Beschäftigung: Weinbau (Kelter).
Stände: Tagelöhner, Wechsler, Kaufleute (im Tempelvorhof).
Sitten: Bei Trauer (Zerreissen der Kleider, Fasten), beim Empfang eines Königs; Salbung vornehmer Gäste mit kostbarem Öl; Stundenberechnung).
Unsitte und Aberglaube: Leichtsinniger Schwur; Almosengeben, Beten (Denkzettel) und Fasten der Pharisäer; Vorstellungen vom Jenseits, Teufelaustreibungen.
Sprache: Aramäische (galiläischer Dialekt), griechische und lateinische Sprache.
Gottesdienst: Sabbathheiligung, Synagogen (Ausschluss aus derselben durch den Bann), Festreisen nach Jerusalem, Laubhüttenfest, Passahfest (Passahmahl).
Staatliches: Römische Oberhoheit (Statthalteramt, Recht der Todesstrafe, Zinsabgabe an den Kaiser, Vasallenkönige); der Hoherat

unter dem Vorsitze des Hohenpriesters. Jüdische und römische Rechtspflege (Zeugenbeweis, Bestrafung der Gotteslästerung, Misshandlung der Verurteilten, Strafe der Kreuzigung).

4 Das ethisch-religiöse Material

Hierbei sind die zum zweiten Male auftretenden, sowie die auf den fünften Stufen verwerteten Sprüche und Lieder nicht angeführt.

1. Richtet nicht, auf dass ihr nicht etc.
2. Wenn ich nur dich habe etc.
3. Habt nicht lieb die Welt etc.
4. Ist Gott für uns etc.
5. Wen der Herr lieb hat etc.
6. Ich bin das Licht der Welt etc.
7. Selig sind, die da Leid tragen etc.
8. Es werden nicht alle, die zu mir sagen etc.
9. Bete und arbeite.
10. Ich bin die Auferstehung und das Leben etc.
11. Das Licht ist in die Welt gekommen etc.
12. Es sei denn eure Gerechtigkeit besser etc.
13. Der Geiz ist eine Wurzel allen Übels.
14. Des Menschen Sohn ist nicht gekommen etc.
15. Wachet und betet etc.
16. Wer sich lässet dünken etc.
17. Die göttliche Traurigkeit wirket etc.
18. Sehet, welch' ein Mensch.
19. Niemand hat grössere Liebe etc.
20. Gleichwie Christus ist auferwecket etc.
21. In meines Vaters Hause sind viele Wohnungen etc.
22. Seid ihr nun mit Christus auferstanden etc.

Lieder.

1. Aus tiefer Not schrei' ich. 4 Strophen.
2. Mache dich, mein Geist, bereit. 3 Strophen.
3. Wie soll ich dich empfangen. 2 Strophen.
4. Jesus, meine Zuversicht. 3 Strophen.

Weitere Gruppierung und höhere Systematisierung dieses Materials. Cf. fünftes Schuljahr, Seite 27, achtes Schuljahr, Seite 1—22.

Dr. Richard Staude
Schulrat in Coburg

II Geschichte

Litteratur: Siehe das fünfte Schuljahr, 3. Auflage, Seite 33 u. Seite 64 (Präparationen). Ferner: Göpfert, Wie muss ein geschichtliches Lehrbuch für die Hand der Schüler beschaffen sein. Deutsche Bl. 1885, Nr. 44 u. 45. (Vergl. Nr. 50 und 1886. Nr. 11.) Hirt, Die Stellung des relig. Geschichtsunterrichts in der Erziehungsschule und die Reform seines Lehrplans. Jahrbuch 1886. G. Wiget, Zwei Fragen aus der Methodik des Geschichtsunterrichts. Bündner Seminarblätter Nr. 5 und 6. 1885/86. Dr. Schilling. Über die Grundsätze der Auswahl, Anordnung u. Behandlung des Lehrstoffs für den Geschichtsunterricht. Leipzig 1897. Franzmann. Beiträge zum Geschichts-Unterricht. Einladungsschrift zur XXV. Hauptversammlung u. s. w. Lomberg-Elberfeld 1897. Fritzsche, Die Gestaltung der Systemstufe im Geschichts-Unterricht. Mitteilungen des Vereins der Freunde Herbart. Pädagogik in Thüringen. Langensalza 1897. Fritzsche, Bausteine für den Geschichts-Unterricht. Altenburg 1897. Baldamus, Erfüllung moderner Forderungen an den Geschichtsunterricht. Neue Jahrbücher von Ilberg u. Richter. 1898. 6/7. Leipzig. Teubner. W. Münch, Schule und soziale Gesinnung. Fries-Menge, Lehrproben etc. Halle a/S. 59. Heft. 1899. Krönlein, Zur Methodik des Gesch.-Unt. Bad. Schulztg. 1898, 6—9. Fritzsche, Die Berücksichtigung der Bürgerkunde im Gesch.-Unt. D. Bl. f. erz. Unt. 1898. 2—6. A. Bär, Die Staats- u. Gesellschaftskunde als Teil des Gesch.-Unt. Päd. Bl. f. Lehr-Bildg. 1898, 7.8. Ph. Hartleb, Die Forderungen der Gegenwart a. d. Gesch.-Unt. der Volksschule. Bielefeld. Helmich. Günther, Vorschläge zu einer zeitgemässen Gestaltung des Gesch.-Unt. 2. Aufl. Wiesbaden 1897. Bernheim, Gesch.-Unt. u. Gesch.-Wissenschaft. Neue Bahnen. 1899. E. Stutzer, Deutsche Sozialgesch. Halle, Waisenhaus 1898. E. Wolff, Grundriss der preussisch-deutschen sozialpolit. u. volkswirtsch. Gesch. Berlin, Weidmann. 1899. Giese, Deutsche Bürgerkunde. Jentsch, Bürgerkunde. Leipzig, Grunow.

I Über das Ziel des Geschichts-Unterrichts

> „Der Geschichtsunterricht muss
> mehr als bisher das Verständnis
> für die Gegenwart und insbesondere
> für die Stellung unseres Vaterlandes in derselben vorbereiten."
> Kaiser Wilhelm II

Da sich fortgesetzt Bedenken gegen die Auffassung des Geschichtsunterrichts als Gesinnungsfach erheben, möchten wir hier nochmals kurz erläutern, in welchem Sinne wir das Wort „Geschichte ist Gesinnungsunterricht" verstanden wissen wollen. Man hat gesagt:

„Die Geschichtsdarstellung soll die wirkenden Kräfte verstehen lehren als Kräfte. Sie braucht keine Zensuren auszuteilen. In diesem Sinn sind wir etwas misstrauisch geworden gegen die Benutzung der Historie als „Gesinnungsfach"."

Wir auch. Trotzdem halten wir fest an der Auffassung, dass in unseren Erziehungsschulen, den höheren, mittleren und niederen, der Geschichtsunterricht unter den Gesichtspunkt „Gesinnungsunterricht" gerückt werden muss, um ihm die wünschenswerte Wirkung zu sichern. Man muss diesem Worte nur den rechten Sinn geben.

Voraus zu bemerken ist: Überwunden ist die Geschichtsauffassung Luthers und seiner Mitarbeiter, denen die Geschichte eine grosse und verlassbare Sammlung von Exempeln für das ganze Gebiet der Ethik ist:

eine Auffassung, die noch Basedow vertrat, wenn er in seinem projektierten „Hilfsbuch der historischen Welterkenntnis" die Erzählungen nicht in chronologischer Ordnung geben, sondern sie unter besondere Titel sammeln wollte, „welche den Zweck und Gebrauch anzeigen, als: merkwürdige Exempel dieser und jener Tugend, dieses und jenes Lasters, von grossen Menschenfreunden, von Tyrannen, von Lieblingen, von Maitressen, von Glück und Unglück bey Hofe, von grossen Wirkungen kleiner Ursachen u. s. w."

Abgewiesen ist damit die Auffassung, als ob durch den Geschichtsunterricht die Schüler angeleitet werden sollten, zu Gericht zu sitzen über die geschichtlichen Personen, und Zensuren auszuteilen. Dazu fehlt ihnen nichts weniger als alles. Das soll man Männern wie Treitschke u. a. überlassen.

Aber die Gesinnung der Schüler soll beeinflusst werden durch den Geschichtsunterricht. Daran halten wir fest. Damit stellen wir uns in Gegensatz zu denen, die noch immer die Hauptaufgabe des Geschichtsunterrichts in der Mitteilung des geschichtlichen Wissens sehen. Dieses Ziel ist zu niedrig gesteckt. Uns ist der Geschichtsunterricht nicht Wissens-, sondern Willenssache.

Das soll nicht etwa heissen, dass wir das geschichtliche Wissen irgendwie gering schätzten. Keineswegs; es ist die unerlässliche Vorbedingung. Aber es ist nicht alles. Es giebt ein höheres Ziel, das durch das geschichtliche Wissen hindurchführt.

Jeder weiss aus eigener Erfahrung, dass es ein zweifaches Wissen giebt, eines, was den Menschen kalt lässt. Wie ein toter Klumpen ruht es in ihm: eine Last von hundert Kamelen, wie Kant sagt. Ein anderes, das den Menschen in Bewegung setzt, ihn antreibt, nicht nur zu mancherlei Reflexionen, sondern auch zu thatkräftigem Handeln und Eingreifen in die Dinge dieser Welt. Ein solches belebtes Wissen ist allein von Wert; jenes steht zurück, es dient nur zur Dekoration der Person.

Für den erziehenden Unterricht kann daher nur das lebendige Wissen in Betracht kommen, das den Willen in Bewegung zu setzen vermag; vor allem auf dem Gebiete der Geschichte. Darum sagten wir: Geschichtsunterricht ist Willenssache. Es kann uns gar nichts daran liegen, lebendige Geschichtslexika in den Schulen zu produzieren, sondern ein geschichtliches Wissen zu überliefern, das mit den Herzpunkten der werdenden Persönlichkeit zusammenwächst, in die Gesinnung eingeht und damit Einfluss auf das Wollen und Handeln gewinnt.

Das verstehen wir unter Gesinnungsunterricht. Sagt uns jemand, dass wir damit eine Tendenz in den Geschichtsunterricht hineintrügen, so lassen wir uns das ruhig gefallen. Wir würden uns energisch abweisen, wenn uns vorgeworfen würde, wir wollten „Gesinnung machen". Das liegt weit ab von unserem Weg. Damit haben wir nichts zu thun. Das überlassen wir denen, die dazu charakterlos genug sind, oder zu engherzig.

Unser Gesinnungsunterricht stellt sich weder in den Dienst einer religiösen noch einer politischen Richtung, wohl aber in den Dienst der Charakterbildung.

Damit ist unser Standpunkt gekennzeichnet. Er geht damit auch über die Fassung hinaus, die dem Geschichtsunterricht die „Pflege des

historischen Sinnes" vorschreiben und ihn dann in den Dienst der
Klugheit stellen möchte. Als den ausschlaggebenden Gesichtspunkt
können wir dies nicht betrachten, wenn man sich dabei auch auf einen
Ausspruch Bismarcks berufen kann, dahingehend, dass für jeden
Staatslenker ein richtig geleitetes Studium der Geschichte die wesentliche
Grundlage des Wissens bilde. Hier allein sei zu lernen, was bei der
Verhandlung mit anderen Staaten in jeder Frage erreichbar sei. In der
Fähigkeit aber, die Grenzen des Erreichbaren zu erkennen, sei die
höchste Aufgabe der diplomatischen Kunst bezeichnet. Das ist gewiss
richtig. Der angehende Diplomat wird die Geschichte in ganz besonderem
Lichte betrachten, um aus ihr zu lernen. Ihm wird das Wirken staats-
bildender und staatszerstörender Kräfte, die ihm die Geschichte aufdeckt,
vor allem lehren, den Geboten der Klugheit die Führung zu übergeben.

Es wäre aber nicht gut für die innere Bildung unseres Volkes
gesorgt, wenn die Geschichte unter diesen Gesichtspunkt allein gestellt
würde. Eine Gegenüberstellung der staatsbildenden und staatszerstörenden
Kräfte — soweit sie menschlichen Blicken erkennbar sind — dürfte doch
wohl keine andere Wahrheit aufdecken, als die der Volksmund im Sprich-
wort schon längst ins oder etwas banal klingenden, aber doch nicht zu
beseitigenden Weisheit zusammengefasst hat: Ehrlich währt am längsten.

Die Beschäftigung mit der Geschichte soll unsere Jugend befähigen
helfen, dereinst mit Verständnis und festem Charakter an den nationalen Aufgaben teilnehmen zu können. Es handelt sich also nicht um ein Ideal des
Wissens, das der Klugheit Waffen liefern soll, sondern um ein Ideal der
Gesinnung und des Handelns. Durch die Beschäftigung mit dem Leben
und Wirken geschichtlicher Personen kann der einzelne einen Zuwachs
an Menschenkenntnis, an Interesse für menschliches Thun und Leiden
und an Selbsterkenntnis gewinnen. Durch die Einführung in den Inhalt
und die Formen des sich entwickelnden Gemeinschaftslebens soll ihm das
Verständnis eröffnet werden — soweit es möglich ist — für das eigenartige, oft so dunkle und unerklärliche Zusammenwirken der geschichtlichen Kräfte in der Entwicklung der Dinge: des wirtschaftlichen Mo-
mentes, der sittlichen Ideen, des Getriebes der Persönlichkeiten in ihrer
Umgebung u. s. w.

Und dies alles verdichtet in der Gesinnung: Jeder Schüler soll
wissen, dass dereinst auf ihn gerechnet wird, und er soll wollen, dass
man auf ihn rechnen könne. In die Schicksale unseres Volkes sich ver-
tiefend soll die Jugend zu dem felsenfesten Glauben erzogen werden,
unserem Volke steht noch Grosses bevor. Die kommende Zeit darf kein
kleines Geschlecht finden, kein physisch und moralisch verkommenes, auch
kein bloss klug berechnendes.

Der Geschichtsunterricht als Gesinnungsunterricht soll, wie gesagt,
vor allem das Rückgrat stärken, d. h. der Charakterbildung dienen.
Das ist freilich schwieriger, als wenn nur ein bestimmtes Mass von Ge-
schichtswissen eingeprägt, der geschichtliche Stoff einfach überliefert
werden soll. Der Unterricht hat gewiss immer die Aufgabe, wahr zu
sein und die Dinge selbst sprechen zu lassen. Aber diese sprechen
doch durch den Lehrer oder durch das Buch, das ist in diesem Fall
durch den Geschichtschreiber. Sie gelangen also an den Schüler in
einer bestimmten Form. Diese Form ist aber sehr wesentlich: wenn

1. circle —

2 many ... construction — ...

- tangent ... ...

2. ...

3. Kinds ... As, ... As, Co... ... ... Construction

4. Kind's ... ... Laws ... construction

... Laws, Construct...

6. ...

2. ...

1. C..., ... tension ...

zwei dasselbe reden, ist es doch nicht dasselbe. Es ist durchaus richtig, wenn verlangt wird: „Der Geschichtslehrer soll im Unterricht sich selbst verlieren in die Geschichte hinein und wie ein echter Künstler nichts wiedergeben wollen als das, was seinen eigenen Augen gross, klar, hell und scharf geworden ist." Nur was im Lehrer Gestalt gewonnen, besitzt Leben und lebenweckende Kraft so gut wie bei dem Prediger. Aber das ist es gerade, was dem Unterricht den gesinnungbildenden Einfluss giebt.

Als Ziel unseres Geschichtsunterrichts können wir demnach festhalten: 1. Der Unterricht hat dem Schüler die Einsicht in die Entwicklung unseres Volkes bis zur Gegenwart und in die Kräfte zu vermitteln, die diese Entwicklung bestimmt haben. 2. Der Unterricht soll in dem Schüler Kraft und Willen pflegen und stärken, an der Weiterentwicklung in charaktervoller Weise sich zu beteiligen.

In der Hauptsache stehen wir also von den Ansichten derer nicht weit ab, die verlangen: Erziehung zu einem geschichtlich denkenden Volk, wenn hierin eingeschlossen ist, dass dieses geschichtliche Denken nicht im Widerspruche zu der sittlichen Einsicht steht. Also nochmals: „Keine trockene Aufzählung von Thatsachen, die dem Verstand nichts zu denken und dem Herzen nichts zu fühlen geben. Lassen wir den Helden gleichsam vor den Kindern handeln und reden. Malen wir uns Ort und Umstände vor Augen. Nichts vergrössert, nichts verkleinert — aber das Kolorit so lebhaft als möglich. Kein wichtiger Umstand, der zur Aufklärung dient, soll übergangen Veranlassungen, Folgen, Absichten anschaulich gemacht werden. Auch moralische und politische Erwägungen seien nicht verschmäht, wenn auch das Bestreben vorherrscht, die Thatsachen so hinzuzeichnen, dass der Schüler von selbst überall die Gedanken zu finden und in richtiger Weise zu vollziehen genötigt wird." (Vergl. den Philanthropisten Bahrdt.)

Hierin liegt das Bildende des Unterrichts. Der Geschichtsunterricht ist zu häufig nur Erzählung; als Gesinnungsunterricht aber ist er Erforschung: Erforschung der Thatsachen und ihrer gesetzlichen Zusammenhänge, soweit sie dem Schüler erkennbar sind. Eine solche Betrachtung der geschichtlichen Entwicklung steht unter dem Zeichen der Idee, und zwar zuletzt der sittlichen Idee. Das ist der Sinn des Gesinnungsunterrichts, der sich wohl hüten wird, etwa durch absichtliches Betonen der Gesinnung den Sinn des Schülers abzustumpfen, oder auf die Jugend in erregtem Pathos einzureden, weil er weiss, wie vorübergehend die kleinen Mittel der Gefühlserregung sind.

Geschichtliche Behandlung muss von unserem Standpunkt aus also eine betrachtende, nicht bloss eine erzählende sein. Denn erst dann wirkt sie charakterbildend, wenn sie auf die Gewinnung einer eigenen Überzeugung hinarbeitet. Die Betrachtungen bestehen in der Einflechtung von Vergleichungen, in der Aufspürung von Zusammenhängen, in der Ergründung von Ursachen, damit der allmählich erstarkende jugendliche Geist nicht bloss in der Passivität des Aufnehmens verharre, sondern aus der Geschichte etwas lerne. Die Kunst des Lehrers besteht nun darin, dass die Lehre ungesucht herausspringe und nicht als absichtliche Künstelei erscheine; dass der Schüler das Bewusstsein erhalte, wie schwierig die

Probleme der Geschichte sind; dass sie nicht leichthin mit Worten und
Formeln erledigt werden dürfen; wie gefährlich Schlagworte sind, die
sich anmassen, eine Entscheidung geben zu wollen.

Aber selbst ein packender, recht geleiteter Geschichtsunterricht leistet
noch nicht das, was er soll, wenn nicht das ganze Gemeinschaftsleben
der Schule ihm zu Hilfe kommt. Hier liegt offenbar der Hauptmangel
unserer öffentlichen Schulen, die, vielfach zu Schulkasernen ausgewachsen,
auf die Wirkungen eines intimen Schullebens nur zu häufig verzichten
und sich mit Beibehaltung äusserer Formen begnügen müssen.

2 Die Auswahl des Stoffes *)

Aus den Darlegungen, die wir im vorhergehenden Bande gegeben
haben, geht hervor, dass der Stoff im Geschichtsunterricht für die Volksschule die Geschichte unseres Volkes ist. Zur Durcharbeitung
hatten wir im fünften Schuljahr unsere ältere deutsche Geschichte von
Hermann bis Otto I. bestimmt: Arminius, Völkerwanderung, Chlodwig,
Bonifacius, Karl d. Gr., Heinrich I., Otto d. Gr.

Die Erbschaft der römischen Kaiser traten teils die deutschen
Könige an, teils die Päpste in Rom. Während Christus gesagt hatte:
„Mein Reich ist nicht von dieser Welt etc." und „des Menschen Sohn
ist nicht gekommen, dass er sich dienen lasse etc., so traten jetzt in
der Kirche Jesu Männer auf, welche die weltliche Gewalt in ihre Hände
bringen und sichtbare Statthalter Gottes und Jesu sein wollten. Bei
diesem Bestreben mussten sie mit den römischen Kaisern deutscher
Nation in Kampf geraten. Aus der langen Reihe der Streitigkeiten
zwischen Kaiser und Papst kommt vor allem die Geschichte Heinrichs IV.
in Betracht.

Von hier aus gehen wir zu den Kreuzzügen über, in denen die
Macht der Päpste und der Kirche scheinbar die höchsten Triumphe
feiert, mit denen aber auch zugleich ein neuer Geist und eine völlige
Umgestaltung der politischen und gesellschaftlichen Verhältnisse (Auf-
blühen des Bürgertums) im Abendland Platz greift. Die hervorragendste
Gestalt dieser Zeit ist Friedrich Barbarossa. Von ihm gehen wir
aus, um sodann die für uns wichtigsten Kreuzzüge vor und nach ihm
durchzunehmen. Diese geben nun Veranlassung, auf das Rittertum
näher einzugehen, auf das Sängertum (Sängerkrieg auf der
Wartburg), auf das Emporblühen der Städte (Hansa), auf die
Ausbreitung des Christentums an der Ostsee durch den
deutschen Ritterorden. Den Völkerfluten nach Osten wird gegenüber-

---

*) Für die Auswahl des Stoffes sind ausser dem Leipziger Seminarbuch
folgende Aufsätze massgebend: 1. Thrändorf, Lehrplan für den Gesch.-Unt.
in den deutschen Blättern für erz. Unt. 1877. 2. Göpfert, Die Anordnung des
Geschichtsstoffes für die Schule in den deutschen Blättern für erz. Unt. 1881.
Derselbe, Über Stoffauswahl und Ausgangspunkt des Gesch.-Unt. XVI. Jahrb.
d. V. f. w. Päd. Seite 247 ff. 3. Zillig. Der Geschichtsunterricht im Jahrb.
des Vereins für wiss. Pädagogik. Jahrgang 1882. Siehe ferner die „Erläuterungen"
zum XIV. Jahrbuch. Leipzig 1883, sowie die Arbeiten Biedermanns. Ferner
die neueren Präparationswerke von Staude-Göpfert, Fritzsche u. a.

gestellt das Drängen der Völker nach **Westen: Hunnen, Ungarn, Mongolen, Türken** bis zur Eroberung Konstantinopels. Von der durch die Kreuzzüge herbeigeführten Blüte des Rittertums schreiten wir nun — ausgehend vom Prinzenraub — fort zum Verfall desselben und damit zum ersten Kaiser aus dem Hause Habsburg, zu **Rudolf I.** Mit ihm schliessen wir den Geschichtsstoff des sechsten Schuljahres, der sich also in chronologischer Ordnung folgendermassen aufreiht: 1. **Kaisertum und Papsttum** (Heinrich IV. und Gregor VII.), 2. **Kreuzzüge** (Friedrich Barbarossa), 3. **Das Mittelalter auf seiner Höhe** (Rittertum, Hansa etc.), 4. **Rudolf von Habsburg.**

Am Schluss Zusammenstellung des gesamten Materials aus dem fünften und sechsten Schuljahr in chronologischer Reihenfolge.

3 Die Bearbeitung des Stoffes

Die Bearbeitung des soeben angegebenen Geschichtstoffes erfolgt in methodischen Einheiten, welche nach den formalen Stufen*) durchgenommen werden. Man vergleiche hierüber das im „fünften Schuljahr", 3. Aufl. Seite 50—64, Gesagte und die vortreffliche Arbeit Zilligs im XIV. Jahrbuch des Vereins für wissenschaftliche Pädagogik, Seite 145—245. Indem wir auf diesen ausführlichen Aufsatz, der in den angeführten Abschnitten die Bearbeitung des Geschichtsunterrichts nach den formalen Stufen auseinanderlegt und eingehend begründet, verweisen, können wir uns hier um so kürzer fassen. Nur auf einige Punkte möchten wir hier besonders hinweisen.

1. Wie aus dem fünften Schuljahr bekannt ist, kann auch ein historisches Gedicht den Ausgangspunkt für einen geschichtlichen Abschnitt bilden. Dasselbe wird im deutschen Unterricht gelesen und unterrichtlich soweit bearbeitet, um Interesse zu wecken und Anknüpfungspunkte für die weitere geschichtliche Behandlung zu gewinnen. Es geschieht dies durch den sogenannten „darstellenden Unterricht" (siehe das erste und fünfte Schuljahr). Hierbei wird die erste und zweite formale Stufe nicht getrennt, wie es da geschehen muss, wo der Lehrer oder eine Quelle den Geschichtsstoff in zusammenhängender Erzählung

---

*) Für dieses naturgemässe, psychologische Verfahren gebraucht Dörpfeld folgende Gruppierung und Benennung:
  I. Erste Hauptoperation: Anschauen (Klarheitstufe).
      A. Analytische Vorbesprechung(Analyse, Vorbereitung, Vorbesprechung).
      B. Vorführung des Neuen (Synthese, Darbietung).
  II. Zweite Hauptoperation: Denken:
      A. Vergleichen (Association, Vergleichung).
      B. Zusammenfassen (System, Zusammenfassung, Ordnung).
  III. Dritte Hauptoperation: Anwenden (Methode, Funktion, Anwendung). Vergl. das erste Schuljahr Seite 24 ff. 6. Aufl. Ferner Dörpfeld, Der didaktische Materialismus, Gütersloh 1880. und Beiträge zur pädagogischen Psychologie, Gütersloh. Ferner: Die schulmässige Entwicklung der Begriffe. Ev. Schulblatt 1877, Nr. 1, Gütersloh. Vergl. Ev. Schulblatt 1882 „Nachbemerkungen". Wiget, Die form. Stufen. 6. Aufl. Chur 1898.
      Hiernach bestimmt sich auch ganz naturgemäss das Wieviel. Wird mit der Verarbeitung nach den formalen Stufen konsequent verfahren, so ist jede „Überbürdung" von vornherein ausgeschlossen.

den Kindern darbietet. Bei der Behandlungsweise, die wir im Anschluss
an ein Gedicht vornehmen, wird die Geschichtserzählung von den
Kindern mit Hilfe des Lehrers erarbeitet. Nachdem dies geschehen,
kann wohl auch von seiten des Lehrers eine Erzählung erfolgen, die als
Muster in der Form angesehen werden muss, ebenso wie im deutschen
Unterricht das mustergültige Vorlesen des Lehrers gewöhnlich erst dann
zu geschehen hat, wenn die Kinder selbst sich mit dem Lesen des betreffenden Abschnittes bemüht haben. Doch braucht die Erzählung des
Lehrers selbstverständlich nicht aufzutreten, wenn die Schüler selbst die
zusammenfassende Darstellung des erarbeiteten Materials in guter und
gewandter Sprache bringen. Wir folgen auch hier dem Grundsatz, der
unsere gesamte Unterrichtsthätigkeit bestimmt, alles das der Arbeit des
Schülers zu überlassen, was dieser selbst durch eigene Kraft und Anstrengung zu leisten vermag. Der Vorwurf der Zeitverschwendung kann
hierbei nur dann erhoben werden, wenn man auf dem Boden des didaktischen Materialismus stehend dem Grundsatze folgt, möglichst viel in
möglichst kurzer Zeit in den Schüler hineinzustopfen, gleichviel, wieweit
dieser die Sache begreift oder nicht — oder, wenn man dem didaktischen
Cynismus huldigt, der über methodische Überlegungen geringschätzig lächelt.
  Ist also die Erzählung durch darstellenden Unterricht erarbeitet,
wobei analytisches und synthetisches Material in rascher Aufeinanderfolge
in einander gewebt wird, ist die erste Totalauffassung durch die Besprechung und durch die Vertiefung (Konzentrationsfragen) zu einer erweiterten und geläuterten umgearbeitet worden, so kann dann die Klarheits-
stufe, oder die Stufe der Anschauung als beendet angesehen werden.
Der Lehrer geht dann bei passenden Ruhepunkten zur Durcharbeitung
des gewonnenen Stoffes nach den folgenden Stufen über, um eine Be-
sinnung auf die tiefer liegenden Gedanken zu veranlassen. (Siehe das
5. Schuljahr a. a. O.).
  2. Die Gestaltung der Systemstufe ist für den Geschichtsunterricht ebenso wichtig, wie für die übrigen Unterrichtsfächer. Im
System, der Zusammenfassung und Ordnung des begrifflich Wertvollen,
des bleibenden Gewinns, muss der Charakter des betreffenden Unterrichts-
faches klar und scharf hervortreten.*)
  Nun betrachten wir in der Erziehungsschule den Geschichtsunterricht
als Gesinnungsunterricht. Danach wird sich auch das System gestalten
müssen. Da aber der biblische Geschichtsunterricht unter den gleichen
Gesichtspunkt gerückt wird, so fragt es sich, ob beide Unterrichtsfächer
das gleiche System auszubilden haben.
  Dem dürfte vor allem die verschiedene Natur der Lehrstoffe wider-
sprechen. Wenn sie auch das gleiche Ziel verfolgen, nämlich Bausteine zur Bildung einer reinen und festen Gesinnung zu liefern, so

---

*) S. Bodenstein, Zum System im Gesch.-Unt. Päd. Studien 1891.
Schilling, Der systemat. Stoff im Gesch.-Unt. XXV. Jahrb. d. V. f. w. Päd.
Bär, Die religiös-moral.Geschichtsbetrachtung. Neue Bahnen 1895.3. Fritzsche,
Was gehört auf die Systemstufe im Geschichtsunt.? Neue Bahnen 1895, 7.
Franke, Gegen die Systeme im Gesch.-Unt. Deutsche Schulpraxis 1894, 5—8.
Fritzsche, Leitsätze. Mitteilungen des Vereins d. Fr. Herbart. Päd. in
Thüringen. Langensalza 1897. Nr. 9 u. 10. (Päd. Magazin 77. Heft. Ebenda.)
Fritzsche, Bausteine etc. Altenburg 1897. Dörpfeld, Repetitorium des
naturkundl. u. humanist. Realunterrichts. Gütersloh 1873; Seite 76—92.

werden sich diese Bausteine ihrer Art nach unterscheiden. Die biblischen Stoffe dienen in erster Linie der Pflege des religiösen Interesses,
der Einführung in das Verhältnis des Menschen zum Übersinnlichen,
zu Gott. Da nun das Verhalten des Menschen zu Gott nicht losgelöst
betrachtet werden kann von seinem Verhalten zu den Mitmenschen, so
werden in der Ausbildung der religiösen Gefühle auch die Pflege der
sittlichen einbegriffen sein. Der Niederschlag dieser Arbeit, die also
auf die religiös-sittliche Einzelbildung gerichtet ist, soll im S c h u l -
k a t e c h i s m u s zutage treten.

Wie steht es nun mit dem Ergebnis des profangeschichtlichen Unterrichts? Hier tritt offenbar das religiöse Moment zurück und das nationale
in den Vordergrund. Wenn dort die Ideen in Frage kommen, die für
das Innenleben der Einzelperson massgebend sind, so werden hier vor
allem die Ideen herausgearbeitet werden müssen, die für das Leben der
nationalen Gesamtheit bestimmend sind. Dabei befindet sich jene Aufgabe in unleugbarem Vorteil, da die für das Einzelleben zu formulierenden
Sätze niedergelegt sind in der Lehre Jesu. Wo aber finden wir die
Grundsätze des nationalen Katechismus, den Niederschlag unserer nationalen
Entwicklung in sozial-ethischer Beziehung?

Hier liegen die Ergebnisse nicht so gesichert vor, dass ihr Inhalt
und ihre Formulierung nicht anfechtbar wäre. Aber trotzdem ist eine
Zusammenfassung möglich und notwendig. Sie wird sich nach drei Seiten
hin erstrecken:

1) Es werden geschichtliche Verdichtungen in gedrängten, schema-
tischen Übersichten zusammengestellt. (Historisches System.)
Ferner:

2) Typische Erscheinungsformen, die als etwas Generelles gelten
können: die Formen der Staatsverfassungen, der Heeresverfassun-
gen, die Grundzüge der Natural- und Geldwirtschaft, der Steuer-
verhältnisse u. s. w.

3) Gesetze des politischen und sozialen Lebens, soweit sie erkennbar
und für die Schüler erfassbar sind. (Gesellschaftl. Ideen der
Sozial-Ethik bei Herbart, Nahlowsky, Ziller, Flügel u. a.)

Individual-ethische Betrachtungen werden allerdings auch im Geschichtsunterricht nicht ganz abzuweisen sein. Sie bieten sich von selbst
dar, wenn es gilt, den religiösen und sittlichen Motiven der handelnden Personen nachzugehen und ihren Charakter zu verdeutlichen. Allein es wird
hier nicht zur Systematisierung vorgeschritten. Das bleibe dem biblischen
Unterricht vorbehalten. Umgekehrt wird auch der biblische Geschichtsunterricht Betrachtungen des sozialen Lebens in Familie, Stamm und
Volk enthalten, aber die Systematisierung solcher Lebensbedingungen ist
Aufgabe des Geschichtsunterrichts. So arbeiten beide Teile der Gesinnungsunterrichts getrennt und doch zusammen für die Bildung des
Charakters. Das Verständnis für die individuale Seite möge die biblische
Reihe anstreben; die Einführung aber in die Grundbedingungen das
nationale und soziale Leben die profane Geschichtsreihe übernehmen.

In den Präparationen von F r i t z s c h e tritt zuerst das Bestreben
hervor, das System im Charakter des historischen Unterrichts zu halten.
Neben ihnen verdient vor allem das Präparationswerk von S t a u d e und
G ö p f e r t eingehende Beachtung.

Dabei sei noch darauf aufmerksam gemacht, dass das kultur-
historische Anschauungsmaterial recht reichlich zur Verdeut-
lichung der Vorstellungen des Schülers und zur Belebung des Unterrichts herangezogen und dem Schüler zur verweilenden Betrachtung dargeboten werde. Es diene zugleich zum Schmuck der Schulzimmer. (S. d.
betr. Art. in Reins Encyklopädie.) Auch die Schülerbiblio-
thek muss in den Dienst des Geschichtsunterrichts gestellt werden in
der Form der Klassenbibliothek mit enger Beziehung auf den Lehrplan.

––––– –––––

Übersicht über den zu behandelnden Stoff

A Kaisertum und Papsttum

> „Zwei Schwerter liess Gott auf Erden,
> zu beschirmen die Christenheit: dem
> Papste das geistliche, dem Kaiser das
> weltliche." Sachsenspiegel

Das grosse römische Reich war dahin. Seine Erbschaft traten die
deutschen Könige an*). Wir wissen dies von Karl dem Grossen; Titel:
Römischer Kaiser deutscher Nation. Warum so? (Gegensatz: unser
deutscher Kaiser.) Kaiserkrönung zu Rom. (I. Interregnum: 476—800.
II. 1251—1273. III. 1801—1871.) Das gute Verhältnis zwischen
Kaiser und Papst ist nicht immer so gut geblieben. Ziel: Wir wollen
jetzt von einem grossen Streit hören zwischen Kaiser und Papst.

1. Stufe. 1. Vom Papst? Was wisst ihr von ihm zu sagen?
   Kaiserkrönung, Karl der Grosse. Nachfolger der römischen
   Kaiser. Titel. Sitz des Papstes in Rom.
2. Vom Kaiser? Welche kennen wir? Karl d. Gr. Heinrich.
   Otto. Wilhelm I. Friedrich III. Sitz im Reich. Aachen etc.
   Berlin.
3. Von einem Streit?
   a) Waren Kaiser und Papst nicht gute Freunde?
      Krönung; Schenkung unter Pipin.
   b) Was mag beide entzweit haben?
      α) Etwa Streit um Land? (Elsass — Frankreich und
      Deutschland.)
      Nein, der Kaiser — weltlicher Herrscher.
      der Papst — Nachfolger Christi.
   c) Welcher Kaiser mag den Streit gehabt haben?
      Von ihm wollen wir jetzt ein Gedicht lesen, das uns von seinem
Hinscheiden erzählt.

––––––

*) Bei der späteren Besprechung mag dann hervorgehoben werden, wie
auch die Päpste sich des römischen Erbes bemächtigen wollten. Ihre Übergriffe
in das weltliche Gebiet führten, ausser anderen Ursachen, die im Nachfolgenden
auch zur Sprache kommen müssen, zu der Feindschaft zwischen ihnen und den
Kaisern.

1. St. Vorher aber sollt ihr mir mir angeben, was ihr vom Tode der uns bekannten Kaiser wisst. Heinrich. Otto. Wilhelm I. Ganz anders bei unserem Gedicht!

2. St. Lesen des Gedichtes.

Heinrich IV.*)

Es wird vorgeschlagen, den Ausgangspunkt von folgendem Gedicht zu nehmen: Die Glocken zu Speier von Oer. (Ausgew. Gedichte Nr. 45.)

Bearbeitung des Gedichtes mit den Kindern in der deutschen Stunde. Zusammenfassende Darstellung des 1. Stückes: In der alten Kaiserstadt Speier am Rhein liegt im letzten kleinen Häuschen ein kranker Greis auf dem Sterbebette. Schlecht gekleidet, auf hartem Lager liegend, ist er einsam und in bitterer Not. Thränen rinnen in seinen Bart. Niemand ist um ihn, Niemand pflegt ihn, Niemand reicht ihm Arznei, Niemand tröstet ihn, Niemand betet mit ihm. Einsam und verlassen von allen, hilft ihm nur der bittere Tod. Und als der arme, alte verlassene Greis den letzten Atemzug gethan, horch! — da fängt auf einmal die Kaiserglocke, die lange verstummt gewesen war, von selbst dumpf und langsam zu läuten an, und bald fallen alle anderen Glocken, gross und klein, auch von selbst mit vollem Klange ein; es war ein Kaisertotengeläute. Und in ganz Speier heisst's: „Der Kaiser ist gestorben. Der Kaiser, aber wo? Weiss keiner, wo der Kaiser starb?" Keiner wusste es. Wir wissen es: es war der arme, verlassene Greis im letzten Häuslein von Speier. —

2. Aber wie, welcher Kaiser wäre so arm, so hilflos, so verlassen gestorben? Welcher Kaiser wäre der Greis gewesen? Sein Name ist nicht genannt. Aber gleichwohl finden wir im zweiten Teile des Gedichtes eine deutliche Hinweisung, wer es war.

Lesen und Behandeln des zweiten Teiles. Wieder stirbt nach längerer Zeit zu Speier ein Kaiser, Heinrich V., Heinrich IV. Sohn, und wieder ertönt wundersam, von selber eine Glocke, aber nicht die Kaiserglocke. Nun ist's offenbar, wer der verlassene Greis gewesen. Kaiser Heinrich IV. war es, gegen den sich sein Sohn, Heinrich V., schwer vergangen hat.

Wie geht's aber zu, dass ein grosser, mächtiger Kaiser, ein Kaiser der grossen deutschen Nation, wie ein verlassener, hilfloser Bettler stirbt? Ist's bei Königen und Kaisern, wenn sie auf dem Sterbebette liegen, nicht anders? Und warum nur hier so? Der Papst in Rom hatte ihn aus der christlichen Kirche ausgestossen, er hatte ihn in den Bann gethan. Beschreibung des Bannfluches überhaupt und bei Königen insbesondere. Die Folgen dauern, bis der Bann gehoben. Nun die Erzählung, wie sich Heinrich IV. vor dem Papst Gregor VII. demütigt. Überleitung:

---

*) Richter, Quellenbuch: 36. Heinrich IV. und die Sachsen. 37. Heinrich IV. u. die Bürger von Worms. 38. Heinrich IV. an Gregor VII. 39. Der Bannspruch Gregors VII. wider Heinrich IV. 40. Heinrichs IV. Reise nach Kanossa. Vergl. Krämer, Historisches Lesebuch, Nr. 41—47.

1. Wie war es aber nur gekommen, dass der römische Papst den Kaiser in den Bann gethan hatte? Die Kinder mutmassen selbst; zuletzt wird das Gesagte richtig gestellt und im Zusammenhange erzählt. (Ursache des Bannes.)

2. War das recht, dass der Papst den Kaiser in den Bann that, und dass das Volk von ihm abfiel? Wir billigen das bejahende Urteil der Kinder. Der Kaiser hatte seine Unterthanen mit Ungerechtigkeit behandelt; wie? und die Satzungen der Kirche verachtet; wie? Zusammenfassung. (Wirkung des Bannes.)

3. Und nun? Was soll der Kaiser jetzt thun? Den Papst mit Gewalt zwingen, den Bann von ihm wegzunehmen, oder ihn bitten, ihn vom Banne zu befreien? Unter welchen Umständen das erste gegangen wäre? Es ging aber hier nicht, weil seine Unterthanen nicht auf seiner Seite standen. Und so muss er sich zum zweiten entschliessen. Erzählung von seiten des Lehrers. Zusammenfassung der einzelnen Abschnitte. (Lösung vom Banne.)

4. Der Kaiser ist also in Kanossa vom Banne befreit worden. Und doch stirbt er im Bann. Wie ist dies zu erklären? Er ist zum zweiten Mal in den Bann gethan worden. Wie das gekommen? Erzählung des Kampfes mit Rudolf von Schwaben. (Der Bürgerkrieg in Deutschland.)

5. Aber wir finden in dem Sterbekämmerlein des Kaisers auch nicht einmal die Seinen. Hatte er keine Kinder, die sich des alten gebeugten Vaters annahmen?

Wie betrauernswert war der Kaiser; seine eigenen Söhne empören sich gegen ihn. — Ausführliche Darstellung: Heinrich und seine Söhne. Treulosigkeit des jüngsten Sohnes, des nachherigen Heinrich V., gegen den Vater zu Bingen, Gefangenschaft in Ingelheim; Nötigung zur Thronentsagung, stirbt im Bann der Kirche, nicht zu Speier, sondern in Lüttich. (Empörung des Sohnes; Kampf Heinrichs IV. um seine Krone.)

6. Das Volk aber dichtete die Sage von den Glocken zu Speier. Was soll das bedeuten? Wenn die Glocken vernünftige Wesen wären und reden könnten, so würden sie sagen: „Da ihr Menschen beim Tode eures Kaisers nicht läuten wollt, so läuten wir zu seinen Ehren selber! Die Menschen wollten mit der Dichtung sagen: Der Kaiser hat genug gelitten, er hat dafür gebüsst, und hat sein Unrecht gesühnt; es gebührt ihm Verzeihung, es gebührt ihm die kaiserliche Ehre. Und beides ist ihm zu teil geworden. Fünf Jahre nach seinem Tode wurde der Bann gelöst und seine Leiche in Speier feierlich beigesetzt. Das Verhalten seines Sohnes aber verdient die schärfste Verurteilung.

7. Voll Kampf und Leiden war das Leben, traurig das Ende des Kaisers gewesen. Auch seine Jugend war reich an mannigfachen Schicksalen. Darstellung seiner Jugend und seiner Erziehung.

Auf der III. Stufe (Vergleichung, Assoziation) zunächst Durchlaufen des gesamten Stoffes über Heinrich IV. in chronologischer Reihe. Sodann Gegenüberstellung: Kaiser und Papst.

Zur 5. Stufe: Was bedeutet der Satz: Nach Kanossa gehen wir nicht? „Heinrich IV." von Heine. Ausgew. Ged. Nr. 44. „Der Mönch vor Heinrich IV. Leiche" von Wolfg. Müller. Ausgew. Ged. Nr. 46. Zum System siehe F r i t z s c h e , Bausteine S. 68, sowie das Präparationswerk von S t a u d e - G ö p f e r t III.

B Die Kreuzzüge*)

In der Geschichte Heinrichs IV. sahen wir den Triumph des Papst-
tums, wie auch dessen zeitweisen Niedergang. In den Herzen der Völker
besass es eine gewaltige Macht, eine Macht, welche zwar unsichtbar, aber
doch über Kaiser und Könige den Sieg davon trug. Diese Macht zeigte
sich auch in den Kriegszügen, welche das Abendland zur Eroberung des
heiligen Grabes unternahm. An diesen Zügen nahm auch ein deutscher
Kaiser teil, dessen Name bis auf den heutigen Tag noch fortlebt im
Volke. Von ihm wollen wir jetzt lesen. (K r ä m e r, Historisches Lesebuch, Nr. 56—62.)

1 Sage von Barbarossa
Gedicht: Barbarossa von Rückert. Ausgew. Gedichte Nr. 52.

Der Name Rotbart giebt Veranlassung, auf das Äussere des Kaisers
und die Herkunft seines Geschlechts einzugehen**). Er muss ein ge-
waltiger Herrscher gewesen sein, weil das Volk immerfort glaubte, er
sei nicht gestorben, sondern er habe des Reiches Herrlichkeit mit hinab
genommen in den Kyffhäuser (Untersberg) und werde seiner Zeit wiederkommen und die alte Herrlichkeit des Reiches erneuern.

2 Barbarossas Kämpfe in Italien
Gedicht: Barbarossas Rettung von Döring. Ausgew. Gedichte Nr. 49.

Dem Opfer des treuen Ritters stelle man gegenüber den Verrat
Heinrichs des Löwen***). (Brenner, Splügen, Chiavenna, Lesebuch:
Überfall des Kaisers in der Veroneser Klause etc.)

3 Barbarossas Kreuzzug
Gedicht: Schwäbische Kunde von Uhland. Ausgew. Gedicht Nr. 51.

Kaiser Rotbart streitet gegen die T ü r k e n. Zusammenstellung des
analytischen Materials über die Türken; sodann die Fragen, wo wohnen
diese, und seit wann haben sie diese Länder, vor allem das heilige Land,
in Besitz genommen? Ihr Verhalten gegen die Bürger etc. führt zu
dem Entschluss der christlichen Völker: das Grab des Erlösers und die
heiligen Stätten den Ungläubigen zu entreissen. Schwierigkeiten, die
sich dem Unternehmen entgegenstellen. Auch Kaiser Rotbart greift zu
den Waffen. Erzählung seines Zuges bis zu seinem Tod.

In dem Rückertschen Gedicht heisst es, er habe des Reiches Herrlichkeit mit hinabgenommen. Was heisst das? Das Reich lag darnieder,

---

*) S. Richter. Quellenbuch: 41. Die Kreuzzüge. 42. Vorbereitung
zum 2. Kreuzzug. 43. Der 2. Kreuzzug. Vergl. K r ä m e r, Hist. Lesebuch,
Nr. 48, 53—55.
**) Der Hohenstaufen (Gedicht von J. A. Kerner).
***) Lesebuch: Der Löwe von Jul. Mosen.

das edle Geschlecht der Hohenstaufen war untergegangen. Erzählung
vom Untergang der Hohenstaufen. Krämer, Hist. Lesebuch, Nr. 72.
Hieran anknüpfend wird man den Kampf der Hohenstaufen um
Italien behandeln. Seit Karl d. Gr. war das Verlangen der deutschen
Kaiser nach dem herrlichen Land wachgerufen worden*). Die schweren
Folgen, die dies unserem Vaterland gebracht hat!

Am Schluss erfolgt eine zusammenhängende, chronologisch geordnete Darstellung des Lebens Friedrich I. bis zu seinem Tod und dem
Untergang seines Geschlechtes. Auf der Stufe der Association stelle
man ihn mit Karl d. Gr. und Otto d. Gr. zusammen. Auf der letzten
Stufe der Gedanke: Jetzt ist die Herrlichkeit des Reiches wieder er-
schienen in Kaiser Wilhelm! Aufsatz: Barbarossa und Barbabianka.
Begleitende Gedichte s. Ausgew. Ged. VII. und VIII. Abschnitt.

Nun anknüpfend an den letzten Kriegszug Barbarossas gegen die
Türken die Erzählung der

Züge nach dem heiligen Land vor Friedrich Barbarossa

und sodann

Die Kreuzzüge nach Barbarossa

Zusammenstellung der bedeutendsten Züge nach dem heiligen Land
(erster Kreuzzug und fünfter wegen der heimatlichen Beziehungen,
Landgraf Ludwig d. Heil.). Besprechung über die Folgen, welche die
Kreuzzüge dem Abendland brachten.

C Das Mittelalter

1. Das Erste, was wir betrachten, ist die Gestaltung des Reiches,
wie sie uns äusserlich erkennbar entgegentritt: seine Grenzen, und
zwar zur Zeit des Interregnums**). Wir vergleichen diese Grenzen
mit denen, welche das Reich zur Zeit Ottos d. Gr. und Karls d. Gr.
hatte. Wir finden mehrfache Veränderung in dieser Beziehung vor.
(Auf der Wandtafel ist vom Lehrer eine Zeichnung zu entwerfen, auf
welcher jene älteren und diese neueren Grenzen deutlich unterscheidbar
und vergleichbar sich vorfinden, so dass der Schüler durch das Kartenbild, das er nach eingehender Betrachtung auch nachzuzeichnen hat, ein
deutliches und festhaftendes Bild des früheren, wie des späteren Zu-
standes erhält.) Diese Veränderungen bestehen nun auch darin, dass
nach Nordosten unseres Vaterlandes hin, die Landstriche an der Ostsee,
Preussen, Kurland erobert, germanisiert und christianisiert werden.
Hier wäre eine kurze geschichtliche Rundschau auf die Eroberung
dieser Länder zu werfen und hervorzuheben, wie in der Völkerwanderung

---

*) In der Geographie eingehende Behandlung des herrlichen Landes.
**) Nach Biedermann, Der Geschichtsunterricht, Seite 33.

die deutschen Stämme von Osten nach Westen drängen, wie dann die rückläufige Bewegung beginnt, die auch nicht aufgehalten wird durch den Eroberungszug der Mongolen und das Anstürmen der Türken von Osten her.

2. Die innere Gestaltung Deutschlands. Hier würde sich das hauptsächlichste Augenmerk auf die seit den Ottonen merklich fortgeschrittene Vielteilung des Reiches richten. Bis gegen Ende des 10. Jahrhunderts treten die grossen Stammesherzogtümer als Teilganze des Reiches hervor, aber allmählich bilden sich innerhalb derselben weitere Einteilungen und Abgrenzungen, zuerst die grossen Mark- und Landgrafschaften, die immer selbständiger und von den Herzögen unabhängiger sich darstellen, weiter die grösseren geistlichen Gebiete, zuletzt eine Anzahl von Pfalzgrafschaften, Burggrafschaften u. s. w. Dieser Zerfall der Herzogtümer in eine bunte Vielheit grösserer und kleinerer Gebiete vollendet sich durch den Untergang Heinrichs des Löwen, durch das Verschwinden der fränkischen und schwäbischen Dynastie. Dies ist mit Hilfe einer Karte den Schülern deutlich zu machen.

3. Die Verfassung des Reiches nach ihren Hauptzügen; zuerst das Verhältnis des Kaisers zu den Vasallen. Die vollendete Thatsache der gänzlich geschwächten und beinahe vernichteten einheitlichen, Recht und Ordnung erhaltenden Gewalt im Reich, wie sie im Interregnum in schrecklicher Weise zutage tritt, bietet den Ausgangspunkt der rückschauenden geschichtlichen Betrachtung. Das Königtum unter Heinrich I., Otto I. Wie ist es gekommen, dass dieses starke Königtum so zu Boden liegt? Aussterben des sächsischen Kaiserhauses; Kaiserwahl*); Aufstellung der beiden verhängnisvollen Grundsätze unter Heinrich IV.: 1., dass die Fürsten in der Wahl des deutschen Königs völlig frei, nicht einmal an die Familie des letztregierenden Königs gebunden sein sollten, 2., dass zur Gültigkeit einer solchen Wahl jedesmal die Bestätigung des Papstes nötig sei. — Neigung der deutschen Kaiser, nach Italien zu ziehen. So würden die Züge der Hohenstaufen nach Italien auch nach ihrer Bedeutung für das Reich, das Interesse des Hauses und seiner Macht gegenüber den Interessen des Reiches etc. zu betonen sein. —

Durch eine solche Vergegenwärtigung der Kaisergeschichte würde man den Schüler zu dem Endergebnis (Interregnum) zurückführen, welches ihm schon als fertige Thatsache vorgelegt war. Man würde gleichsam vor seinen Augen den Faden der Ereignisse ablaufen und sich entwickeln lassen, die zu diesem Endpunkte hin von einem früheren anders gearteten Zustand führen und würde ihm so, durch Aufzeigung bestimmter Thatsachen in bestimmter Aufeinanderfolge und Verkettung zum Bewusstsein bringen, wie und wodurch es zu dem gekommen sei, was am Ende des Zeitraums als vollendet erscheint, zu dem Sieg des aristokratischen und

---

*) „Es dürfte nicht unzweckmässig sein, diese und ähnliche Momente der vaterländischen Geschichte, in denen sich ein hervorstechender Charakterzug des Volkes oder eine bedeutsame Wendung seiner Geschicke kundgiebt, so viel möglich mit den Worten zeitgenössischer Zeugen wiederzugeben, so im gegenwärtigen Fall die Scene der Wahl Konrads II., etwa nach der Schilderung Wippos." Biedermann. Richter, Quellenbuch, Nr. 33; Krämer, Histor. Lesebuch, Nr. 36.

partikularistischen Elementes über das monarchisch-einheitliche. In dieser
ganz bestimmten Verkettung der geschichtlichen Thatsachen, durch die
dem Schüler stets gegenwärtig zu haltende Hinweisung auf ein gegebenes
Endziel der Betrachtung, gleichsam der Auflösung einer vorangestellten
geschichtlichen Aufgabe, erhält jeder einzelne Vorgang sogleich seine
deutliche und auch für den noch weniger an geschichtliche Betrachtungen
gewöhnten jugendlichen Geist leicht fassliche Bedeutung, seine sichere
Stellung im Ganzen der Geschichtsentwicklung, prägt er sich zugleich
eben darum fest und bleibend dem Gedächtnis ein. Ereignisse, welche
ganz bestimmte Wendungen in der Geschichte des deutschen Königtums
von seiner Grösse zu seinem Verfall hin kennzeichnen, wie die Tage von
Kanossa, Heinrichs V. Empörung gegen seinen Vater auf Anstiften der
päpstlichen Partei, die Beugung Heinrichs des Löwen und die dadurch
beförderte Zersprengung der grossen Herzogtümer — dies und Ähnliches
samt den hervorragenden Persönlichkeiten, an die sich die behandelten
Vorgänge knüpfen, wird sich dem Gedächtnisse des Schülers um so fester
einprägen und um so gewisser darin haften, als ihm, wie gesagt, bei
jeder dieser Thatsachen und dieser Persönlichkeiten sogleich deren Beziehung zu der Frage, vor welche der Lehrer ihn gestellt hat, (ihre Bedeutung für die Schwächung oder Stärkung des Reiches und seiner Gewalt) klar vor Augen steht.

Hätte der Schüler solchergestalt die politischen Verhältnisse
des Reichs in grossen, klaren Umrissen kennen gelernt, so wären ihm
nun die Kenntnis der inneren Zustände, teils des Ganzen, teils der
einzelnen Teile nahe zu bringen.

4. Die allgemeinen Einrichtungen im Reich: Kriegswesen *),
Rechtsprechung u. s. w. Rittertum. S. Richter, Quellenbuch,
Nr. 50, 51, 52.

5. Das Verfassungs- und Rechtsleben der Einzel-
staaten, das Verhältnis der Unterthanen zum Landesherrn, die Entwicklung der Standesunterschiede, die Gegensätze von frei und unfrei,
von reichsunmittelbar und mittelbar, von hohem und niederem Adel u. s. w.

6. Das Städtewesen. Hier wäre zu zeigen, welche Städte von
Bedeutung und wo solche neu entstanden sind. Es wäre hinzuweisen
auf den unterscheidenden Entstehungsgrund und Charakter der einzelnen,
z. B. ob Bistumsitze, Pfalzen, Mittelpunkte einer Mark, Stapelplätze des
Verkehrs, Bergwerkstädte oder dergleichen, auf ihre Verfassung (Verhältnis der Patrizier, der Kaufleute und der Handwerker unter einander),
ihr inneres und äusseres Wachstum, auf die Rolle, welche die Städte in
den Angelegenheiten des Reichs spielen (Heinrichs IV. Kampf mit seinem
Sohn), endlich auf die Anfänge der grossen Städtebündnisse (Hansa)
und auf deren hohe politische wie kommerzielle Bedeutung. (Richter,
Quellenbuch, Nr. 44.)

. 7. Betrachtung des damaligen Verkehrswesens, der Landwirt-
schaft und der damit im engsten Zusammenhang stehenden Rechts-
verhältnisse des Bauernstandes, der Gewerbe (des Handwerkertums und

---

*) Besuch von Sammlungen auf der Schulreise: Wartburg etc. — analyt.
Material!

des Innungswesens), des Handels und der Schiffahrt, der inneren Handelswege und der Handelsverbindungen nach aussen *).

8. Geistige Kultur. Ausbreitung des Christentums, Stiftung
kirchlicher Anstalten (Kirchen, Bistümer, Klöster, geistlicher Orden,
Richter, Quellenbuch, Nr. 47); Minnesänger (Wartburg); Baukunst
romanischer und gotischer Stil)**).

9. Der allgemeine Lebensverkehr, Sitten, Trachten, Gebräuche, Wohnungs- und Nahrungsverhältnisse der verschiedenen Stände,
soweit man davon sichere Kunde und gute Abbildungen hat. (Richter,
Quellenbuch, Nr. 45.)

D Rudolf von Habsburg

S. Richter, Quellenbuch, Nr. 54 u. 55. Kramer, Historisches Lesebuch,
Nr. 73.

Anknüpfend an die Blüte des Rittertums, wie sie sich in und nach
den Kreuzzügen entwickelt hatte, schreiten wir nun fort zum Verfall
desselben. Als konkretes Beispiel, welches hier den Ausgangspunkt bildet,
dient die Erzählung vom sächsischen Prinzenraub oder die vom Meier
Helmbrecht und seinem Sohn. (Richter, Quellenbuch, Seite 98 u.
123.) Die Verwilderung im Reich ruft die Sehnsucht nach einer kräf-
tigen Faust wach, welche die Ordnung wieder herstellen und Ruhe und
Frieden ins Land bringen könnte. Ein solcher Mann fand sich auch
zum Glück für unser deutsches Vaterland. Von ihm wollen wir jetzt
hören.

1 Zerstörung der Ritterburgen

2 Wie wurde der einfache Graf deutscher Kaiser?
Gedicht: Der Graf von Habsburg. (Ausgew. Gedichte Nr. 64.)

3 Kampf mit Ottokar von Böhmen
Gedicht: Rudolf von Habsburg auf seinem Zug gegen Ottokar.
(Ausgew. Gedichte Nr. 65.)

---

*) Die Handelswege nach Italien — wie auch die Züge der deutschen
Kaiser nach Italien — wecken das Interesse, die wichtigsten Alpenpässe
näher kennen zu lernen. (Geographie: Übergänge über die Alpen.)
**) Selbstverständlich ist hierbei von der Anschauung, von der Heimat aus-
zugehen. Es werden sich wohl überall geeignete Bauwerke zur Anknüpfung
finden lassen. Die Schulen Eisenachs z. B. sind in der glücklichen Lage, einen
herrlichen romanischen Profanbau (Wartburg) und ein romanisches kirchliches
Bauwerk (St. Nikolaikirche, romanische Basilika) zeigen und erklären zu können.
Auch an gotischen Vorbildern fehlt es nicht. Im Zeichenunterricht muss dann
die Zeichnung an der Wandtafel entstehen, Abbildungen etc. zu Hilfe kommen.
(Seemannsche Bilderbogen.) Nachdem im 5. Schuljahr romanische Formen durch-
gearbeitet worden sind, kommen in dem sechsten solche aus dem gotischen Stil
zur Betrachtung und Nachzeichnung. (S. Joseph Langes Bilder zur Geschichte.
Hölzel, Wien). Vergl. d. Art. Zeichenunterricht.

4 Sein Tod

Gedicht: Kaiser Rudolfs Ritt zum Grabe. (Ausgew. Gedichte Nr. 66.)

5 Ein Schweizer Schütze im Aufstand gegen einen Habsburger Statthalter

Richter, Quellenbuch, Nr. 56.

———

Am Schluss des Jahres wird nun noch einmal das Ganze durchlaufen mit Hinzunahme des Materials vom fünften Schuljahre: Von
Hermann, dem Befreier Deutschlands, bis auf Rudolf von Habsburg.

Ferner eine Zusammenstellung des systematischen Materials (Fritzsche,
Bausteine), sowie des kulturgeschichtlichen. S. Staude-Göpfert, III,
S. 236 ff.: 1. Kaiser und Reich; 2. Pflichten des Kaisers, der Obrigkeit;
3. Pflichten und Gesinnung der Unterthanen; 4. Geschichtliche Wahr-
heiten. (Die unter 1 und 2 S. 235 gegebene Zusammenstellung würden
wir der biblischen Reihe zuweisen.)

B Kunstunterricht

III Zeichnen

Litteratur. Siehe das fünfte Schuljahr. 3. Aufl. Seite 82. Ferner: Dörpfeld, Grundlinien einer Theorie des Lehrplans. Gütersloh 1873. Seite 86 ff.

Auch der Zeichenunterricht hat sich wie die übrigen Fächer dem kulturgeschichtlichen Aufbau der Bildungselemente und damit der Konzentrationsidee zu fügen. In welcher Weise dies geschehen muss, ist bereits im fünften Schuljahr, 3. Aufl. S. 82, von uns auseinander gesetzt worden. Mit der allgemein gehaltenen Forderung, dass der Zeichenunterricht dasjenige zur Darstellung bringen soll, was der Sachunterricht an schönen Formen bietet, ist nichts gethan. Denn es wäre damit ein ständiger Streit eröffnet darüber, ob der Geschichtsunterricht oder die Naturkunde (Botanik) die Weisungen zu geben habe.

Aus diesem Streit kommt man nur heraus, wenn man die Idee der kulturhistorischen Stufen im Auge behält. Durch diese wird man dahin getrieben, den Zeichenunterricht in engste Verbindung mit dem Geschichtsunterricht zu setzen. Folgt man demselben, der in der deutschen Volksschule die Entwicklung des deutschen Volkes darstellt, so folgt man zugleich der Entwicklung des Schönheitssinnes im deutschen Volke und erhält ganz bestimmte Weisungen für die Aufeinanderfolge der methodischen Einheiten.

Freilich müsste für die Einführung dieser Idee in unsere Schule ein Zeichenwerk geschaffen werden, welches nicht bloss den landläufigen Grundsatz vom Leichteren zum Schwereren befolgte, sondern zugleich eine geeignete Auswahl aus den einzelnen Stilperioden träfe, wie sie die deutsche Kunst im Laufe der Jahrhunderte geschaffen hat*).

---

*) Eine grosse Zahl von Vorlagenwerken giebt wohl eine Reihe wertvoller schöner Formen — bei manchen läuft allerdings auch recht geschmackloses unter — und giebt sie in der Aufeinanderfolge vom Leichten zum Schweren. Um das Konzentrationsprinzip kümmert man sich aber dabei nicht. Dies ist

Im Anschluss an Karl d. Gr. und an die sächsischen Kaiser vertieften wir uns im fünften Schuljahr in die romanische Periode. Von dieser gelangen wir dann in die Epoche, welche sich der Zeit der Hohenstaufen anschliesst und unter dem Namen des „Übergangsstiles" bekannt ist. Der Glockenturm der Nikolaikirche zu Eisenach bietet uns ein vortreffliches Beispiel dar. (Mainz, Speier, Worms, Limburg.)

Ebenso fehlt es uns hier auch nicht an Anschauung für die dritte Gruppe: den gotischen Baustil, welcher im 12. Jahrhundert anfing, in Deutschland sich auszubreiten. (Strassburg, Regensburg, Marburg, Halberstadt, Nürnberg, Köln u. s. w.) Insofern nun derselbe häufig zu seinen künstlerischen Einzelheiten heimische Pflanzengebilde benutzt, tritt der Zeichenunterricht zugleich in Verbindung mit dem naturkundlichen. Unter den mit Vorliebe benutzten Pflanzen sind hauptsächlich folgende zu nennen: Distel- und Mohnblatt mit Blumen und Fruchtkapseln, Epheu, Weinlaub mit Frucht, Primel, Hahnenfuss, Apfel, Haselnuss, Kornblume, Massliebchen, Gaisblatt, Löwenzahn, Lilie, Kleeblatt, Storchschnabel, Löwenmaul, Eichenlaub mit Frucht, wilde Rosen u. s. w.

Durch den naturkundlichen Unterricht sind den Kindern die genannten Pflanzen lieb und vertraut geworden. Der Zeichenunterricht knüpft hieran an und fügt die ästhetische Behandlung der Pflanzenform im Bereiche der Kunst hinzu. Er zeigt, wie der künstlerische Sinn der Menschen die Formen, welche die Natur in überschwänglicher Fülle darbietet, verwendet zu mannigfacher Ausschmückung und Veredelung in Wohnung, Kleidung u. s. w. Aber nicht an beliebiger Stelle im Unterricht darf dieser Abschnitt auftreten, sondern da, wo die kulturgeschichtliche Entwicklung diesen Zusammenhang zwischen Natur- und Kunstformen in der deutlichsten Weise offenbart, zugleich angemessen der Fassungs- und Darstellungskraft der Schüler. Dies aber leistet die Behandlung des gotischen Stiles*).

auch ganz natürlich, da man dasselbe in weiten Kreisen entweder noch gar nicht oder nur sehr ungenügend kennt. Das fachwissenschaftliche Prinzip ist eben überall noch das durchaus herrschende. Auf dem Gebiet des Zeichenunterrichts ist dies um so erklärlicher, als viele Herausgeber von Zeichenwerken vorwiegend künstlerisch gebildet sind; das Pädagogische tritt bei ihnen in den Hintergrund. Und die so entstandenen Zeichenwerke sind noch nicht die schlechtesten. Sie genügen wenigstens nach der ästhetischen Seite vollauf. Schlimmer ist's dann, die der künstlerischen Seite ihr Leben lang fern gestanden haben. Hier genügt man zwar den bekannten pädagogischen Sätzen: Schreite lückenlos vorwärts, vom Leichten zum Schweren, aber oft in sehr pedantischer und geschmackloser Weise.

Und so kommt es, dass uns sowohl die Zeichenkünstler wie die Pädagogen hier im Stich lassen. Das Werk der Zukunft muss aus der Arbeit beider hervorgehen. Die Erziehungsschule aber wird nach der Idee der Konzentration die Auswahl daraus im einzelnen treffen. Das Zeichenwerk von Menard, Neuwied, ist hierbei zu berücksichtigen.

*) Siehe Otto, Pädag. Zeichenlehre, Seite 51: Charakteristische Formen aus der Pflanzenwelt. Hölder, Pflanzenstudien und ihre Anwendung im Ornament etc. Stuttgart. Haeckel, Kunstformen der Natur, Leipzig 1899.

IV Singen

Litteratur und theoretische Begründung: Siehe das I. Schuljahr, 6. Aufl. S. 242 ff.

1 Auswahl und Anordnung des Unterrichtsstoffes

Den religiösen Konzentrationsstoff des sechsten Schuljahres bildet das Leben Jesu, den profangeschichtlichen bilden die Völkerwanderung, die deutschen Kaiser Heinrich IV., Friedrich Barbarossa, Rudolf v. Habsburg, sowie im Anschlusse an dieselben die charakteristischen Erscheinungen des späteren Mittelalters: die Kreuzzüge, das Ritterwesen u. a. Im geographischen Unterrichte kommt namentlich die Schweiz zur Behandlung.

Der Gesangunterricht hat hierauf bei der Auswahl seiner Texte Rücksicht zu nehmen. Gleichzeitig hat er aber auch die Pflicht, nur solche Melodieen darzubieten und singen zu lassen, die dem musikalischen Bildungsstand der Schüler in psychologischer und physiologischer Beziehung entsprechen und deren rhythmisch-melodische Beschaffenheit eine Erweiterung der vorhandenen Einsicht in das Tonsystem ermöglicht.

Im vorausgehenden Unterrichte wurde die Aufmerksamkeit der Schüler auf Takteinteilungen gelenkt, denen als Ton- resp. Zeitmass der Viertelton, bez. die Viertelnote zu Grunde lag. Sie erhielten so Kenntnis vom $^2/_4$, $^3/_4$ und $^4/_4$ Takt. Hieran reihen sich naturgemäss diejenigen Taktarten, bei denen die Achtelnote bez. der Achtelton als Masseinheit erscheint: der $^3/_8$, $^4/_8$, $^6/_8$ und $^9/_8$ Takt. Im Hinblick hierauf ist es dringend wünschenswert, dass eine erkleckliche Anzahl der im sechsten Schuljahre zur Aneignung kommenden Gesänge diesen Taktarten angehört.

Die Tonarten C-, G- und F-dur sind den Schülern bereits bekannt; im sechsten Schuljahre sollen D-dur und B-dur zu denselben hinzukommen. Es müssen also vorzugsweise Lieder unterrichtlich behandelt werden, deren Melodieen in diesen beiden Tonarten stehen.

Nach diesen Gesichtspunkten ist die folgende Auswahl getroffen. Es ist dabei vorausgesetzt, dass die Lieder in der unten mitgeteilten tonischen und rhythmischen Form dargeboten und angeeignet werden — am zweckmässigsten in nachstehender Reihenfolge:

1. Der Mai ist gekommen, Text von Geibel.
2. Attilas Schwert, Text von Lingg.
3. König Gelimer, Text von Simrock.
4. In allen meinen Thaten, Text von Flemming, Melodie von Englert.
5. Mir nach, spricht Christus, Text von Scheffler, Melodie von Schein.
6. Aus tiefer Not schrei ich zu Dir, von Luther.

7. Die Glocken zu Speier, Text von Oer.

8. Mache Dich, mein Geist bereit, Text von Freystein, Melodie von Rosenmüller.

9. Die Weiber von Weinsberg, von Chamisso.

10. Der alte Barbarossa, Text von Rückert, Melodie von Gersbach.

11. Turnerlied, von Massmann, Melodie von Methfessel.

12. Schweizers Heimweh, Melodie von Silcher.

13. Heinrich der Löwe, Text von Mosen.

14. Eins ist not, von Schröder, Melodie von J. S. Bach.

15. Graf Eberhards Weissdorn, von Uhland.

16. Wie soll ich Dich empfangen, von P. Gerhardt, Melodie von Teschner.

17. Habsburgs Mauern, von Simrock.

18. Meinen Jesum lass ich nicht, von Keymann, Melodie von Hammerschmidt.

19. O Haupt voll Blut und Wunden, von P. Gerhardt, Melodie von Hassler.

20. Jesus lebt, mit ihm auch ich, von Gellert, Melodie von Crüger.

21. Auf Christi Himmelfahrt allein, Text von Wegelin.

An den religiösen Konzentrationsstoff schliessen sich an die No. 4, 5, 6, 8, 14, 16, 18, 19, 20 und 21, an den profangeschichtlichen Gesinnungsstoff die No. 2, 3, 7, 9, 10, 12, 13, 15, 17, an das Schul- und Naturleben No. 1 und 11. Neun dieser Lieder stehen in D-dur, fünf in B-dur, sechs haben als taktische Masseinheit die Achtelnote.

2 Der Unterrichtsstoff selber

Im Anschluss an das Schul- und heimatliche Naturleben

1 Wanderlust (cf. V. 2.)

1. Der Mai ist ge-kom-men, die Bäu-me schlagen aus; da blei-be, wer Lust hat, mit Sor-gen zu Haus. Wie die Wol-ken dort wan-dern am himm-li-schen Zelt: so

steht auch mir der Sinn in die wei - te, wei - te Welt.

Emanuel GeibeL

Zur Geschichte Attilas

2 Attilas Schwert

Marschmässig.

Volksweise.

Un-term Eichbaum auf der Hai - de liegt ein Riesenschwert ur-

alt,_____ liegt ein Riesenschwert ur-alt, oft in sei-ner dunkeln

Scheide zuckt es durch den Felsen-spalt, zuckt es durch den Felsenspalt.

H. Lingg.

Zu der Geschichte von den West- und Ostgothen

3 Gelimer

Volksweise.

1. { Da dro-ben un - be - zwungen sass Kö - nig Ge - li - mer;
doch en-gen Kreis ge-schlungen hat schon der Feind um-her. }

„Noch ein-mal möcht' ich schau-en des Le-bens vol - len

Tag, noch ein-mal mir ver-trauen, dann kom-me, was da mag.

Simrock.

4

Zur Stillung des Sturmes auf dem Meere

4 In allen meinen Thaten

Englert.

In al-len meinen Tha-ten, lass ich den Höchsten ra-ten, der
al-les kann und hat; er muss zu al-len Din-gen, soll's
an-ders wohl ge-lin-gen, selbst ge-ben Se-gen, Rat und That.

Paul Flemming.

Zur Heilung des Blindgeborenen

5 Mir nach, spricht Christus

Schein 1628.

Ich bin das Licht, ich leucht euch für   mit heil-gem
wer zu mir kommt und fol-get mir,   darf nicht im

Tu-gend-le - - ben; } ich bin der Weg, ich
Fin-stern schwe-ben;

wei-se wohl, wie man wahr-haf-tig wan-deln soll.

Joh. Scheffler, † 1677.

Zum Gleichnis von den Arbeitern im Weinberg

6 Aus tiefer Not schrei ich zu dir

3. { Da-rum auf Gott will hof-fen ich,   auf mein Ver-
   auf ihn mein Herz soll las-sen sich   und sei-ner

dienst nicht bau - en; }
Gü - te trau - en; }   die mir zu - sagt sein wer-tes Wort,

das ist mein Trost und treu-er Hort; des will ich allzeit har - ren.

Dr. M. Luther.

Zur Geschichte Heinrichs IV

7 Die Glocken zu Speier

Ernst. Altes Volkslied.*)

Zu Spei - er im letz - ten Häu - se - lein, da liegt ein Greis in

To - des-pein, sein Kleid ist schlecht, sein La - ger hart, viel

Thrä-nen rin-nen in sei-nen Bart, viel Thränen rinnen in sei-nen Bart.

Oer.

Zu dem Gleichnis von den zehn Brautjungfrauen

8 Mache dich, mein Geist, bereit!

Rosenmüller?

{ Ma - che dich, mein Geist, be - reit, wache, fleh' und be - te, }
{ dass dich nicht die bö - se Zeit un-ver-hofft be-tre - te; }

denn es ist Satans List ü-ber vie-le From-men zur Versuchung kommen.

J. B. Freystein † 1720.

---

*) Nach Franz M. Böhme: Altdeutsches Liederbuch. Leipzig bei Breit-
kopf & Härtel. S. 410.

4*

Zur Geschichte der Hohenstaufen

9 Die Weiber von Weinsberg, von Chamisso

Nach der Melodie zu dem Lied: „Erhebt euch von der Erde", die zu
No. 3 bereits eingeübt wurde.

Zur Barbarossa-Sage

10 Der alte Barbarossa

Joseph Gersbach.

Der al - te Bar - ba - ros - sa, der Kai - ser Frie - de - rich, im

un - ter - ird - schen Schlosse hält er ver - zau - bert sich.

Fr. Rückert.

Im Anschluss an das Schulleben

11 Turnerlied

Heiter.   A. Methfessel.

Tur - ner ziehn froh da-hin, wenn die Bäu - me schwellen grün;

Wan - der - fahrt streng und hart, das ist Tur - ner - art!

Tur-ner-sinn ist wohl be-stellt, Turnern, Wandern wohl ge-fällt:

Da-rum frei Tur-ne-rei stets ge-prie-sen sei!

Massmann.

Zu: **Fr. Barbarossas Rückzug aus Italien (Alpen)**

12 Schweizers Heimweh

Mässig.   Fr. Silcher.

Zu Strass-burg auf der Schanz, da ging mein Trau - ern an, das Alp - horn hört ich drü - ben wohl an - stim - men, ins Va - ter - land musst ich hin - ü - ber - schwimmen 'das ging nicht an.

Volkslied.

Zu: **Heinrich der Löwe**

13 Heinrich, der Löwe

Volksweise.

Im Dom zu Braunschweig ru - het der al - te Wel - fe aus, Hein - rich der Lö - we ru - het nach man - chem har - ten Strauss. Heinrich der Lö - we ru - het nach manchem harten Strauss.

Mosen.

Zu: **Maria und Martha**

14 Eins ist not; ach Herr, dies Eine

J. S. Bach.

{ Eins ist not; ach Herr, dies Ei - ne leh - re mich er - ken - nen doch! }
{ Al - les And - re, wie's auch scheine, ist ja nur ein schwe - res Joch, }

dar - un - ter das Her - ze sich na - get und

pla - get und den - noch kein wah - res Ver - gnü - gen er-

ja - get. Er - lang' ich dies Ei - ne, das al - les er-

setzt, so werd' ich mit Ei - nem in Al - lem er - götzt.

J. H. Schröder, † 1728.

Zu: Kreuzzüge nach Barbarossa

15 Graf Eberhards Weissdorn

Volksweise.

Graf E - ber-hard im Bart, vom Wür-tem - ber-ger Land, er

kam auf from - mer Fahrt zu Pa - lä - sti - nas Strand, er

ritard.

kam auf from - mer Fahrt zu Pa - lä - sti - nas Strand.

Uhland.

Oder nach folgender Melodie:

Langsam.   Schottische Volksweise v. Maurice Green.

Zur Salbung Jesu in Bethanien und zu seinem Einzug in Jerusalem

16 Wie soll ich dich empfangen?

Teschner.

{ Wie soll ich dich em - pfan-gen, und wie be-geg'n ich dir? }
{ O al - ler Welt Ver - lan - gen, o mei - ner See - len Zier! }

O Je - su, Je - su, se - tze mir selbst die Fak - kel

bei, da - mit, was dich er - gö - tze, mir kund und wis-send sei.

P. Gerhardt.

Zu: Rudolf von Habsburg

17 Habsburgs Mauern

Altes Volkslied.[*]

Zur Aargau steht ein hohes Schloss, vom Thal erreicht es kein Geschoss; wer

hat's er - baut, wer hat's er - baut, das wie aus Wolken niederschaut?

Simrock.

Zu: Jesus vor den Hohenpriestern

18 Meinen Jesum lass ich nicht

(cf. 5. Schuljahr No. 16.)

Hammerschmidt.

{ Meinen Jesum lass ich nicht, weil er sich für mich ge-ge - ben, }
{ so er-fordert mei-ne Pflicht, un- ver-rückt an ihm zu kle - ben. }

---

[*] Böhme: S. 181.

Er ist mei - nes Le-bens Licht; mei - nen Je - sum lass ich nicht.

Christian Keymann, † 1662.

Zu: Jesus vor Pilatus

19 O Haupt voll Blut und Wunden

Hassler.
1 mo.

{ O Haupt voll Blut und Wun-den, voll Schmerz und vol-ler Hohn! }
{ O Haupt, zum Spott ge - bun-den mit ei - ner Dor-nen - - }

2 do.

kron'. O Haupt, sonst schön ge - zie - ret mit höch-ster Ehr' und

Zier, jetzt a - ber höchst schimpfie - ret, ge - grü - sset seist du mir!

Paul Gerhardt.

Zu: Jesu Begräbnis und Auferstehung

20 Jesus lebt, mit ihm auch ich

(cf. 5. Schuljahr No. 18.)

Crüger.

{ Je-sus lebt, mit ihm auch ich: Tod, wo sind nun dei-ne Schrecken? }
{ Er, er lebt und wird auch mich von den To-ten auf-er-wek - ken. }

Er ver - klärt mich in sein Licht; dies ist mei-ne Zu-ver - sicht.

Chr. F. Gellert.

Zu: Jesu Himmelfahrt
21 Auf Christi Himmelfahrt allein

1523.

{ Auf Christi Himmelfahrt al-lein   ich mei-ne Nachfahrt grün-de, }
{ und al-len Zweifel, Angst und Pein   hie-mit stets ü - ber - win - de. }

Denn weil das Haupt im Him-mel ist,   wird sei - ne Glie-der

Je - sus Christ   zur   rech - ten   Zeit   nach - ho - len.

Josua Wegelin, † 1640.

3 Bemerkungen zum Unterrichtsverfahren

a) In den meisten Fällen wird der Text des zu behandelnden Liedes entweder durch den Sachunterricht, oder durch den Sprachunterricht bereits zum Eigentum der Schüler gemacht worden sein, ehe der Gesangunterricht seiner benötigt ist. Es ist dann nur eine kurze Wiederholung desselben nach Form und Inhalt geboten. Im Verneinungsfalle aber muss der Text nach Form und Inhalt ganz wie beim Sachunterricht den Schülern vermittelt werden. Die systematische Einordnung des Textinhaltes bleibt in jedem Fall den Sachunterrichtsgegenständen überlassen.

Die musikalischen Vorübungen für die Erfassung und Wiedergabe der neuen Melodie werden in der Tonart und im Rhythmus derselben vorgenommen und zwar nach Noten, wenn die zur Notierung des zu singenden Tonmateriales erforderlichen Zeichen den Schülern schon bekannt sind, nach dem Gehöre, wenn dies nicht der Fall ist. Sie sind in der Hauptsache auf die Tonfolgen der diatonischen Tonleiter und der drei Hauptdreiklänge zu beschränken und fortgesetzt in den Dienst der Tonbildung, der richtigen Vokalisation und Artikulation zu stellen.

b) Die Schüler des sechsten Schuljahres sind bereits mit dem Tonmaterial von C-, G- und F-dur, sowie mit den zur schriftlichen Darstellung desselben erforderlichen Noten und Zeichen vertraut, kennen auch die Töne, bez. Noten es und cis schon; es werden deshalb alle Lieder, die den genannten Tonarten, wie auch die, die D- und B-dur angehören, zuerst dem Auge dargeboten. An diese Darbietung schliesst sich eine Besprechung an, durch welche die Aufmerksamkeit der Schüler auf die melodische, rhythmische und dynamische Eigenartigkeit des neuen Liedes gelenkt wird. Das Einüben geschieht nach Noten und dem Gesetz der successiven Klarheit entsprechend, zeilenweise. Haben die Schüler die Melodie vollständig erfasst, dann sind sie auch im Stande, sie aus dem Gedächtnis in Ziffern und in Noten darzustellen.

Die wenigen Lieder, die in Es- und A-dur stehen (No. 11, 17 und 21), müssen, da die Töne (Noten) gis und as den Schülern noch fremd sind, zuerst vorgesungen und vorgespielt und auch nach dem Gehöre eingeübt werden. Der Einprägung folgt eine Besprechung, mit der die zunächst bloss rhythmische, dann aber auch rhythmisch tonische Notierung der neuen Melodie Hand in Hand zu gehen hat. Die rhythmisch-melodische Aufzeichnung ist ohne die Note as, bez. gis nicht möglich. Sobald die Schüler die Notwendigkeit eines neuen Zeichens zum Ausdruck bringen, wird dasselbe gegeben und bei der Aufzeichnung sofort auch in Anwendung gebracht. — Da im sechsten Schuljahr zweistimmig gesungen wird, macht sich schon bei den ersten Liedern das Bedürfnis nach Erweiterung des Ton- und Notensystems nach unten bis

zum kleinen g $\equiv$ geltend. Hieraus folgt schon, dass keine Note,

überhaupt kein Tonzeichen früher gegeben werden darf, als bis es zur schriftlichen Fixierung eines gehörten und gesungenen Tones erforderlich ist.

c) Das systematische musikalische Vorstellungs- und Gedankenmaterial der Schüler soll, wie oben unter Ziffer 1 schon erwähnt ist, im sechsten Schuljahr durch die Begriffe D-dur und B-dur, dann $^3/_8$-, $^4/_8$- und $^6/_8$-Takt ergänzt und erweitert werden. Der Inhalt des Begriffes D-dur wird gebildet durch die D-dur-Tonleiter und die drei Hauptdreiklänge von D-dur, den D-dur-, G-dur- und A-dur-Dreiklang — der Umfang durch alle Lieder, denen die D-dur-Tonleiter zu Grunde liegt. Sollen die Schüler in der Tonleiter und in den drei Hauptdreiklängen das Gemeinsame und darum Allgemeingiltige für die ganze Gruppe von Melodieen, die zu der Tonart gehören, erblicken, dann muss sich als Niederschlag aus der Betrachtung jedes einzelnen Liedes ergeben, dass es aus den Tönen der D-dur-Tonleiter, i. e. aus den Tönen der genannten Dreiklänge zusammengesetzt ist, oder mit andern Worten, dass die in der Melodie vorkommenden Töne, wenn man sie vom Schlusston aus zu einer Reihe verbindet, die D-dur-Tonleiter geben.

Auf dieselbe Weise wird auch der Begriff B-dur gewonnen.

Zeitwert und Taktgliederaccent bestimmen die Taktart. Nach diesen beiden Richtungen müssen deshalb die einzelnen Takte eines und desselben Liedes, wie verschiedener Lieder ins Auge gefasst werden. Um den Begriff $^3/_8$-Takt den Schülern zu vermitteln, werden sie angeleitet, von jedem einzelnen Takt der Melodie festzustellen: a) dass der Notenwert zwischen je 2 Taktstrichen $^3/_8$ beträgt, und b) dass von diesen drei Achteln das erste betont ist, das zweite und dritte aber accentlos sind. Diese Feststellung wird bei jedem Liede, das derselben Taktart angehört, fortgesetzt. Als Gemeinsames und Allgemeingiltiges ergiebt sich hierbei die für den $^3/_8$-Takt typische Figur:

$\sphericalangle$ ♩ ♩ ♩ Die Begriffe $^4/_8$- und $^6/_8$-Takt werden auf demselben Wege gefunden.

Kommen Lieder zur Behandlung, die einer den Schülern schon bekannten Tonart, oder Taktart, angehören, dann haben die Schüler sie lediglich in die Liedergruppen einzureihen, die die gleiche Tonart, beziehungsweise Taktart haben, gleichzeitig aber haben dieselben auch die Gründe für diese Einreihung namhaft zu machen. Es kann dies sowohl auf den Stufen der Association und des Systems, wie auf der Stufe der Anwendung geschehen. Die chromatischen Versetzungszeichen: ♯ ♭ und ♮, die für den Schüler bis jetzt nur konkrete Bedeutung als Zeichen für die Töne fis, cis, b, es, etc. hatten, werden nun in ihrer Wirkung verallgemeinert; ♯ erhöht, ♭ erniedrigt jede Note um ½ Ton, ♮ hebt diese Veränderung der Note wieder auf.

d) Auf der Stufe der Anwendung werden die Lese-, Treff- und Nachschreibübungen fortgesetzt und zwar in der Regel in der Ton- und Taktart der Synthese. Die Ziffer-Akkordübungen werden durch Hinzunahme des Domintseptakkordes erweitert. Der Molldreiklang bleibt noch ausgeschlossen. Die Treffübungen beschränken sich auf die Intervalle der diatonischen Tonleiter (Durtonleiter).

4 Ein Unterrichtsbeispiel
Präparation für das 6. Schuljahr.

Habsburgs Mauern

Im Aar - gau steht ein ho - hes Schloss, vom Thal er-reicht es kein Geschoss; wer hat's er - baut, wer hat's er - baut, das wie aus Wol-ken nie - der-schaut?

Simrock.

Ziel: Ein Lied von Rudolf v. Habsburg.
Ia. Recapitulierende Besprechung des Textinhaltes.
Ib. Vorübungen.

II a. Darbietung durch zeilenweises Vorsingen und Vorspielen. **Einübung** auf den Text unmittelbar nach der Darbietung jeder einzelnen Zeile. Jede neu eingeübte Zeile wird mit den vorhergehenden sofort verbunden.

    b. Rhythmische Darstellung der Melodie. Dass dieselbe mit einem **Auftakt** (leichtem Taktteil) beginnt und dass sie vierteiligen Takt hat (man zählt 1̄ 2̄ 3̄ 4̄), wird vorher von den Schülern angegeben. Für jeden Schlag wird eine Achtelnote gesetzt.

    c. Rhythmisch-melodische Darstellung durch die Schüler unter Leitung des Lehrers. Vom dritten Takte an wird zur Aufzeichnung die Note as erforderlich. Dieselbe darf erst gegeben werden, wenn die Schüler gefunden haben, dass es sich um die schriftliche Darstellung eines Tones handelt, der höher als g und tiefer als a klingt, also zwischen g und a liegt. Der Ton heisst as und wird so notiert:

Wie weit ist a von g entfernt? wie weit as von a und von g? Was bewirkt also das Zeichen b vor der Note a? Erniedrigung um $\frac{1}{2}$ Ton? Fortsetzung der rhythmisch-melodischen Aufzeichnung. **Singen** der Melodie nach **Noten**. Ergänzung des Satzes durch **Einzeichnung der zweiten Stimme**. Auch diese muss durch die Schüler vollzogen werden und zwar sind hierzu nicht bloss die Altisten, sondern auch die Sopranisten heranzuziehen.

    d. Besprechung der aufgezeichneten Melodie nach ihrer **rhythmischen, dynamischen** und **melodischen Beschaffenheit**. Als Resultat ergibt sich: Das Lied beginnt mit dem 4. Schlag, es hat Auftakt. Die meisten Takte bestehen aus 4 Achtelnoten, einige aus 2 Achtelnoten, einer Sechzehntelnote und einer punktierten Achtelnote etc., auf die Silben „hats er" sind je 2 Töne zu singen, sonst kommt auf

jede Silbe eine Note etc. — Das Lied wird meist halbstark (*mf*) gesungen, nur der 5. und 6. Takt sind *f* zu singen. (Ergänzung der Aufzeichnung durch Hinzufügung der dynamischen Zeichen.)

Die Töne h, e und a werden nicht gesungen, statt ihrer b, es und
as; deshalb ist an den Anfang jeder Zeile die (chromatische) Vorzeichnung

 zu setzen. Dementsprechende Umänderung der schriftlichen

Darstellung! Der tiefste Ton ist , der höchste .

Der Schlusston heisst es. In den ersten Takten folgen die Töne so aufeinander wie in der Tonleiter, im 5., 7. und 8. Takt so wie in den
Akkorden. Im ersten und zweiten Takt haben beide Stimmen
dieselben Noten zu singen; in der zweiten Stimme ist der 3. Takt
eine Wiederholung des 1. und der 4. eine Wiederholung des 2. Taktes.

e. Singen des ganzen Liedes.

IIIa. Wirkung des Zeichens ♭ vor h, vor e und vor a?

IVa. Das Zeichen ♭ erniedrigt die Note, vor der es steht,
immer um einen halben Ton.

IIIb. Gesamtnotenwert der einzelnen Takte und Art der
Betonung?

IVb. Jeder Takt hat einen Notenwert von 4 Achteln. Das Lied
steht wie „Der alte Barbarossa" im ⁴/₈-Takt. Betont wird 1 2 3 4.

Aufnahme in das Systemheft.

IIIc. Aus welchen Tönen ist die Melodie zusammengesetzt?

Für diesen Zweck werden die in der ersten und zweiten Stimme
vorkommenden Töne in folgender Weise aufgezeichnet.

Ordnung dieser Töne zu einer Reihe, die mit dem Schlusstone des
Liedes (es) beginnt und schliesst.

IVc. „Im Aargau steht ein hohes Schloss" besteht aus folgenden
Tönen:

Ins Systemheft:

Liederanfänge	Andere Töne.	Schlusston.
1. Im Aargau steht etc.	—	es.

III d. Vergleichende Zusammenstellung der **bekannten** Tonleitern. **Gemeinsame** und **eigentümliche** Töne der einzelnen Tonleitern. Gemeinsames in den Tonentfernungen etc.

IV d.

8	c	f	g	b	d	es	
7	h	e	fis	a	cis	d	¹/₈
6	a	d	e	g	h	c	
5	g	c	d	f	a	b	
4	f	b	c	es	g	as	
3	e	a	h	d	fis	g	¹/₈
2	d	g	a	c	e	f	
1	c	f	g	b	d	es	
	C	F	G	B	D	Es	

V a. Darstellung der neuen Melodie durch **Ziffern** (es = 1, f = 2 u. s. w.) Singen nach Ziffern.

b. **Treff-** und **Leseübungen** auf Sprechsilben.

1. Stimme:

2. Stimme:

etc. bis

V c. Akkordübungen nach Ziffern mit den Tönen der drei Hauptdreiklänge von Es-dur.

C Sprachunterricht

Der deutsche Unterricht

Litteratur: Siehe drittes Schuljahr, 3. Aufl. S. 106 ff.; viertes Schuljahr, 3. Aufl. S. 87 ff; fünftes Schuljahr. 3. Aufl. S. 117 ff. W. Wackernagel, Poetik, Rhetorik und Stilistik. 1873. Halle.
Theorie: Hildebrand, Vom deutschen Sprach-Unterricht in der Schule. Leipzig. Schiessl, Aufsatz-Unt. Fack, Materialien zu einer Lehre vom Stil. Lehmensick, Lesen in Oberklassen. Der Lese-Unt. auf der Oberstufe der einfachen Volksschule nach Ziel und Methode. Päd. Studien 1892. Wohlrabe, Stellung der Aufsätze. 1892. Halle. Schrödel. Rasche, Neue Bahnen im Aufsatz-Unterricht. Zeitschrift: Neue Bahnen 1899, 1/3.
Praxis: A. Stoffquellen: Freytag, Bilder aus der deutschen Vergangenheit. Leipzig 1884. A. Richter. Quellenbuch f. den Unt. in der deutschen Geschichte. Krämer, Histor. Lesebuch über das deutsche Mittelalter. Schumann und Heinze, Lehrbuch der deutschen Geschichte. Rein, Ausgewählte Gedichte. Rude, Quellenlesebuch für den deutschen Geschichts-Unterricht. Langensalza 1895. Lesebuch von Steger und Wohlrabe. Halle 1896/98. Lesebuch von Gäbler. Hermann, Deutsche Aufsätze. Wunderlich, 1898. Hermann, Diktatstoffe. Ebenda. Rudolf, Wortkunde. Wunderlich, 1898.
B. Präparationen: Eberhard, Poesie in der Volksschule. 5. Aufl. Langensalza 1898. Foltz, Anleitung zur Behandlung deutscher Gedichte. Dresden 1898. Hache und Prüll, Der gesamte Sprachunterricht. Dresden. Präp. von Herberger u. Döring. Gräbe, Präparationen zur Behandlung deutscher Musterstücke. 1887. Leipzig.

I Auswahl und Anordnung des Lesestoffes

(Siehe „Drittes Schuljahr", 3. Aufl., Seite 106 ff., und „Fünftes Schuljahr" 3. Aufl., S. 117 ff.)

1 Inhalt des Lesebuches

a Stoffauswahl

Das sechste Schuljahr behandelt
1) im Religionsunterrichte das Leben Jesu,
2) im profangeschichtlichen Unterrichte die deutschen Kaiser Heinrich IV., Friedrich Barbarossa, Rudolf von Habsburg, sowie

im Anschluss an dieselben die charakteristischen Erscheinungen des späteren Mittelalters: die Kreuzzüge, das Sängertum, das Ritterwesen in seiner Blüte und in seinem Verfall, die heilige Vehme, das Städtewesen;

3) im geographischen Unterrichte die Alpen, die Schweiz, Oesterreich-Ungarn und die Mittelmeerländer (Italien);

4) in der Naturkunde teils das, was Geschichte und Geographie an die Hand geben, teils was die Heimatkunde dem Unterrichte zusammengefasst unter die Gruppen: (Haus, Kleinbürger, Hausbau, Bergbau, Handwerke, Wohnung) zuweist. Hierdurch sind zugleich die Richtpunkte für die Auswahl der Lesestoffe bestimmt; denn die Lektüre soll ja in die innigste Beziehung zu dem übrigen Unterrichte, insbesondere zu dem Gesinnungs- und naturkundlichen Unterrichte, gesetzt werden.[*)]

Folgende Stoffe halten wir für ein Lesebuch des sechsten Schuljahres für angemessen:

A Lesestoffe zur biblischen Geschichte[**)]

*Gebet: Mein Engel weiche nicht (Cl. Harms). Gutes Ziel (M. Spitz). *Drei Engel (Spitta). *Mit Gott ans Werk (Spitta). *Der Vöglein Lehre (Luther). *Christus und die Samariterin (Körner). Die Witwe am Gotteskasten (Bormann). *Der Witwe Töchterlein (J. Mosen). Der arme Lazarus (Krummacher). Der Mann auf Karmel (Krummacher). *Christ ein Gärtner (Schenkendorf). *Jesus über alles (Wunderhorn). Die Reue (Krummacher; zu verl. Sohn). *Petrus (Gottfried Kinkel). Gethsemane. *Ostermorgen (Geibel). *Pfingsten (Sturm). *Das Herzenskämmerlein (Beuthner). *Der Greis und der Knabe (Enslin; zu barmh. Sam.). *Die Sonnenblumen (Tersteegen). Der Gottesacker (Luther). *Am Grabe des Vaters (Klopstock). *Sonntagsfrühe (von Schenkendorf). *Wenn eben alles käme (la Motte Fouqué).

B Zur Geschichte

Heinrich IV. a. Sagen und historische Gedichte: *Heinrich IV. in Canossa (Grosse). *Auf dem Schlosshof zu Canossa (Heine). Der Knoblauchskönig (Sage von Grimm). *Die Glocken zu Speier (Max Oer). *Der Mönch vor Heinrich IV. Leiche. b. Berichte aus den Quellen: Lamberts Bericht, wie Erzbischof Anno von Köln den jungen Heinrich in seine Gewalt bekommt (Schumann, Geschichte). Eine Bischofsversammlung in Goslar 1063, nach Lamberts Bericht (Schumann, Geschichte). Adalbert von Bremen, nach Adam von Bremen (Schumann). Heinrich IV. und die Sachsen, nach der Erzählung des Mönchs Lambert (Schumann, Geschichte). Heinrich IV. Freiheitsbrief an die Bürger von Worms (Richter, Quellenbuch). Heinrich IV. Schreiben an den Papst Gregor VII. aus dem Jahre 1076 (Krämer, histor. Lesebuch). Heinrich IV. Schreiben an das römische Volk, 1076 (Krämer). Der Bannspruch Gregor VII. wider Heinrich IV. 1076 (Richter, Quellenbuch). Lamberts Bericht über die Reise Heinrichs IV. nach Canossa (Krämer, histor. Lesebuch, Richter, Quellenbuch, Schumann, Geschichte). Brief Heinrich IV. an seinen Sohn

---

*) Vergl. Schuljahr V[2].
**) Die Gedichte sind mit * bezeichnet.

(Krämer, Lesebuch). Eine Bannformel aus dem Jahre 900 n. Chr.
(Richter, Quellenbuch). **Friedrich Barbarossa.** a. Sagen und historische Gedichte:
*Die Weiber von Weinsberg (Chamisso). *Barbarossa als Knabe (Knapp).
*Der Hohenstaufen (Kerner). *Barbarossas Rettung (Döring). Heinrich
der Löwe (Grimm). *Heinrich der Löwe (J. Mosen). Das St. Georgs-
Banner (Witzschel). *Schwäbische Kunde (Uhland). *Der alte Barba-
rossa (Rückert). *Friedrich Rotbart (Geibel). Der Kyffhäuser und die
Kyffhäusersagen (Zerrenner). *Konradins Hinrichtung (Wessenberg).
Ko radin (Gerok). b. Erzählungen aus den Quellen: Friedrichs I. Krönung und Persön-
lichkeit nach dem Berichte von Otto Frising (Schumann, Geschichte).
Friedrich I. und Heinrich der Löwe, nach Helmold und Arnold (Schumann).
Der Tod Friedrich Barbarossas, nach dem Berichte eines Teilnehmers an
dem dritten Kreuzzuge (Richter, Quellenbuch). **Kreuzzüge.** a. Sagen und Gedichte: *Lied der Kreuzfahrer
(Novalis). *Gott will es (Gerok, Uhland). *Saladin besiegt die Christen
(Raupach). *Blondels Lied (Seidl). *Ludwigs des Heiligen Abschied
(A. Bube). *Kinderkreuzzug (Bechstein). *Graf Eberhards Weissdorn
(Uhland). b. Berichte aus den Quellen: Der zweite Kreuzzug. nach der
Darstellung Gerhohs (G. Freytag, Bilder I, Richter, Quellenbuch, Schumann,
Geschichte). Die Eroberung Jerusalems 1099, nach Wilhelm von Tyrus
(Krämer, histor. Lesebuch). Der dritte Kreuzzug, nach Arnold von Lübeck
Schumann). c. Neuere Darstellungen: Jerusalem (nach Büssler).
Erstürmung Jerusalems (nach Fr. v. Raumer). DieKreuzzüge, zusammen-
fassende Darstellung. **Rittertum; Blüte desselben: Die Burgen** (Wernicke). *Der
Burgbau (G. Schwab). *Die Burg (Reinick). Die Wartburg im 13. Jahr-
hundert. — *Das Turnier zu Worms (Griebel). *Des deutschen Ritters
Ave (Geibel). *Schwert und Pflug (W. Müller). — St. Georg und der
Lindwurm. *Der Kampf mit dem Drachen (Schiller). *Graf Richard
ohne Furcht (Uhland). Harras, der kühne Springer (Körner). *Der
Schenk von Limburg (Uhland). *Grafensprung bei Neu-Eberstein (Kopisch).
*Ueberfall im Wildbad (Uhland). — Das Mainzer Reichsfest 1184, nach
Arnold von Lübeck (Richter). Eine Schwertleite, nach Johannes von Beka
(Schumann, Richter). Turnierordnung Heinrichs I. Der deutsche Ritter-
orden, Geschichtsbild (Karrasek). **Verfall des Rittertums:** Der sächsische Prinzenraub (Curtman).
Bauern- und Ritterleben, nach einem Gedichte aus dem 13. Jahrhundert
(Richter). *Die Blutnelken auf dem Falkenstein (Bube). Landgraf Ludwig
und der Krämer. Die faule Grethe (nach Hennig). Die Ritter von der
Brandenburg nehmen den Erzbischof von Mainz gefangen. Johann Hübner
(Grimm). Eppela Gailo (Grimm). Schreckenwalds Rosengarten (Grimm).
Bürgertum: Die deutsche Hansa (Grube). Jürgen Wullenweber
(Grube). Die Städte im 13. Jahrhundert (Berthold). Waffen und Kleidung
im Mittelalter, nach der Limburger Chronik (Schumann). Das Faust-
recht (nach Jerrer). Die heilige Vehme (Schücking). **Sängertum:** Der Sängerkrieg auf der Wartburg (Grimm). Walter
von der Vogelweide (J. Kerner). *Zwei Lieder Walthers von der Vogel-
weide: a. Deutsche Männer und Frauen; b. An die Fürsten. *Zwei

Sprüche Walthers von der Vogelweide wider den Papst (Richter).
*Philipps von Schwaben und seiner Gemahlin Weihnachtsfeier, von
Walther von der Vogelweide (übersetzt von Simrock). *Der Sänger
(Goethe). *Des Sängers Fluch (Uhland). *Taillefer (Uhland).
Rudolf von Habsburg: *Der Graf von Habsburg (Schiller).
*Habsburgs Mauern (Simrock). *Rudolf von Habsburg auf seinem Zuge
gegen Ottokar (Görres). *Rudolfs Ritt zum Kaisergrabe (Kerner). Aus
dem Leben Rudolfs von Habsburg, nach der Chronik von Kolmar (Krämer).
Rudolf von Habsburg in Thüringen, nach Johannes Rothe (Richter).
Rudolf von Habsburg, zusammenhängendes Lebensbild (Stacke).

C Zur Geographie und Naturkunde

Die Schweizeralpen (nach Tschudi). Alpenleben (Curtman). Tierwelt auf den Alpen (Brockhaus). Unglücksfälle in der Schweiz (Hebel).
Die Lawinen (Curtman). Barry (Lenz). *Hirtenreigen (Falk). *Des
Knaben Berglied (Uhland). *Des Hirten Abschied (Schiller). Das Alpen-
horn (Redenbacher). *Der Alpenjäger (Schiller). *Berglied „Am Ab-
grund" (Schiller). Der Gemsenjäger, Sage (Grimm). *Fischerknabe
(Schiller). Unsere Waldbäume und Waldtiere, im Gegensatze zu denen
der Alpen (so weit sie noch nicht zur Behandlung gekommen sind). Italien.
Die Stadt Rom. Venedig. Süditalien (Meyer). Der Ausbruch des
Vesuvs. Unsere Zugvögel (Jubitz).

D Zum Schul- und heimatlichen Naturleben

*Frühlingsglaube: Die linden Lüfte (Uhland). *Waldvögelein: Ich
geh' durch einen grasgrünen Wald (Volkslied). *Der Frühling (Löwen-
stein). *Die Schwalben (Krummacher). Die Vögel (Lenz). *Mailied
(Goethe). *Wanderlied: Durch Feld und Buchenhallen (v. Eichendorff).
*Der Bote im Junius (Claudius). Das Gewitter (Hirschfeld). *Regen-
bogen (Gerok). *Die Sterne: Ich gehe oft um Mitternacht (Claudius).
*Sternschnuppe (v. Sallet). Die Erntezeit (Würkert). *Die Ernte ist da
(Grube). Geschichte einer Kornähre (Grube). *Sonntagsfrühe (v. Schenkendorf). *Abendläuten: Liebster Mensch, was mags bedeuten.

*Mein Vaterland: Treue Lieb' (Hoffmann von Fallersleben). *Kennt
ihr das Land (Wächter). *Bei Sedan (Bodenstedt). Erhebt euch von
der Erde (v. Schenkendorf). Soldatengeschichten (Keck). *Was blasen
die Trompeten (Arndt). *Trompeter an der Katzbach (J. Mosen). *Trom-
pete von Gravelotte (Freiligrath). *Die Wacht am Rhein (Schnecken-
burger). *Der tote Soldat (Seidel). *Deutscher Rat (Reinick). *Deutsche
Sprüche (Simrock). Zum Totenfest: Was der Kirchhof predigt (Keck).
*Winterlied (v. Sallet). *Die Christnacht (R. Prutz). *Hoffnung: Und
dräut der Winter noch so sehr (Geibel). *Osterglocke (Böttger).

b Bemerkungen zur Stoffauswahl
a Menge
Diese Zusammenstellung des Lesestoffes für das sechste Schuljahr
kann keineswegs als erschöpfend angesehen werden. Aber ist es möglich,
dieselbe in Jahresfrist und in der gründlichen Weise, welche wir in

5*

unserm dritten, vierten und fünften Schuljahre ausdrücklich fordern *),
durchzuarbeiten? Es darf nicht vergessen werden, dass es ein anderes
ist, ob das Lesen im herkömmlichen Unterrichtsgange auftritt, oder ob
es dem geschlossenen Lehrplansystem, dem Konzentrationsunterrichte eingefügt ist. Dort erscheint es als besonderes, isoliertes Lehrfach, hier
steht es im Dienste des gesamten Sachunterrichts; dort wird der Lese-
stoff gelesen in den deutschen Lesestunden; hier begegnet man der Lektüre ausser im Deutschen in allen realen Lehrfächern: in allem
Sachunterrichte wird an geeigneten Stellen auch gelesen. So kann in
Jahresfrist auch ein umfänglicherer Stoff in gründlicher Weise durch-
gearbeitet werden. Und so soll es sein. Was in den Realfächern
sachlich behandelt worden ist, kann sodann zum ausdrucksvollen Lesen,
zum Auswendiglernen und Hersagen, sowie zum Anschluss stilistischer
Übungen an den deutschen Unterricht abgegeben werden. Zur sachlichen und sprachlichen Durcharbeitung zugleich verbleiben dem
Deutsch-Unterricht hiernach nur:

1. Ergänzungsstoffe zum Sachunterricht,
2. Anschlussstoffe an das Schul- und heimatliche Naturleben.

β Schwierigkeit

Manche Stoffe der obigen Auswahl erscheinen als zu schwer für
das sechste Schuljahr. Aber von dem Inhalte der Lesestoffe gilt ein
Ähnliches, wie von dem Umfange derselben. Manche Stücke, welche in
dem isolierten Leseunterrichte schlechthin unverständlich bleiben, werden
im zusammenhängenden Konzentrationsunterrichte mit Leichtigkeit verstanden wegen des von Anfang an regeren Interesses für den Inhalt,
sowie der Fülle der apperzipierenden Gedanken, welche der gleichzeitige
übrige Unterricht angeregt hat. So haben wir z. B. in der Seminar-
schule schon mit Kindern des fünften Schuljahres im Geschichtsunter-
richte das nicht leichte Geibelsche Gedicht „Deutsches Aufgebot" (mit
Weglassung der Chöre) gelesen, und der Inhalt ist, gehoben und getragen von dem gesamten Unterrichte, in welchen das Gedicht hinein-
gestellt war, von den Kindern ohne erhebliche Schwierigkeiten erfasst
und verstanden worden. Dass die Mitteilungen aus den Quellen auch
in den schulmässigen Darstellungen der Auffassung noch Schwierigkeiten
bieten, ist allerdings richtig. Hier wird noch vielfach, ohne dass der
Charakter der Quelle verwischt werden darf, sprachliche Zurichtung des
Textes nötig sein.

γ Reihenfolge

In dem geschichtlichen Teile bietet unsere Stoffsammlung
    a. historische Gedichte, Sagen und zeitgenössische Berichte,
    b. zusammenhängende geschichtliche Einzelbilder.

Die Gedichte, Sagen und Berichte stellen in der Volksschule das
Quellenmaterial dar, aus welchem der Schüler seine Geschichtskenntnis
erarbeiten soll. Deshalb müssen sie im Unterrichte an den Anfang der
geschichtlichen Reihen gestellt werden.

---

*) Vergl. V³ (V. Schuljahr III. Auflage), S. 117 ff.

Die zusammenhängenden geschichtlichen Darstellungen, Monographien, Lebensbilder hingegen wollen das Gewonnene in mustergültiger Form zusammenhalten und zum Abschluss bringen, und dürfen sonach nicht eher gelesen werden, bis der Gegenstand selbst im Unterrichte seine Bearbeitung gefunden hat. In gleicher Weise sind auch die geographischen und naturkundlichen Darstellungen immer erst nach Behandlung der Sachstoffe als Lesestücke heranzuziehen. An den rechten Stellen im Unterrichte eingefügt, gewähren aber die historischen wie die naturkundlich-geographischen Bilder den zweifachen Vorteil, dass sie

1. das erarbeitete Gedankenmaterial in guter Ordnung zusammenhalten, den Besitz sichern, und

2. dem Schüler als Muster guter sprachlicher Darstellungen dienen, mithin auch des Schülers Sprachbildung fördern.

2　Aufsätze

(Vergleiche „Schuljahr III" [1], S. 106 ff. und „Schuljahr V" [1], S. 127 ff.)

Sprachverständnis will vornehmlich der Leseunterricht pflegen. Im Aufsatz-Unterrichte soll das Kind vor allem Sprachfertigkeit erlangen, Fertigkeit in der Kunst richtiger abgerundeter und geordneter Darstellung seiner Gedanken.

A　Der Stoff

a　Natur des Stoffes

Da erhebt sich sofort die Forderung, dass das Kind Gedanken habe, die es darstellen kann, dass es seine eigenen Gedanken seien, und dass diese Gedanken zu ihrer Darstellung drängen.

Diese drei Forderungen müssen erfüllt werden durch eine gute Auswahl des Stoffes für die schriftlichen Darstellungen, die Aufsätze.

Der Aufsatz muss Gedankenkreisen entnommen werden, die das Kind hat und beherrscht, die sich aus seiner Erfahrung im Schul- und Familienleben, in seinen Beobachtungen in der heimatlichen Natur, in seinem Unterrichte oder seiner Lektüre in ihm ausgebildet haben.

Der Aufsatzstoff muss der Entwicklungsstufe der kindlichen Seele entsprechend sein, damit es Gedanken, eigene Gedanken darüber sich machen könne und nicht fremde von aussen her aufnehmen müsse.

In dem Gedankenkreise muss endlich Interesse lebendig sein, damit das Kind mit Freude an die Darstellung der Gedanken geht, damit es aus seinem Innern heraus dazu getrieben werde.

b　Fassung der Themen

Die Kunst richtiger, abgerundeter und geordneter Darstellung seiner Gedanken soll der Schüler lernen.

Eine rechte Fassung des Themas kann ihm diese Arbeit wesentlich erleichtern. Das Thema soll einen Fluss der Gedanken in ihm hervorrufen, und es soll zugleich diesen Fluss eindämmen und in seinen richtigen Weg leiten.

Damit der Gedankenverlauf gefördert werde, muss vor allem das Thema einen plastischen Hintergrund haben und einer konkreten Behandlung fähig sein. Es muss gedankenweckende Kraft haben, anschauliche Bilder wachrufen, die zur Ausmalung durch die Phantasie reizen. Aber die aus den verschiedenen Teilen des Gedankenkreises herzuströmenden Gedanken sollen nicht zerstreut auseinanderfallen, sie sollen sich zusammengruppieren wie um einen Krystallisationspunkt. Sie sollen zusammenhalten und Anderes, Nichtherzugehöriges soll abgestossen werden. Ja, es soll in der Themastellung ein Antrieb liegen zu abgerundeter Gestaltung. Nicht alles, was der Schüler über die Sache weiss, soll er hererzählen, sondern er soll unterscheiden lernen, was Bausteine und was Bauschutt ist für seinen Zweck. Deshalb muss der Zweck der Darstellung klar sein, die Aufgabe bestimmt und abgegrenzt. Und doch soll nicht ein Stück mechanisch aus dem Gedankenkreis herausgeschnitten, sondern er soll von einer Seite her neu in helles Licht gesetzt werden, so dass anderes ins Dunkel zurücksinkt.

c Einige Themen fürs 6. Schuljahr

1. Was die Glocken zu Speier verkünden wollten (Gedicht).
2. Wie der tapfere Schwabe vor dem Kaiser steht („Schwäb. Kunde").
3. Der schlafende und der erwachende Barbarossa (Gedicht).
4. Jerusalems Bestimmung (Geschichte).
5. Unsere Stadtkirche (Hochgotik) und die Kirche zu Klosterlausnitz (romanisch). (Zeichnen.)
6. Wanderers Traum auf den Ruinen einer Burg (Geschichte).
7. Der Sänger von Goethe (Gedicht) oder: Sänger und Vogel (Vergleich).
8. Woraus wir erkennen, dass die Erdoberfläche gekrümmt ist (Math. Geographie).
9. Die Wohnung der Nomaden, Ackerbauer und Kleinbürger im Vergleich (Naturkunde).
10. Ein Zug über einen Alpenpass.
11. Der Sinn der Walzenform ([siehe Zeissig, Formenkunde,] Geometrie).
12. Warum es gut ist, dass unsere Erdachse nicht senkrecht, sondern schief steht (Math. Geographie).
13. Ritter und Raubritter (Geschichte).
14. Was aus Italien alles in unserem Orte zu finden ist (Geographie).
15. Rudolf von Habsburg als Richter und die Vehmgerichte.
16. Hirtenknabe und Gemsjäger (Geographie).

B Der Gedankenausdruck

1 Fortschritt

Das Ziel, dass der Schüler eigene Gedanken selbständig richtig, abgerundet und geordnet zur schriftlichen Darstellung bringen kann, ist nur in allmählichem Fortschritt zu erreichen.

Dieser Fortschritt muss vorher sorgfältig überlegt sein, weil sonst entweder der Schüler weit vom Ziele zurückbleibt, oder durch Sprünge im Unterrichtsgange Lücken im Wissen und Können des Schülers entstehen.

Der Fortschritt soll sich in dreifacher Hinsicht vollziehen. Einmal wird die Form des Aufsatzes schwieriger, denn der Schüler soll auch die schwierigeren Formen beherrschen lernen. Sodann wird die Hilfe des Lehrers dabei geringer, denn der Schüler soll ja immer selbständiger und unabhängiger von der Hilfe anderer werden. Und endlich tritt die reproduktive Thätigkeit immer mehr zurück, die eigene Schaffenskraft wächst, das Individuum lernt es, sich individuell zu geben, seinen ganzen, inneren Menschen zum Ausdruck zu bringen. Immer mehr soll der werdende Mensch nicht bloss nach Seite der Form, sondern auch in Hinsicht auf die Sache lernen, selber zu finden und selber zu gestalten. Der Stil ist der Mensch.

Es ist natürlich ein schwieriges, didaktisches Problem, diesen Fort- schritt recht sorgfältig zu gestalten und den Schüler von der Unfreiheit und Unselbständigkeit durch sichere, immer mehr zurücktretende Führung zur Freiheit und Selbständigkeit zu bringen. Besonders schwierig wird es durch unsere, im wahren Sinne des Wortes schreckliche deutsche Rechtschreibung. Der deutsche Wortschatz bildet geradezu ein Museum der Unregelmässigkeit. Wer dem deutschen Volke dazu verhilft, dass es diese buntscheckige Zwangsjacke abwirft, der wird in mehr als einer Hinsicht ein Wohlthäter zu nennen sein. Viel unnütz verschwendete Kraft, viel Zeit, viel Lust wird frei werden für wertvollere und nützlichere Geistesarbeit. Wie mancher, der heute zu den Ungebildeten zählt und der sich kaum traut, die Feder zur Hand zu nehmen, weil er schon weiss, wie seine Gedanken in den Fehlern ersticken, würde frei und un- gehindert durch die Last der orthographischen Formen sich ganz anders entwickeln können. Heute wird, wie gesagt, das Problem, die Ent- wicklung nach der Seite der Kunst schriftlicher Darstellung durch die unnötige Last der deutschen Schlechtschreibung sehr viel schwieriger.

a) Die leichteste Form der Darstellung ist die einfache Nacherzählung. Bei ihr kommt es vor allem darauf an, dass die Reihe der Ereignisse zu einem Organismus verkettet werde, der durch die Einheit innerer Notwendigkeit zusammengehalten wird. Diese Einheit herzustellen ist Aufgabe des Erzählers. Die Gestaltungskraft des Kindes kann hierbei auch insofern noch thätig sein als der Standpunkt, von dem aus erzählt wird, gewechselt werden kann. Jede der in der Geschichte vorkommenden Personen kann die Handlung erzählen als eigenes Erlebnis. Die Hand- lung kann auch von einem Beobachter erzählt werden. Schwieriger ist die Erzählung von Selbsterlebtem, da das Kind aus den vielen Sinneseindrücken die charakteristischen herausheben muss und die Vermeidung der Eintönigkeit (wir gingen, wir sahen, wir kamen etc.) schon eine ziemliche Übung erfordert. Schwieriger als die einfache Er- zählung ist die Vergleichung, bei welcher das geistige Auge die Ver- gleichspunkte scharf erfassen und die gestaltende Kraft der Seele sie deutlich darstellen muss, welche fordert, das Nacheinander nebeneinander zu stellen und mit einem Blicke zu umfassen. Noch viel schwerer ist die Beschreibung, die Darstellung der ruhenden Wirklichkeit, bei welcher neben dem Herausheben des Charakteristischen noch die geschickte An- ordnung und Gruppierung (successive Gliederung) gelernt sein will, sowie die Auflösung in Handlung, die Darstellung des Gewordenen als ein Werdendes, die Erfüllung des Thatsächlichen mit dem Inhalte des Grundes

und Zweckes, die Darstellung des Nebeneinander als ein Nacheinander u. a.
Die Beschreibung kann aus diesem Grunde erst auftreten, wenn die
Schüler die leichtere Form der Erzählung einigermassen beherrschen.
Noch später können die Schüler sich heranwagen an diejenige be-
schreibende Darstellungsform, welche bestimmt ist, Gefühle zu erwecken
und darum einen höheren poetischeren Zug annimmt, an die Schilderung.
Auf gleicher Stufe steht die Charakteristik, die Schilderung des Charakters
einer Person. Höhere Stilformen, wie die Abhandlung, bei welcher es
sich um die Entwicklung, Darlegung und Begründung von Behauptungen
handelt, können nur seltener in der Volksschule Platz finden. Sie gehören auf eine höhere Stufe.

Es darf übrigens nicht vergessen werden, dass die „Forderungen
jeder niederen Stufe des Stils sich auf der höheren wiederholen nur in
untergeordneter Weise". Nur treten jedesmal neue Forderungen und
neue Schwierigkeiten hinzu. Die früher geübten Stilformen müssen auf
den späteren immer wieder mit geübt werden*).

b) Allmählich soll der Schüler immer mehr der Mithilfe des Lehrers
entbehren können. Diese Hilfe giebt er ihm bei der Besprechung des
Aufsatzes.

Erst ist die Besprechung ausführlich, die Gedächtnisstützen sind
von zwingender Reproduktionskraft, die Stücke sind klein, welche auf
einmal zusammengefasst werden müssen. Allmählich wird das anders.
Der Besprechung wird weniger Zeit gewidmet, zuletzt genügen Hinweise
und Andeutungen.

Dient als Stütze fürs Gedächtnis im Anfange eine Frage, so genügt
später ein Satz, dann ein Stichwort.

Im Anfange wird der Lehrer Satz für Satz durchnehmen. Für
einen jeden oder für wenige kleine Sätze ist eine Frage aufgestellt und
der Schüler hat sie nur zu beantworten. Später soll ihn der Satz als
Überschrift an einen kleinen Abschnitt erinnern. Endlich dient das
Stichwort als Reproduktionshilfe für einen grösseren Absatz.

Schon dadurch erlangt der Schüler grössere Selbständigkeit. Aber
diese Selbständigkeit bezieht sich nur auf Reproduktion.

c) Aber die Selbständigkeit des Schülers wird auch grösser in der
Selbstthätigkeit, im Selbstschaffen, in der Produktion.
Erst ist der Schüler nur in geringem Masse selbstschaffend thätig.
Dann ändert der Schüler den Standpunkt beim Erzählen. Die Geschichte
wird bald vonseite der einen, bald vonseite der anderen Person erzählt.
Einzelne Ausdrücke werden anders gewählt, durch sinnverwandte ersetzt,
es wird der Satz mit einem anderen Worte begonnen.

Dann wird der Schüler freier. Er ändert die Sätze in freierer
Weise. Er erzählt und beschreibt in Nebensätzen, wo im Unterricht
Satzglieder auftraten; Vordersätze wandeln sich in seiner Arbeit in
Nebensätze, Sätze verkürzen oder erweitern, verbinden und trennen sich.
Aber das alles so wie von selbst, aus dem Gedanken geschaffen, nicht

---

*) Die Frage, ob es methodisch geboten ist, die Aufsatzarbeiten nach dem
Stufengange der verschiedenen Stilarten fortzuschreiten zu lassen, ist eine um-
strittene. Vergl. dafür: Raschke, Neue Bahnen 1899 (Märzheft). dagegen
Wohlrabe. Die Stellung des Aufsatzes im Gesamt-Unterrichte (Halle 1892) S. 22 ff.

etwa aus grammatischen Überlegungen, und immer mit den Gedanken, so treffend und gut wie möglich nach seinem Geschmack zu schreiben.

Endlich versucht sich der Schüler auch in der individuellen Anordnung der Gedanken, ja zuletzt auch in der eigenartigen Erfassung des Themas. Er erzählt die Handlung von ihrem Höhepunkte her, er löst die Beschreibung in ein Thun auf, er versucht die Gefühle festzuhalten und wiederzugeben und damit in anderen wieder zu erwecken, die ihm selber beim Einzuge des Frühlings, beim Gewitter, beim Sonnenuntergange überkommen sind. Hier kann das Thema in verschiedener Fassung den Schülern vorgelegt werden zur Auswahl, auch verschiedene Themen können zu freier Wahl gestellt werden.

Das ist die höchste Stufe, die in der Volksschule erklommen werden kann, darüber hinaus kommen nur einzelne, besonders Begabte.

(Nicht unerwähnt soll bleiben, dass in der Volksschule auch die üblichen Formen des schriftlichen Verkehrs geübt werden müssen: Geschäftsaufsätze, Briefe, Anzeigen, Telegramme, Anmeldungen, Berichte.)

Das Bedürfnis entsteht, diese, mehrfach ineinanderverkettete Stufenfolge übersichtlich auf die Schulzeit zu verteilen.

Die ersten drei Schuljahre gelten als Vorkursus, auch für den Aufsatz-Unterricht. Im 4. Schuljahre beginnt die eigentliche Arbeit der Stilbildung: richtige, abgerundete, geordnete Darstellung der Gedanken. Die Arbeit der drei ersten Schuljahre ist wertvolle Vorarbeit.

Auf die übrige Schulzeit*) lassen sich die mannichfaltigen Arbeiten, die zu leisten sind, so verteilen:

Fortschritt im Aufsatz-Unterricht

Schul-jahr	Stilform	Veränderung	Stütze
4	Erzählung	Ausdrücke	Fragen für Satz
5	Auch Erlebnis-darstellung	Auch Sätze	Sätze für kleinere Abschnitte
6	Auch Vergleichung	Auch Standpunkt	Sätze für grössere Abschnitte
7	Auch Beschreibung	Auch Gliederung	Stichworte für kleinere Abschnitte
8	Auch Schilderung	Auch Themastellung	Stichworte für grössere Abschnitte

3 Grammatik einschliesslich der Orthographie und Interpunktion
(Siehe Schuljahr III., 2. Aufl., Seite 112—119.)

Rechtschreibung

Das sechste Schuljahr hat

1. die orthographischen Regeln der Hauptsache nach zum Abschluss zu bringen,

*) Vergl. dazu die Verteilung bei Raschke, Neue Bahnen 1899. III. Heft.

2. die orthographischen Reihen und Ausnahmereihen weiter zu bilden, sowie

3. die Gegensätze zu den Regeln, Reihen und Ausnahmen durch neue Worte zu vervollständigen. Wenn von einer oder der anderen Reihe nur noch wenige Worte ausstehen, z. B. von der Wortreihe mit ai, aa, ee, oo, so können dieselben, um den Abschluss herbeizuführen, willkürlich hinzugefügt werden; sonst ist an dem Grundsatze festzuhalten, dass für die Heranziehung des Wortmaterials in die betreffenden Reihen nur das bei den schriftlichen Arbeiten zu Tage tretende Bedürfnis massgebend sein darf. Im einzelnen wird sich der orthographische Unterricht in diesem Schuljahre auf folgende Punkte zu erstrecken haben:

A. Dehnung.

1. Zu der Regel über das lange i (I wird geschrieben: ie):

a) Fortführung der Reihe mit ie, ier, ieren: Monarchie, Barbier, studieren, probieren.

b) Fortsetzung der Ausnahmereihe (I wird als Ausnahme ohne e geschrieben): Tiger, Bibel, Bibliothek, Kamin, Igel, Fibel, Ida.

2. Zu dem Dehnungs-h.

a) Regel. Die früher aufgetretenen Spezialregeln werden in die Hauptregel zusammengefasst: Wenn in den Hauptsilben nach einem einfachen gedehnten Grundlaut ein l, m, n, r folgt, so wird der gedehnte Grundlaut mit h geschrieben, z. B. Kahn, wählen, fühlen; nehmen, lahm; Lohn, Söhne; fahren, Ohr.

b) Fortsetzung der Ausnahmereihe: geboren, verloren.

c) Regel: Vor der Nachsilbe heit fällt das auslautende h weg, z. B. Hoheit, Roheit.

d) Fortsetzung der Ausnahmereihe mit in- und auslautendem th.

e) Fortsetzung der Reihe mit h = Lautzeichen: gedeihen, drehen, drohen, Drohung, droht, fliehen (Flucht), Kühe, Kuh, nähen, Naht, nahe, Nähe; Zehe, Zehen — zehn.

f) Regel: In abgeleiteten Wörtern wird das h beibehalten. z. B. nähen, Naht; drehen, Draht.

3. Zur Verdoppelung der Grundlaute.

a) Fortsetzung bezüglich Abschluss der Reihe mit aa, ee, oo: Saat, Aal, Staat; Armee, Beere, Klee, Seele, Speer, Teer; Moos.

b) Gegensätze: Aar — Ar — Ahr (Rheinnebenfluss in Rheinpreussen); das Beet — beten — das Gebet; Meer — mehr — Mähre — Märchen.

B. Schärfung.

4. Zur Konsonantenverdoppelung.

a) Man schreibt: spinnen, gesponnen, Spinnrad, Spinnerei, aber das „Gespinst"; — schaffen, er schafft, der Schaffner, aber das „Geschäft"; — können, du kannst, aber die „Kunst".

b) Regel. Man vermeidet das Zusammentreffen dreier Mitlaute und schreibt: Mittag, nicht Mitt tag; Schifffahrt, nicht Schiff fahrt; Brennessel, nicht Brenn nessel.

5. Zu Ableitung.

a) Fortsetzung der Reihe mit dt: senden, sandte, der Gesandte; — wenden, wandte, Verwandte; — laden, er lädt; — reden, beredt.

b) Reihe der Dingwörter mit der Endung ig: Essig, Honig, König, Käfig, Pfennig, Reissig, Zeissig.

c) Reihe der Dingwörter mit den Endungen ich, icht: Teppich, Fähnrich, Hederich, Wüterich; — thöricht, Kehricht, Dickicht. Ausnahme: Predigt.

C. Grundlaute; Mitlaute.

a) Fortsetzung der Reihe mit ä und äu, ohne dass die Ableitung in Betracht kommt: ungefähr, Käse, jäten, verbrämen, Lärm, Märchen, Säge, Thräne, träge.

b) Gegensätze: gewähren — wehren, Gewehr — wären; Lärche — Lerche.

c) Man schreibt: der Tod (tödlich, todkrank), aber tot (Eigenschaftswort), der Tote, töten, Totschlag.

d) Fortsetzung der Reihen mit dem Anlaut p, dem In- und Auslaut p: Papst, Post, Raupe, Raps, Mops.

e) Fortsetzung der Reihen mit gt, cht; gn, gr, gl, kn, kr, kl; lb, ld, lg, lp, lt, lch; rg, rch, rk; v, ph; pf, q, x, chs.

D. Fortführung der Fremdwörterreihe.

E. Silbentrennung.

Die Hauptregeln der Silbentrennung sind den Schülern bekannt.

a) Einfache Wörter werden nach Sprechsilben abgeteilt.

b) Zusammengesetzte Wörter werden nach ihrer Zusammensetzung abgeteilt.

Die Schüler müssen nun auch die Sonderregeln für einzelne schwierigere Zweifel weckende Fälle kennen und anwenden lernen. Diese Sonderregeln sind folgende:

1. Zusammengesetzte Wörter werden nach ihrer Zusammensetzung abgeteilt auch dann, wenn diese Teilung mit der Aussprache (nach (Sprechsilben) nicht übereinstimmt, z. B. be-ob-achten, war-um, dar-aus, voll-enden.

2. Wenn ein Mitlaut im Inlaute steht, so kommt derselbe beim Abteilen auf die zweite Zeile (z. B. le-sen, Re-gel), auch wenn die Aussprache damit nicht im Einklang steht. Dies gilt auch bei ch, sch, ph, dt, die nur je einen Laut bezeichnen. Es wird also abgeteilt: la-chen, lö-schen, Ver-wan-dte.

3. Wenn mehrere Mitlaute im Inlaute stehen, so kommt der letzte von ihnen auf die zweite Zeile. z. B. Hir-ten, Län-der, mor-gen. Dies gilt auch für sp und st, ng, nk und ck, pf und tz, sp, st, wobei sich sp in s-p, st in s-t, pf in p-f, ng in n-g*), nk in n-k, ck in k-k, tz in t-z auflöst. Z. B. Las-ten, Knos-pen, stop-fen, Fin-ger, Hoffnun-gen, An-ker, hak-ken, schüt-zen.

4. Nach m und r tritt pf ungetrennt auf die zweite Zeile, z. B. dam-pfen, em-pfinden, Kar-pfen.

F. Bindestrich.

Man schreibt statt Feldfrüchte und Gartenfrüchte Feld- und Gartenfrüchte; statt Schularbeiten und Hausarbeiten Schul- und Hausarbeiten.

---

*) Hier sind die Kinder auf die Verschiedenheit der Aussprache und Schreibung aufmerksam zu machen. Gesprochen: lang-nge, geschrieben: lan-ge.

Grammatik

A. Wortlehre.

Aus derselben lernen die Kinder als Erweiterung der bereits erlangten Einsicht kennen:

1. Die Zeitformen des Zeitwortes: Gegenwart, erste, zweite und
dritte Vergangenheit, Zukunft (z. B. ich schreibe, ich schrieb, ich habe
geschrieben, ich hatte geschrieben, ich werde schreiben).

2. Die Hilfszeitwörter sein, haben, werden; — können, müssen,
sollen, wollen, mögen.

3. Das Mittelwort, aus einem Zeitwort gebildet und wie ein Eigenschaftswort gebraucht, ist als Mittelform des Zeitwortes anzusehen, zu
benennen und zu behandeln (z. B. der singende Knabe, die besiegten
Ungarn).

4. Die besitzanzeigenden, hinweisenden und rückbezüglichen Für-
wörter (unter den rückbezüglichen tritt auch „welcher" auf, das die
Kinder seither als Bindewort aufgefasst haben und nun als verbindendes
Fürwort kennen lernen), nebst ihren Biegungsformen.

5. Die neuen Vorwörter

a) mit dem 3. Fall: mit, nach, bei, von, zu, aus, samt, seit;

b) mit dem 4. Fall: durch, für, gegen, ohne, um.

Die mit dem 3. und 4. Fall sind bereits bekannt (s. IV. u. V. Schuljahr).

6. Die Umstandswörter und ihre Unterscheidung von den Eigen-
schaftswörtern und Vorwörtern (die Umstandswörter stehen bei dem Zeit-
und Eigenschaftsworte und antworten auf die Fragen wo? woher? wohin? wann? wie? Eigenschaftswörter werden zu Umstandswörtern, wenn
sie zum Zeitworte treten, z. B. das Kind schreibt schön).

7. Die neuen Bindewörter.

a) für Hauptsätze: dann, daher, also, ausserdem, entweder — oder, nicht
nur — sondern auch;

b) für Nebensätze: ob, ehe, bis, da, während, obgleich, um, wodurch.

B. Satzlehre.

1. Weitere Formen des zusammengezogenen Satzes nebst Interpunktion.

2. Weitere Formen des zusammengesetzten Satzes mit den neuauf-
tretenden Bindewörtern (siehe Wortlehre 7) nebst Interpunktion der Sätze.

3. Der abgekürzte Nebensatz

a) in der Form des Supinums (z. B. Der Jäger geht auf die Jagd, um
ein Wild zu schiessen);

b) in der Form der Apposition (z. B. Konradin, der letzte Hohenstaufe,
wurde in Neapel hingerichtet. Ludwig, Herr zu Bayern, sprach etc.)
nebst Interpunktion.

Die vorstehende orthographisch-grammatische Zusammenstellung enthält
die Punkte, welche mutmasslich Gegenstand des Unterrichts werden
müssen. Doch darf dieselbe nur als eine Vorlage angesehen werden, die
im Verlaufe des wirklichen Unterrichts noch manche Abänderungen zu
erleiden haben wird. Denn das orthographisch-grammatische Material soll,
wie früher dargelegt worden ist, aus den schriftlichen Darstellungen der
Sachinhalte des Unterrichts abgeleitet werden und das Bedürfnis für die
Behandlung muss auch vorher dem Schüler fühlbar geworden sein. Alle

Punkte der obigen Zusammenstellung also, für welche sich bei den mündlichen und schriftlichen Sprachübungen ein solches Bedürfnis nicht von selbst einstellt, oder doch leicht geweckt werden kann, bleiben einem späteren Bedürfnisfalle vorbehalten.

2 Die Behandlung des Stoffes

(Siehe III. Schuljahr, 3. Aufl. Seite 117 ff., sowie auch die betreffenden Abschnitte im IV. und V. Schuljahre.)

A Sachliche Behandlung

Unterrichtsbeispiele

Der Sänger (von Goethe)

(1 Vorm Thore)

„Was hör' ich draussen vor dem Thor,
Was auf der Brücke schallen?
Lass den Gesang vor unserm Ohr
Im Saale wiederhallen!"
Der König sprachs, der Page lief;
Der Knabe kam, der König rief:
„Lasst mir herein den Alten."

(2 Gruss)

„Gegrüsset seid mir, edle Herrn,
Gegrüsst ihr, schöne Damen!
Welch reicher Himmel! Stern bei Stern!
Wer kennet ihre Namen?
Im Saal voll Pracht und Herrlichkeit
Schliesst, Augen, euch, hier ist nicht Zeit
Sich staunend zu ergötzen."

(3 Lied)

Der Sänger drückt die Augen ein
Und schlug in vollen Tönen;
Die Ritter schauten mutig drein,
Und in den Schoss die Schönen.
Der König, dem das Lied gefiel,
Liess ihm zum Lohne für sein Spiel
Eine goldne Kette bringen.

(4 Weigerung)

„Die goldne Kette gieb mir nicht,
Die Kette gieb den Rittern,
Vor deren kühnem Angesicht
Der Feinde Lanzen splittern;
Gieb sie dem Kanzler, den du hast,
Und lass ihn noch die goldne Last
Zu andern Lasten tragen.

(5 Lohn)

Ich singe, wie der Vogel singt,
Der in den Zweigen wohnet;
Das Lied, das aus der Kehle dringt,
Ist Lohn, der reichlich lohnet.
Doch darf ich bitten, bitt' ich eins:
Lass mir den besten Becher Weins
In purem Golde reichen."

(6 Dank)

Er setzt' ihn an, er trank ihn aus.
„O Trank voll süsser Labe!
O wohl dem hochbeglückten Haus,
Wo das ist kleine Gabe!
Ergeht's euch wohl, so denkt an mich
Und danket Gott so warm, als ich
Für diesen Trunk euch danke."

Erste Behandlungsform: Darbietender Unterricht

1. Ziel

a) Stückweise Darbietung des Zieles

Wir wollen heute ein Gedicht von Goethe lesen. Das versetzt uns in die Ritterzeit. Auf einer Königsburg wird ein Fest gefeiert. Während des Festes kommt ein Sänger in die Burg. Von ihm erzählt das Gedicht. Also?

b) (Wiederholung des Zieles): Von einem Sänger der Ritterzeit, der zu einem Feste auf eine Königsburg kam.

I. (Vorbesprechung).

a) (Die bekannten Vorstellungen).

1. In welcher Zeit wird das Fest gefeiert? In der Zeit, die wir gerade jetzt besprechen, in der Zeit der Ritter. In der Zeit Heinrichs IV. (1097), Barbarossas (1190), Rudolfs von Habsburg (1273). In der Zeit des elften, zwölften und dreizehnten Jahrhunderts. Vielleicht war's ein Ritterspiel, wie das Turnier Heinrichs I. nach der Schlacht bei Merseburg oder das Reichsfest zu Worms, vielleicht war es ein Fest, an dem Prinzen zu Rittern geschlagen wurden, vielleicht hatte der König eine Schlacht gegen seine Feinde gewonnen (der Burgunden Fest des Sieges) über Sachsen und Dänen, vielleicht wurde ein hoher Besuch durch das Fest geehrt.

2. Und an welchem Orte? Auf einer mittelalterlichen Burg. Auf einer Burg also, wie sie auch an der Saale gestanden haben. „An der Saale hellem Strande stehen Burgen, stolz und kühn." Die Reste solcher Burgen sehen wir noch: Lobedaburg, Fuchsturm, Kunitzburg, Rudelsburg.

Eine Burg aber haben wir gesehen, die noch deutlicher uns ein Bild einer solchen Königsburg giebt, als jene alten Mauern. Die Wartburg. (Auf der Schulreise im 4. Schuljahre.)

3. Und auf der Wartburg können wir uns auch leicht ein solches Fest denken, wie es da gefeiert wurde (Art der Feier).

In welchem Saale? In dem Bankett- oder in dem Sängersaale?

Mit welchen Gästen? Mit solchen, wie wir sie auf den alten Bildern sehen: mit Prinzen, Herzögen, Grafen und Rittern. Mit den Beamten des Königs. Mit den Damen des Hofes und der Gäste: Den Prinzessinnen, Herzöginnen, Gräfinnen.

In welchen Kleidern? Die haben wir auch auf den Bildern gesehen, die schönen, reichen, bunten Kleider der mittelalterlichen Frauen. Und im Rittersaale auf der Wartburg sahen wir auch die Rüstungen der Ritter.

So können wir uns schon ein Bild machen von dem Feste auf der Königsburg.

b) (Die neuen Vorstellungen).

Aber manches wissen wir freilich noch nicht. Was denn? Das vom Sänger.

1. Gehörte er mit zu den Gästen? War er mit den vornehmen Herren und Damen eingeladen. Und wenn nicht, wie kommt er dann dazu? Er kommt während des Festes. Wie kann er herein? Die Zugbrücke ist ja (zum Schutze gegen feindlichen Überfall) geschlossen. Wie merken die Burgleute, dass er ein Sänger ist?

2. Und ist er recht stolz, zu diesem Feste geladen zu sein? Was sagt er? Was singt er? Und welchen Eindruck macht sein Lied?

3. Und endlich: Ob man ihm für sein Kommen und für seinen Gesang dankt? Die auf dem Schlosse sind alles so reiche, vornehme Leute. Er ist ein armer, wandernder Sänger. Wie erweist man sich dankbar?

c) (Anschreiben der Erwartungsfragen in Stichworten).

1. Einladung?
2. Lied?
3. Lohn?

II. (Darbietung): Lesen in Abschnitten*). Jeder Abschnitt zweimal, erst durch einen begabteren Schüler, dann durch einen mittleren
Schüler.

Erste Strophe

a) Lesen.

b) Wiedergabe des Inhaltes: Auf seiner Burg feiert der König ein
Fest. Da erschallt von dem Burgthore her Gesang. Da befiehlt der
König: „Holt den Sänger in den Saal!" Und der Page thut es.

c) Erläuternde Besprechung**): Welche unserer Fragen ist damit
beantwortet? Die erste: Wer hat den Sänger eingeladen? Ein Page,
ein Edelknabe, der im Dienste des Königs stand und seines Winkes
gewärtig war, hat ihn eingeladen auf Befehl des Königs. Schnell hat
er den Befehl ausgeführt. „Der Page lief" — Wohin? Vor das Thor,
um zu sehen, wer der Sänger sei. „Der Knabe kam" — nämlich zurück
in den Festsaal, um dem Könige zu berichten. Er ging dem alten Sänger
voraus, der indessen langsam bis zum Festsaal ihm nachfolgte. Wie
aber kommt er ans Burgthor? Er gehört zu jenen fahrenden Leuten,
die von Burg zu Burg ziehen und ihre Lieder erklingen lassen. Darum
hatte er auch sein Lied vor dem Thore gesungen.

e) Gereinigte Totalauffassung (ausführliche Wiedergabe).

Zweite Strophe

Übergang: Nun wollen wir sehen, ob vom Liede, das der Sänger
singt, uns etwas erzählt wird.

a) Lesen.

b) Wiedergabe des Inhaltes: Der alte Sänger begrüsst die Ritter
und die Ritterfrauen. Er spricht von einem reichen Sternenhimmel. Er
sagt zu seinen Augen, dass sie sich schliessen sollen.

c) Erläuternde Besprechung: Von unseren Hauptfragen ist keine
beantwortet. Wir erfahren, was der Sänger sagt, als er in den Saal
tritt. An den Frauen rühmt er die Schönheit, an den Rittern den Edelmut.

Aber manches ist zu fragen: Was ist das für ein Himmel, von dem
er spricht? Er meint den Saal. Gross und weit und oben gewölbt.
Und die Sterne? Die Damen mit ihren funkelnden Edelsteinen im Ge-
wande und die Ritter mit den Ehrenzeichen ihrer ritterlichen Thaten auf
der Brust, das sind die Sterne an diesem Himmel.

Und warum will er die Augen schliessen? Wohl staunt er, ob der
Pracht, wohl ergötzt ihn die Herrlichkeit. Aber der Glanz des Festes
droht ihn zu verwirren. Er will mit ganzer Seele singen. Er will die
Augen schliessen, um abzuhalten, was seine Andacht stören könnte.

d) Überschrift. Der Gruss.

e) Ausführliche Wiedergabe.

---

*) Die Abschnitte fallen in diesem Gedichte mit den einzelnen Strophen
zusammen.
**) Zuerst fragt der Lehrer: „Was habt ihr nicht verstanden?" „Wer hat
sonst etwas zu fragen?" Dann leitet er die Besprechung, indem er selbst Fragen
aufwirft. Im Wechselgespräch wird die Antwort gefunden.

Dritte Strophe

Übergang Zwei Punkte sind noch unerledigt: Das Lied und der Lohn.
a) Lesen.
b) Wiedergabe des Inhaltes. Mit geschlossenen Augen beginnt er dann sein Lied. Es ergreift alle: Die Ritter schauen mutig in die Welt, die Damen blicken in den Schoss, der König lässt ihm zum Danke eine goldene Kette reichen.

c) Erläuternde Besprechung. Beantwortet ist unsere zweite Frage nach dem Lied und unsere dritte nach dem Lohn. Auf den Inhalt des Liedes kann man von seinem Eindrucke her schliessen: Es rühmte die Thaten tapferer Ritter, darum begeisterte der Sang die Ritter im Saale. Sie griffen an ihre Schwerter und ihre Augen blitzten voll Kampfesmut. Aber warum senkten die Damen ihre Blicke? Weil er sie lobte in seinem Liede. Weil er ihre Schönheit und ihre Herzensgüte, ihre Sanftmut pries, darum blickten sie verschämt in den Schoss und vergassen in andächtiges Zuhören versunken allen Glanz und alle Herrlichkeit um sich herum.

Ob er auch das Lob des Königs gesungen hat? Wir wissen es nicht. Er lässt ihm die goldene Kette, ein reiches Geschenk, zum Dank für sein Lied bringen.

Aber was heisst: „Er schlug in vollen Tönen!“ Sein Instrument ist gemeint, das er spielte, nämlich die Harfe, die ihr auch schon gesehen habt (im Concert: Harfenspielerinnen), die schon in sehr früher Zeit gespielt wurde (David). Kräftig griff er in die Saiten, er schlug, dass sie laute, volle Töne gaben.

d) Überschrift. Das Lied.
e) Ausführliche Wiedergabe.

Vierte Strophe

Übergang. Aber unsere Fragen sind ja beantwortet. Was kann dann noch kommen? Wir möchten noch wissen, was der Sänger zu dem Geschenke gesagt hat.

Vermutung: Er wird sich bedankt haben für diese reiche Gabe. Er wird ein Lied zum Lobe des Königs gesungen haben. Nun, sehen wir zu!

a) Lesen.
b) Wiedergabe des Inhaltes. Der Sänger aber lehnt die goldene Kette ab. Er sagt: Gieb sie deinen Rittern, die deine Feinde besiegen, gieb sie deinem Kanzler, der dir hilft. Er hat viele Lasten zu tragen. Lass ihn die goldene Last dieser Kette auch noch dazu tragen.

c) Erläuternde Besprechung: Unsere Vermutung hat sich nicht bestätigt. Wir fragen: Weshalb lehnt der Sänger die reiche, königliche Gabe ab? Warum nennt er die goldene Kette eine goldene Last? Eine Last ist für den Sänger die Abhängigkeit. Und abhängig wird er, wenn er Lohn nimmt. Dann kann er nicht mehr frei aus freier Seele singen, loben den, der Lob verdient, tadeln alles, das des Tadels wert ist. Kette würde sein Herz und sein Lied in Ketten legen.

Aber wie kann der Sänger dann sagen: Die Kette gieb deinen Rittern? Ja, die stehen in des Königs Dienst. Sie sind ihm zu Gehorsam und Treue verpflichtet. Sie können auch Lohn von ihm nehmen. Und so ist es auch mit dem Kanzler. Manches schwere Geschäft lastet auf ihm. Manche schlaflose Nacht bringt er zu, wo er über die Regierung nachdenkt. Ihm bist du zu Dank verpflichtet. Ihn kannst du mit dieser goldenen Kette lohnen. Er steht einmal in deinem Dienste.

d) Überschrift: Die Weigerung.

e) Ausführliche Wiedergabe.

Fünfte Strophe

Übergang. Ob es für den Sänger gar keinen Lohn giebt?

a) Lesen.

b) Wiedergabe des Inhaltes. Ich bedarf auch keines Lohnes. Der Vogel, der auf dem Zweige singt, will auch von dir keinen Lohn. Das Lied, das ich singe, das ist mein Lohn. Aber eine Bitte habe ich: Reiche mir einen Becher Wein. Aber der Becher soll von reinem Golde sein.

c) Erläuternde Besprechung. Wieso ist das Lied des Sängers auch sein Lohn?

Es ist seine Freude, wenn er so schön singen kann. Die Gabe des Gesanges ist eine Gabe Gottes. Der Sänger hat in seiner Stimme einen unerschöpflichen Quell, immer neue Lieder kann er singen.

Es ist seine Freude, dass er die Menschenherzen so rühren und begeistern kann für alles Grosse und alles Edle und alles Schöne. Wie viel gute und edle Gefühle kann er in den Herzen wecken. Wie viele kann er trösten! Wie viele kann er weich, versöhnlich und dankbar stimmen.

Es ist seine Freude, dass er frei singen kann, was sein Herz bewegt, ohne nach Gunst oder Geld zu fragen.

Warum aber lässt er sich dann den Becher Wein reichen? Der Wein ist eine Gottesgabe, die des Gesanges würdig ist. Und warum in einem goldenen Becher? Man soll den Gesang ehren, indem man den Sänger ehrt. Er wollte nicht die goldene Kette haben und auch nicht den goldenen Becher, aber man soll den Sänger aufnehmen, wie man einen hohen edlen Herrn aufnimmt, denn er fühlt sich als der Träger hoher Gedanken und edler Gefühle, als der Vertreter eines hohen und edlen Berufes.

d) Überschrift: Der Lohn.

e) Ausführliche Wiedergabe.

Sechste Strophe

Übergang. Wir wollen nun noch sehen, wie der Sänger diese Gabe aufnimmt.

a) Lesen.

b) Wiedergabe des Inhaltes. Den köstlichen Labetrunk nimmt der Sänger mit Freuden an. Er preist den Trank. Er preist das Haus. Er dankt für das Labsal. Er wünscht dem Hause Glück und mahnt, die Dankbarkeit gegen Gott nicht zu vergessen.

6

c) Erläuternde Besprechung. Was meint er damit, wenn er sagt:
„O wohl dem hochbeglückten Haus, wo das ist kleine Gabe!" Ihr seid
reich und glücklich, denn ihr könnt andere laben und erfreuen. Ihr
könnt so Köstliches geben und habt von dem eurem gar nicht viel weg-
gegeben!

Zweite Bearbeitung desselben Gedichtes: Entwickelnd-darstellender Unterricht

Weiteres Ziel: Ein Gedicht, das von einem Sänger erzählt, der im
Mittelalter zu einem Feste auf eine Königsburg kommt.

Analyse: Was wissen wir?

Mittelalterliche Sänger zogen von Burg zu Burg und sangen
ihre Lieder. Oft wurden sie zum Feste eingeladen, oft wurden sie geholt, meist kamen sie aber von selbst.

Inhalt ihrer Lieder: Sie sangen die Sagen und Lieder der
Vorzeit und sangen eigene Lieder. Sie sangen das Lob der Frauen.
Die besangen die Thaten der Ritter. Die Schönheit des Frühlings.

Begleitung ihres Gesanges? Sie begleiteten ihre Lieder mit
einem Saiteninstrumente, mit einer Harfe, einer Fiedel, einer Laute.

Stand? Es waren zuweilen adelige Herren, zuweilen niedere Ritter.

Lohn? Oft bekamen sie reiche Geschenke für ihren Gesang. Gold
oder goldenes Geschmeide. Becher, Ringe, Ketten.

Engeres Ziel: Das Gedicht erzählt, wie der Sänger den Lohn ab-
lehnt, den man ihm gab.

Wir fragen: Warum lehnt er den Lohn ab? (Hauptfrage). War
das Geschenk ihm zu klein? (3)

Hatte er bemerkt, dass sein Lied bei den anderen nicht solchen
Beifall gefunden hatte? (2)

Oder lag der Grund in der Art der Einladung, die man an ihn
hatte ergehen lassen? (1)

Also: 1. Einladung?   ⎫
         2. Lied und Eindruck? ⎬ Unterfragen.
         3. Lohn?   ⎭

A. Darbietung des Inhaltes.

Das Fest auf der Burg können wir uns vorstellen,
wenn wir an die Wartburg denken. Bankettsaal! Es wurde
gefeiert in den grossen Bankettsaale. Unter der gewölbten Decke und
zwischen den dicken Säulen sassen die Ritter und die Edelfrauen.
Ritterrüstung! Die Ritter hatten solche Rüstungen an, wie wir sie
auf der Wartburg gesehen haben. Kleidung der Frauen! Die
Frauen trugen bunte Kleider (wie auf den Bildern auf der Wartburg)
und reichen Schmuck: Edelsteine, goldene Ringe und Ketten. In der
Mitte der Ritter der König.

Das sah man beim Feste. Was aber hörte man? Das
Reden der Ritter, das Lachen und Jubeln, den Lärm des Mahles.
Manchmal war es ganz laut. Zuweilen legte sich der Lärm und es
wurde fast still. Da hörte man plötzlich in die Stille hinein

von aussen, vom Burgthore her, einen lauten Gesang. Ihr
könnt euch denken, was der König da sagte. Was höre ich
draussen vor dem Thore? Was vermutete er und was wünschte
er? Das ist ein fahrender Sänger. Warum singt er nicht hier im Saale?
Befehl? Ein Edelknabe soll gehen und sehen, wer es ist und soll ihn
auffordern, herein zu kommen und hier zu singen. Was geschieht?
Der Knabe läuft hinaus vors Thor. Dann kommt er wieder und bringt
die Antwort: Er will im Saale singen. Und dann? Er wird herein-
geholt in den Festsaal. Alle sahen nach der Thür. Sie wollten
den Sänger sehen. Sie wollten wissen, wie er aussah, ob es ein junger
oder ein alter Mann war. Er war alt. Sie sahen einen alten Mann
mit grauem Haar, in seiner Hand hielt er eine Harfe. Er trug einen
langen Mantel. Überschrift? Die Einladung. Zusammenfassung.

2. a) Der Sänger sah sich im Saale um. Er sah die ge-
wölbte Decke und die Säulen. Er sah die glänzende Versammlung:
Die Ritter in ihren Rüstungen, die Frauen mit ihrem Schmuck. Etwas
so Schönes erinnert er sich noch nie gesehen zu haben.
Der Anblick erinnert ihn an das Schönste, das er kennt,
an den Sternenhimmel. Die Wölbung: die hohe Decke. Die
Sterne: Die Ritter und Edelfrauen mit ihren Edelsteinen und Ehrenzeichen. Welche Gefühle ergreifen den Sänger dabei?
Staunen ergreift ihn und Freude bei dieser Herrlichkeit. Aber er
machte es, wie wir es auch zuweilen thun, um alle Gedanken zu sammeln. Er schloss die Augen. Er wollte nicht
abgezogen werden durch die Pracht rings umher. Er wollte mit ganzer
Seele singen und alle Aufmerksamkeit auf sein Lied richten.

b) Und dann? Mit geschlossenen Augen begann er sein Lied.
Kräftig und voll erklang seine Stimme und hallte von
den Wänden des Saales wieder. Dazwischen hörte man
andere Töne. Die Töne seines Saiteninstrumentes. Man hörte sie
laut erklingen, wie also spielte er? Laut, begeistert, er griff voll und
stark in die Saiten.

Wonach fragen wir? Nach dem Inhalt seines Liedes. Er-
schliesst ihn selbst aus seiner Wirkung: Die Augen der
Ritter blitzten mutig auf und ihre Hände griffen an die
Schwerter. Er sang also von kühnen Thaten der Ritter, von Mut
und Heldenkraft. Von wem vielleicht hat er gesungen? Von Siegfried
und seinen Thaten, von Hagen und seiner Schuld und Strafe. Aber
auch weichere, zartere Gefühle erweckte er mit seinem
Gesange. Er sang von Liebe und Treue, von Milde und Herzensgüte.
Er erzählte, wie milde Frauenhand Not und Elend mildert. Von wem
vielleicht hat er erzählt? Von der heiligen Elisabeth. Bei wem
wird das Widerhall im Herzen gefunden haben? Bei den
Edelfrauen. Die schauten andächtig und aufmerksam vor
sich nieder. Überschrift? Des Sängers Gruss und sein Lied.
Zusammenfassung.

3. a) Eine Frage bleibt noch zu beantworten: Die Frage
nach dem Lohn. Natürlich war es dem Könige ergangen,
wie den anderen im Saale. Ihm hatte das Lied auch gefallen.
Wir fragen: Was giebt er dem Sänger zum Lohne? Er liess ihm

zum Dank eine goldene Kette reichen. Und? Wir könnten denken: Der
Sänger nahm sie und sprach seinen Dank. So aber war es nicht,
sondern er sprach: Die goldene Kette gieb mir nicht. Wir
fragen? Warum nicht? Er fügte hinzu, der König solle
sie denen geben, die ihm Dienste leisten, die in seinem
Dienste stehen. Den Rittern also, die seine Schlachten schlagen. Die
mit ihrer Lanze den Feind niederstossen. Den mutigsten seiner
Ritter sollte er sie geben. Denen, die nicht mit der Wimper
zucken, wenn ihre Lanze am Schilde des Feindes zersplittert. Oder
er sollte sie dem Manne geben, der die meisten Sorgen
der Regierung und Verwaltung des Landes auf sich
nimmt: Dem Kanzler, dem ersten Minister (Josef, Bismarck). Wes-
wegen dem? Wegen seiner wertvollen Dienste. Aber des Sängers
Dienst ist dem Könige doch auch wertvoll. Wir fragen:
Welcher Unterschied besteht, dass der Sänger die goldene Kette nicht
nehmen will? Denkt euch, dass die Gabe für Ritter und
Kanzler eine Verpflichtung enthält: Eine Verpflichtung
weiterer Treue, weiterer Dienste. Und nun denkt, der Sänger
hätte des Königs Lob gesungen. Dann würde er in der Gold-
gabe eine Verpflichtung, fernerhin sein Lob zu singen, erblicken können.
Dann ist er abhängig. Dann hat sein Lied keinen Wert. Dann
würden viele sagen: Wes Brot er isst, des Lob er singt.
Für Goldeslohn singt er Fürstenlob. Vergleich: Kanzler und Sänger.
Darum sagt er: Gieb die Kette den Rittern oder dem
Kanzler. Mir würde sie eine Last sein. Der Gedanke, mich
in deinem Solde von dir abhängig zu fühlen, würde mir drückend sein.
      b) Er vergleicht sich mit dem Vogel. So frei und un-
abhängig, wie der Vogel sein Lied singt, so singe ich's auch. Und
denkt an den Lohn! Wie ihr den Vogel nicht belohnt, der euch
ein Lied vom Baume singt, so sollt ihr mich auch nicht belohnen.
Ja, er sagt: Wie der Vogel habe ich meinen Lohn schon
im Gesange. Das Lied, das ich singe, macht mir Freude, das ist
mein Lohn. Und wenn es andere erfreut, tröstet und begeistert, dann
habe ich auch darin einen Lohn.
      Überschrift: Weigerung der Annahme des Goldlohnes.
            Der wahre Lohn.
      Zusammenfassung.
      4. Doch wollte der Sänger den gastfreundlichen König
nicht kränken. Er bat sich etwas anderes aus. Wir fragen:
Was bat er? Er bat um einen Labetrunk. Vom besten Wein
sollte man ihm den schönsten Becher vollschenken. Wie
sprach er also? (—) Was mag man geantwortet haben?
Du wählst dir aber eine kleine Gabe. Und gethan? Seine Bitte
wird erfüllt. Und? Der Sänger setzte den Becher an den Mund und
trank ihn aus. Und? Und er sprach seinen Dank. Seinen Dank
kleidete er in ein Lob. Er lobte den Wein: Das ist ein köstlicher
Labetrunk. Er lobte aber auch das gastfreie Haus. Wie gut
und gastlich seid ihr, die ihr den müden, durstigen Wanderer so erquickt. Und er pries sie glücklich, dass sie das ohne
Opfer können. Wie glücklich seid ihr, bei denen das als eine kleine

Gabe gilt. Und einen Wunsch fügt er hinzu: Möge es euch gut gehen. Und eine Mahnung, dann den Dank nicht zu vergessen. Geht's euch gut, so danket Gott. Und wenn er andere dazu ermahnt, wird er selbst wohl auch daran gedacht haben? Auch ich danke euch von Herzen.

Überschrift: Labetrunk und Dank. Zusammenfassung.

B. Darbietung der Form.

           Einladung (1).

           Gruss (2) und Lied (3).

           Weigerung des Goldlohnes (4).

           Der wahre Lohn (5).

           Labetrunk und Dank (6).

Nun will ich euch das Gedicht vorlesen.

    I. Vorbild: Vorlesen durch den Lehrer.

    II. Nachahmung: Nachlesen durch die Begabteren und Mittlen.

    III. Übung. a) Wiederlesen im Chore und von den Schwachen.

              b) Auswendiglernen und Vortragen.

B Sprachliche Behandlung

Die sprachliche Behandlung des Stoffes beginnt mit der Bildung und der Niederschrift eines Aufsatzes, an welchen sich die weiteren sprachlichen Belehrungen und Übungen anschliessen. Der Aufsatz kann in verschiedener Form auftreten, entweder als Inhaltsangabe des besprochenen Gedichtes oder als eine sich an das Gedicht anlehnende Beschreibung und Ausmalung einer Scene oder als Charakteristik der in demselben auftretenden Personen. Im ersteren Falle bilden die bei der sachlichen Besprechung herausgearbeiteten Überschriften die Disposition, und der Aufsatz nimmt die Form der Totalauffassung an; im letzteren Falle werden die Konzentrationsfragen zu Grunde gelegt, und der Aufsatz erscheint in der Form der „vertiefenden Gedanken". Wir wählen im Nachfolgenden zunächst einen Aufsatz in der Form der Inhaltsangabe. Der Unterricht verläuft in nachstehender Weise:

Ziel: Wir haben das Gedicht „Der Sänger" von Goethe gelesen und wollen nun auch einen Aufsatz darüber schreiben.

1. Stufe. Die Kinder fassen den Inhalt des Gedichtes nach den Gedanken der sachlichen Behandlung nochmals zusammen, wobei auch Nebensächliches mit vorkommen wird, welches man nicht schon hier, wohl aber auf der folgenden Stufe ausscheidet, um dem Aufsatz die wünschenswerte Kürze und Gedrungenheit zu geben.

2. Stufe. Gewinnung des Aufsatztextes und orthographische und grammatische Auffassung desselben.

a) Angabe der Punkte, über welche im Aufsatz Sätze geschrieben werden sollen, nämlich:

    Überschrift: Der Sänger.

1. Der Sänger vor dem Thore.

2. Des Sängers Gruss.

3. Des Sängers Lied.

4. Des Sängers Lohn.

5. Des Sängers Dank.

6. Des Sängers Abschied.

b) Bilden der Sätze zu den einzelnen Teilen in der Weise, dass erst verschiedene Kinder, tähigere und weniger fähige, die Sätze zu einem Teile angeben, ehe man zum folgenden Teile übergeht. Es wird weder von allen die gleiche Zahl, noch der gleiche Ausdruck der Sätze verlangt. Vielmehr ist ein möglchst mannigfacher Ausdruck anzustreben, dadurch, dass man lobend anerkunt, wenn der eine und andere Schüler eine andere Satzform gewählt, oder dies und das noch hinzugefügt hat. Nur die gemeinsam erarbeitete Disposition ist auch von alleu einzuhalten. Die Schüler haben etwa folgende Sätze gebildet:

Erster Aufsatztext: In Erzählform

Der Sänger.

(Vorm Thore.) Der König feiert mit den Rittern und Damen seines Hofes in seiner Burg ein Fest. Vor dem Thore erscheint ein Sänger. Ihn lässt der König sogleich hereinführen in den Saal, um seinen Gesang zu hören.

(Gruss.) Der Glanz des Saales und der Festversammlung erfüllt den Sänger mit Staunen. Er grüsst den König und seine Gäste.

(Lied.) Darauf schliesst er die Augen, um sich zu sammeln, und beginnt seinen Gesang. Alle sind ergriffen von seinem Liede. Auch dem König hat der Gesang das Herz bewegt.

(Lohn.) Nachdem der Sänger geendigt hat, lässt ihm der König zum Lohne eine goldene Kette reichen. Solchen Lohn aber lehnt der Sänger ab. Er singt nicht. um Lohn und Ehre zu erlangen. Er singt aus freiem Antriebe, aus reiner Lust und Freude am Gesang. Wenn er nur singen kann, was sein Herz erfüllt und dadurch andere Menschenherzen rühren und erfreuen kann, so fühlt er sich genug belohnt. Er bittet den König, ihm statt der goldenen Kette einen Trunk des besten Weines in goldenem Becher reichen zu lassen. Seine Bitte wird ihm erfüllt.

(Dank.) Der köstliche Labetrunk erfreut den Sänger. Er preist glücklich das Haus, welches dem müden Wanderer eine solche Gabe reichen kann.

(Abschied.) Dann dankt er dem König für das Labsal und zieht seines Weges weiter.

c) Orthographische Besprechung der neu auftretenden Wörter.

Die Besprechung erfolgt so, dass zuerst das herausgehobene Wort in seine Teile (Silben) zerlegt, und dass sodann die Schreibung des Wortes angegeben wird. Die Erörterung beschränkt sich jedoch ausschliesslich auf die schwereren Stellen, alle bekannten Bestandteile des Wortes werden dabei übergangen.

Folgt ein Wort einer bereits bekannten Regel, so ist die Schreibweise auf diese Regel zurückzuführen.

Ergiebt sich die Schreibweise aus der Ableitung, so ist auf diese Ableitung hinzuweisen.

Wird die Schreibung aus dem Gegensatze erkannt, so ist dieser scharf hervorzuheben.

Hätte der Aufsatz im ganzen den voranstehenden Wortlaut, so würde sich die orthographische Erörterung etwa auf die nachstehenden Worte zu erstrecken haben:

„sogleich", Umstandswort auf die Frage wann? zusammengesetzt aus so und gleich; gleich mit gl, ch.

„Saal" mit aa (wie Aal, Aar, baar).

„grüssen" mit ü, ss; grüsste, gegrüsst, der Gruss, die Grüsse (ſs — ss).

„schliessen" mit ie, ss; schloss, geschlossen, das Schloss, die Schlösser (ſs — ss).

„Ehre" (dagegen Ähre auf dem Acker, z. B. Kornähre); ehren, ehrte, geehrt, verehrt, die Ehre.

„Antriebe", treiben, trieb, getrieben, der Trieb, die Triebe, der Antrieb, die Antriebe.

statt", Vorwort mit dem 2. Fall, mit tt; statt, stattfinden; die Stätte — Stadt, die Städte.

„Trunk", von trinken, mit tr (wie Traum, treu, tragen) und mit nk (wie danken, Gedanken, denken, sinken). Wie unterscheidet sich Trunk, Trank, trank, Getränke? Labetrunk, zusammengesetztes Dingwort, zusammengesetzt aus Labe und Trunk; Labsal.

„Wanderer", von wandern, mit nd; der Wanderer, die Wanderung, die Wanderschaft.

Die besprochenen Wörter werden zum Schreiben mit Unterstreichen der orthographischen Eigentümlichkeiten aufgegeben (Hausaufgabe).

d) Besprechung der neu auftretenden Satzformen und ihrer Interpunktion.

Die Erörterung der Satzformen und der Satzzeichnung beginnt mit dem nochmaligen Angeben der Sätze des Aufsatzes, und zwar jetzt mit Interpunktion. Wo Fehler vorkommen, muss syntaktische Zerlegung der Sätze eintreten. Es empfiehlt sich, zum Wiederholen der Sätze besonders die mittleren Schüler heranzuziehen, damit das Bedürfnis einer Besprechung fühlbar genug hervortritt. Die Schwachen müssen besonders veranlasst werden, dass das Richtige in ihrem Bewusstsein sich fest einpräge. Die Erörterung wird sich auf die nachstehenden Sätze zu erstrecken haben.

1. Ihn lässt der König sogleich in den Saal hereinführen, um seinen Gesang zu hören. (Zusammengesetzter Satz, bestehend aus einem Hauptsatz und einem abgekürzten Nebensatz in der Form von „um — zu"; der vollständige Nebensatz heisst: „damit er seinen Gesang höre". Abtrennung des verkürzten Satzes durch das Komma.)

2. „Darauf schliesst er die Augen, um sich zu sammeln" (Zusammengesetzter Satz, bestehend aus einem Hauptsatz und einem abgekürzten Nebensatz in der Form von „um — zu"; der abgekürzte Satz „um sich zu sammeln" — „dass (damit) er sich sammle"; weggelassen ist das Bindewort, der Satzgegenstand; andere Wortfolge; Komma.)

3. „Er singt nicht, um Lohn und Ehre zu erlangen“
(= „dass er Lohn und Ehre erlange“); abgekürzt in die Form „um —
zu“; weggelassen das Bindewort dass, der Satzgegenstand; Komma.

4. „Er bittet den König, ihm statt der goldenen Kette
einen Trunk des besten Weines in goldenem Becher reichen
zu lassen (= „dass er ihm — — — — reichen lasse“); „ihm — reichen
zu lassen“ = abgekürzter Nebensatz in der Form von — zu“; verkürzt
durch Weglassen des Bindewortes und des Satzgegenstandes. Trennung
des abgekürzten Satzes von dem Hauptsatze durch Komma.

5. „Nachdem der Sänger geendigt hat, lässt ihm der
König eine goldene Kette reichen“ (Zusammengesetzter Satz,
bestehend aus einem Nebensatz mit dem Bindewort „nachdem“ an der
Spitze, und einem Hauptsatze; beide getrennt von einander durch ein
Komma. Das neu auftretende Bindewort „nachdem“ für einen Neben-
satz wird zusammengestellt mit den bereits bekannten Bindewörtern für
Nebensätze.

e) Vorbereitendes Diktat. In demselben werden teils die neu
besprochenen Wörter und Satzformen, teils diejenigen früheren Wörter
und Satzformen, gegen welche seither noch gefehlt worden ist, oder rücksichtlich deren die richtige Schreibung und Zeichensetzung noch nicht
mit Sicherheit angenommen werden kann, berücksichtigt. Das Diktat
wird folgenden Wortlaut haben können:

Diktat. Die Thüre, das Thor, die Thore — der Thor, die Thoren.
Der Gesang, der Sänger. Er erscheint sogleich; er grüsst; er schliesst
die Augen. Das Gold, die Kette, die goldene Kette; belohnen, der
Lohn; er will ihm den Lohn reichen, Das Ehrenzeichen (die Ehre), die
Kornähre (die Ähre). König Heinrich überreichte den Hunnen statt
des Tributes einen Hund; statt, die Stätte — die Stadt, die Städte; die
Wohnstätte, die Hauptstädte. Wir trinken, er trank, der Trank, das
Getränke, der Trunk. Der Wanderer möchte trinken; er verlangt einen
frischen Trunk; das Wasser ist ein Getränk. Das frische Wasser labt
den Durstigen; es ist für ihn ein Labetrunk, ein Labsal. (Ausserdem
noch Diktieren von Sätzen der besprochenen Satzformen, sowie bereits
bekannter Satzformen, rücksichtlich deren die richtige Zeichensetzung
seitens der Kinder noch zweifelhaft ist. Bei diesen Satzdiktaten haben
die Schüler die Interpunktionszeichen selbst zu setzen.)

So lange das vorbereitende Diktat noch nicht fehlerlos geschrieben
wird, darf die Niederschrift des Aufsatzes nicht erfolgen. Durch mehr-
faches Abschreiben des Richtigen, sowie durch Zusatzdiktate müssen die
Fehler erst völlig beseitigt werden.

f) Einschreiben des Aufsatzes, Korrektur durch den
Lehrer ausser der Schule, Fehlerbesprechung, sowie
Fehlerverbesserung seitens der Schüler in der Schule. Bei
groben orthographischen oder grammatischen Verstössen im Anschluss an
den Aufsatz sogleich noch ein Fehlerextemporale.

3. Stufe. Als grammatischer Satz soll im Anschluss an den Aufsatz der abgekürzte Nebensatz in der Form des Supinums (mit „um —
zu“ und mit „zu“) erarbeitet werden. Zu diesem Zwecke werden von
folgenden Sätzen 3 diktiert, und dann 2 hierauf vergleichend besprochen.

1. Der Sänger schliesst die Augen,
damit (dass) er sich sammle — um sich zu sammeln.
2. Er singt nicht,
damit (dass) er Lohn erlange — um Lohn zu erlangen.
3. Er bittet den König,
dass er ihm einen Labetrunk gebe — ihm einen Labetrunk zu geben.
4. Heinrich lockte seinen Vater in eine Burg am Rhein,
dass (damit) er ihn gefangen nähme — um ihn gefangen
zu nehmen.
5. Friedrich Barbarossa zog in das gelobte Land,
damit (dass) er dasselbe den Türken entreisse — um dasselbe den Türken zu entreissen.
6. Heinrich IV. zog nach Kanossa,
dass (damit) er sich vom Banne löse — um sich vom Banne
zu lösen.

Durch eine vergleichende Betrachtung dieser Sätze finden die Kinder:
Der Nebensatz mit „dass", „damit" wird oft in einen abgekürzten Satz
mit „um — zu" oder bloss mit „zu" verwandelt. In der Verkürzung
bleibt das Bindewort „das", „damit", sowie der Satzgegenstand weg und
„um — zu" oder bloss „zu" tritt hinzu. Auch der verkürzte Nebensatz wird von dem vorangehenden Satze durch ein Komma getrennt.

4. Stufe. Eintragen von einigen der vorstehenden Sätze als Mustersätze ins Sprachheft unter der Überschrift: Der abgekürzte Nebensatz.
In diesen Mustersätzen behalten die Schüler den erarbeiteten grammatischen Gewinn. Bei Wiederholungen lesen die Kinder die Mustersätze
und sprechen immer auch die in denselben ausgesprochene Regel aus.

5. Stufe. a) Fehlerdiktat in der Form von Sätzen, gebildet aus
dem Inhalte dieser, sowie früherer sprachlicher Einheiten. In dasselbe
werden die Wörter und Satzformen aufgenommen, gegen welche bis dahin
gefehlt worden ist. Zusammenhang der Sätze ist wünschenswert.

b) Diktat von zusammengesetzten Sätzen mit verkürzten Nebensätzen. Die Satzzeichen fügen die Kinder selbst ein.

c) Umwandlung dieser Sätze in vollständige Nebensätze. Einfügung
des Satzzeichens durch die Kinder.

d) 1. Vollständige, 2. Zusammengesetzte, 3. Sätze mit „dass", „damit"
werden diktiert, von den Kindern im Geiste umgewandelt in verkürzte
Nebensätze mit „um — zu" oder „zu" und in dieser verkürzten Form
mit den Satzeichen geschrieben.

Zweiter Aufsatztext: In Vergleichsform

Sänger und Vogel

a) Vergleichspunkte:
Freies Leben, unabhängig,
Gesangeslust,
Lied, Gottesgabe,
Lohn.

b) Vergleich:

> „Ich singe, wie der Vogel singt,
> der in den Zweigen wohnet,
> das Lied, das aus der Kehle dringt.
> ist Lohn, der reichlich lohnet."

So antwortet der Sänger dem Könige. Wir aber fragen: Ist es denn wahr, dass der Sänger so frei ist, wie der Vogel in der Luft? Worin gleicht der Sänger dem Vogel?

Das erste ist: Beiden ist die herrliche Gabe des Gesanges gegeben.

Öde und still liegt der Wald am Ende des Winters. Da zieht der Frühling ins Land und von allen Zweigen tönt's und zwitschert's und jubelt's. Und die Menschen bleiben im Walde stehen und lauschen dem Liede der Vögel und werden wieder froh.

Freilich die Sprache ist den Vögeln versagt. Das Wort, das noch tiefer in die Seele dringt, das hat erst der Mensch in seiner Gewalt. Stille wird's im Saale. Aller Augen sind auf den Sänger gerichtet. Da lässt er seine Stimme erklingen und wie sie hineinklingt in die Menschenherzen, das kann man an den Mienen sehen.

Das zweite ist: Beide führen ein freies Leben.

Der Vogel hüpft von Ast zu Ast. Er schwingt sich von Baum zu Baum. Er fliegt von Wald zu Wald weit über die Fluren hinweg. Er kann hin, wo er hin will. Niemand kann ihn durch seinen Befehl zwingen. Er fragt nicht, wem das Land gehört, über das er fliegt.

So auch der Sänger. Er wandert von Burg zu Burg. Er geht von Stadt zu Stadt. Er zieht von Land zu Land. Auch ihm schreibt Niemand seinen Weg vor. Auch er ist unabhängig von dem, der über alle im Lande gebietet, von dem König.

Und das dritte ist: Sie finden ihren Lohn beide in ihrem Liede. Niemand bezahlt den Vogel für seinen Gesang. Niemals verlangt er einen Lohn.

So ist auch der Sänger reich belohnt, wenn er seine Stimme erschallen lassen und die Menschenherzen ergreifen und rühren kann. Eines anderen Lohnes bedarf er nicht.

Und es ist gut so, dass es so ist.

Wie den Vogel die innere Lust treibt, zu singen, so folgt der Sänger dem inneren Drange, dem Drange seines Herzens.

Wie der Vogel im Käfig seine schönsten Lieder vergisst, so wird auch der Gesang des Sängers seine grösste Macht verlieren, wenn der Sänger die Freiheit verliert.

Und wie gerade die freie, fröhliche und freiwillige Gabe, die uns die Vögel mit ihren Liedern im Walde darreichen, am meisten die Herzen ergreift, so auch das Lied des Sängers, der in keines Menschen Solde steht und der von sich sagen kann:

> „Ich singe, wie der Vogel singt,
> Der in den Zweigen wohnet.
> Das Lied, das aus der Kehle dringt,
> Ist Lohn, der reichlich lohnet."

B Naturwissenschaftliche Fächer

—

IV Erdkunde

Litteratur: Siehe das fünfte Schuljahr, 3. Aufl., S. 152 ff. Geistbeck, Die Kulturgeographie. S. Kehrsche Blätter. 1. Heft 86, S. 63 ff. Tischendorf, Präparationen für den geogr. Unt. Leipzig, Wunderlich.

I Die Auswahl und Gliederung des Stoffes

In unserem „fünften Schuljahr" haben wir auseinander gesetzt, wie die Konzentrationsidee den innigen Anschluss der Geographie an den Gesinnungsstoff, und zwar an die Profan-Geschichte, verlangt. Das Interesse soll von hier aus auf die Objekte der Erdbeschreibung übergelenkt werden.

Diesem Grundsatze folgend stellen wir für die Geographie des sechsten Schuljahres folgende Stoffe fest:

1. **Die Länder, welche um das mittelländische Meer herumliegen.** Aus ihnen setzte sich das gewaltige **Römerreich** zusammen, welches dem Ansturm der germanischen Völker erliegen muss. Durch einen Teil derselben ziehen die **Kreuzfahrer** nach dem heiligen Land. Sie bilden den Schauplatz der Apostelgeschichte (7. Schuljahr) und von hier aus nehmen die Entdeckungsreisen ihren Anfang (7. Schuljahr). Man wird also zunächst die Namen der Länder und ihre gegenseitige Lage festsetzen, ferner die Grenzen, Hauptgebirge, Hauptflüsse. Klima, Produkte, Handelswege und Handelsstädte im Anschluss an die Kreuzzüge.

2. **Italien.** Dieses Land ist aus der unter No. 1 genannten Gruppe besonders herauszuheben und eingehender zu behandeln. Denn an diesem Lande haftet für uns Deutsche ein besonderes Interesse. Nach ihm ging die Sehnsucht der **deutschen Kaiser**, namentlich der Hohenstaufen, das ganze Mittelalter hindurch. Zur Zeit der Völkerwanderung war hier der Sitz des mächtigen **Theodorich**. Viel Ströme deutschen Blutes flossen um das schöne Land. Aber auch friedlicher Verkehr wurde

zwischen Deutschen und Italienern gepflegt. Die Handelsstrassen
zwischen den deutschen und den oberitalienischen Städten, sowie auch
die Züge der deutschen Kaiser führen uns
3. auf die Alpenpässe und die Behandlung der Alpen. Es
kommt darauf an, mit den Kindern ein lebensvolles Bild der plastischen
Gestaltung der Pflanzen- und Tierwelt, des Lebens und Treibens der Bewohner, überall, wo es angeht, mit Aufdeckung der wechselseitigen Beziehungen, zu erarbeiten. (S. das Unterrichts-Beispiel.)
4. Die Geschichte Rudolfs von Habsburg führt uns auf die Schweiz,
sowie auf die österreichischen Kronländer: Böhmen, Ober- und
Nieder-Oesterreich, Salzburg, Steiermark, Kärnten und Krain, Tirol.

2 Die Bearbeitung des Stoffes

Die allgemeinen Grundzüge sind in den vorausgehenden Bänden auseinander-
gesetzt worden. Nachstehendes Unterrichtsbeispiel ist von Herrn Dr. Göpfert
in Eisenach gearbeitet, die Erweiterung einer Präparation, welche in den Päd.
Studien. Jahrg. 1882, abgedruckt war. Man vergl. hierzu die Präparationen
von Tischendorf. (Leipzig, Wunderlich.)

Ein Unterrichtsbeispiel

Die Alpen

Der unterrichtlichen Behandlung des Alpengebietes hat man von
jeher grosse Aufmerksamkeit gewidmet. Und mit Recht. Steht doch
dieses Gebirge einzig da unter den Hochgebirgen nicht nur Europas,
sondern der ganzen Welt. „In der That, es giebt kein Hochgebirge
auf der Erde, welches einen solchen Reichtum an Thälern und einen
solchen Grad von verschiedenartiger Brauchbarkeit derselben für die
menschlichen Verhältnisse aufzuweisen hätte, als die Alpen" (Kutzen,
das deutsche Land, 3. Aufl., S. 96). Und ist doch, was für uns
grösseren Wert hat, dieses Gebirge von je für unser Deutschland von
höchster Bedeutung gewesen.

Ob man freilich immer den richtigen Weg bei dieser Behandlung
verfolgte? — Man hat sich die grösste Mühe gegeben, den plastischen
Bau der Alpen den Schülern gut vorzuführen und einzuprägen; man hat
genaue Karten in allen möglichen Manieren gefertigt, um ihnen die Auffassung zu erleichtern. Man hat gute Schilderungen gegeben und lesen
lassen; man hat sorgfältig die Höhen unterschieden und die betreffenden
Zahlen für die über die Schneegrenze herausragenden Berge merken
lassen. — Trotzdem sind „die Alpen" das Schmerzenskind der geographischen
Stunden geblieben: für Lehrer und Schüler. Bei aller Mühe wird die
nötige Klarheit der Auffassung meist nicht erreicht. Dies kommt wohl
in erster Linie daher, dass gewöhnlich die ganze Gebirgsmasse der Alpen
als zusammenhängendes Ganze auf einmal auftritt; dann stürmen die
neuen Vorstellungen zu massenhaft in die Seele ein, als dass noch Raum
übrig wäre für eine ruhige klarstellende Arbeit. Nur durch einen all-
mählichen Erwerb kann die nötige Klarheit geschaffen werden. Vor

allen Dingen darf man auch die einzelnen Objekte nicht gleichwertig behandeln; und dann kommt auch hier wieder sehr viel auf den richtigen Anfangspunkt an. Schon Kutzen sagt (S. 89), dass man die Höhe der Pässe weit mehr ins Auge fassen solle, als die der Bergspitzen, denen ein „historisches Interesse" abgehe.

Mit diesen Worten wird das Princip des Anschlusses der Geographie an die Geschichte gestreift. Wie die ersten Besucher und Ansiedler, die Pioniere der Alpenvölker, nur ganz allmählich in die Thäler hineindrangen und die Gegenden mit ihren Vorteilen und Schätzen kennen lernten, so muss auch der Schüler allmählich, von bestimmten Punkten aus die Alpen erobern. Nur kann das in unseren Schulen auf den grossartigen, bequemen Kunststrassen in rascherem Gang geschehen als in der Wildnis der Vorzeit. Denn da sich dieses erste Eindringen unserer Kenntnis entzieht, so bleibt nichts übrig, als geeignete Erzählungen derjenigen historischen Partieen als Ausgangspunkte zu nehmen, welche in der Schule zur Behandlung gelangen.

Da nun in der historischen Zeit die Alpen schon bewohnt sind und keine Völkerwanderungen in ihr Gebiet innerhalb des Geschichtsstoffes der Volksschule vorliegen, so kommen wir naturgemäss zu den Zügen, für welche unser Gebirgsland die Rolle des Durchgangs-Landes hat: zu den Zügen der deutschen Kaiser im Mittelalter und zu den Handelszügen der deutschen Kaufleute, welche vor der Entdeckung Amerikas jene hochgelegenen Strassen aufsuchen mussten, um aus Italien den Bedarf an Waren des Morgenlandes zu holen.

Damit haben wir aber die eine Bedeutung jener Hochländer getroffen, welche sie noch jetzt für ganz Europa wichtig erscheinen lässt, zumal für Deutschland, Italien und Frankreich. — Sind nun die Beziehungen der Alpen zu dem erweiterten Umgangskreis der Schüler aufgedeckt, so kann das erwachte Interesse auch hinübergeleitet werden zu der andern Bedeutung, zu dem Selbstwert jener Länder, wenigstens in den Schulen, in denen das notwendig erscheint.

Jene Züge, sowie der heutige Verkehr, weisen uns nun hin auf die Flüsse als die Führer der Menschen von alters her. Und wir haben schon erwähnt, wie kein Gebirge der Erde einen solchen Reichtum an brauchbaren Thälern aufzuweisen hat, wie die Alpen. Freilich kann dieser Gedanke im Unterricht erst verwertet werden. wenn ein solches unzugänglicheres, unbewohnbareres Gebirge, wie sie in andern Erdteilen vorkommen, auftritt.

Als System muss sich bei unserem Gang ergeben:

1., die Alpen als mächtiges — aber doch von den Menschen überwundenes — Verkehrshindernis;

2., die Alpen als eine die grössten Verkehrsadern Mitteleuropas bildende, durch ihre Schneemassen unerschöpfliche Quelle.

Die ersten Übergänge über die Alpen, welche in dem der Volksschule zuzuweisenden Geschichtsstoff vorkommen (die Schüler erleben gewissermassen auf diese Weise lange vor der eingehenden Behandlung das Verkehrshindernis), gehören zu den italienischen Kriegen Ottos d. Gr. und Karls d. Gr. Ferner liegt eine genaue Beschreibung des Alpenübergangs Heinrichs IV. vor. Aber dieses Material ist noch nicht reich genug, um daran ausführliche Darstellungen der Alpen zu knüpfen. Man wird um so weniger dazu versucht sein, als die spätere Geschichte noch dringendere Veranlassung bietet. Die Züge Barbarossas, die schon erwähnten Handelszüge drängen geradezu zu einer genaueren geographischen Orientierung, indem sie ja nicht vereinzelte Fälle darbieten, sondern einen reichen Verkehr veranschaulichen.

Es kann nun nicht zweifelhaft sein, wo der Anfangspunkt für die Behandlung zu suchen sei. Derselbe wird durch jene Partien gegeben, von welchen die meisten Einzelheiten für eine anschauliche Vorführung vorliegen; es ist dies vor allem bei der alten Kaiserstrasse der Fall. Auch werden wir auf ihr „durch das älteste Verbindungsland zwischen Italien und Deutschland" (Pütz, Lehrbuch, 11. Aufl., S. 257) geführt.

I. Ziel:

Wir wollen den Rückweg Barbarossas aus Italien, auf dem er die Burg eroberte, etwas genauer kennen lernen.

Vorbemerkung. In den vorausgegangenen Geschichtsstunden musste natürlich dieser Weg schon bezeichnet werden, aber über das Nennen der Namen ist man nicht viel hinausgegangen.

Analyse:

Wiederholung der Heldenthat Ottos von Wittelsbach in der Veroneser Klause. Dann Weitermarsch in dem Etschthal, über den Brenner in das Innthal und so nach Deutschland. Dabei fortwährende Benutzung der Wandkarte; ein Schüler spricht, ein anderer zeigt.

Wir haben in der Nähe Eisenachs auch ein solches Thal, welches hinauf auf das Gebirge führt; auch kann man von oben in einem Thal wieder drüben hinab gehen. — Das Marienthal, Hohe Sonne, Wilhelmsthal. (Zeichnung eines Schülers an der Wandtafel.)

Auch eine enge Stelle, wo einem Heere der Weitermarsch verwehrt werden könnte. — Der Königstein.

Allmählicher Aufstieg von Eisenach aus, steiler Abfall nach Wilhelmsthal. Dazu eine einfache Profilzeichnung.

Ferner Beachtung der Bäche, die nach beiden Seiten herabfliessen, mit ihren Quellen fast an die Hohe Sonne reichen und rechts und links von den Höhen herab kleine Zuflüsse erhalten. Je nachdem diese die Thalwände bildenden Höhen steil sind, kommen die Zuflüsse mehr oder weniger reissend herab, sogar in der Form von Wasserfällen. Wenn der Schnee schmilzt, oder wenn es stark geregnet hat, ist der Wasserreichtum grösser.

Das Wasser reisst tiefe Schluchten, durch welche nur schmale Wege führen (Annathal, Hochwaldsgrotte). Je höher wir steigen, desto steiler werden die Schluchten. Die Fahrstrasse liegt höher, meist am Rande der Schluchten, und musste teilweise in die Felsen der Thalwand eingesprengt werden (der gehauene Stein, die Karlswand).

Die Strasse kreuzt den Rennstieg (den Gebirgskamm), also zwei Querthäler. Die Längsthäler des Thüringerwaldes gehen von Nordosten nach Südosten.

Gerade auf dem höchsten Punkt der Strasse, wo das Gebirge überschritten wird, liegt das Wirtshaus, so dass man sich von der Anstrengung des Aufstieges erholen kann.

Da wo die Thäler ausmünden, haben sich Menschen angesiedelt.

(Sollten diese Dinge nicht mit der nötigen Klarheit von den Schülern vorgestellt werden können, so ist ein Spaziergang nötig. An diesem Beispiele wird es wohl auch wiederum deutlich, dass bei solcher Verwertung des heimatkundlichen Materials: auf ein bestimmtes Ziel hin, dem Schüler weit grösserer Nutzen erwächst — hinsichtlich des fremden Stoffes nicht nur, sondern auch des heimatlichen selbst —, als bei dem üblichen selbständigen Betrieb in den beiden ersten Schuljahren.)

Wenn wir nun, um beide Wege zu vergleichen, nach den Alpen reisen wollten, wohin müssten wir da reisen? — Angaben der Himmelsrichtung, der betreffenden Eisenbahnen, der bekannten Städte, welche man berührt, der Flüsse, über die man fährt, der Gebirge, welche man überschreitet; Angabe auch der ungefähren Entfernung, der Länge einer etwaigen Eisenbahnfahrt. Alle diese Angaben sind nach der Wandkarte von den Schülern zu machen. Bei den Entfernungen dient ein bekanntes Stück als Mass, am besten ein Stück von 100 km (Jena bis Thür. Wald).

Auf dieser Reise kommen wir auch nach der Ebene, wo Barbarossa seine Scharen zu versammeln pflegte, wenn er nach Italien zog (diese Angabe hatte die Geschichtsstunde gebracht) — auf das Lechfeld bei Augsburg (Schlacht im Jahre 955: immanente Repetition).

Nicht nur Kriegsheere (es ist auch an Ottos d. Gr. Züge zu erinnern) zogen von hier aus über die Alpen — auch Kaufleute mit ihren Frachtwagen, um die morgenländischen Waren aus Italien zu holen, besonders die reichen Kaufherrn aus Augsburg selbst.

Ihr kennt auch einen einzelnen Krämer, der ebenfalls diese Strasse wandelte — den Handelsgenossen Ludwigs des Heiligen, des Landgrafen von Thüringen, mit seinem Esel. Er kam von Venedig. Daraus sehen wir, dass die deutschen Kaufleute die Waren direkt aus Venedig holten.

Schon in der Analyse müssen nun überall bei den einzelnen Abschnitten Zusammenfassungen eintreten; ebenso natürlich weiterhin. An diese Zusammenfassungen kleiner Stücke hat sich nun stets eine Einprägung anzuschliessen.

Synthese:

Wir wollen nun diese vielbesuchte Strasse (Kaiserstrasse!) genauer kennen lernen.

Wenn wir das Marienthal hinaufgehen, so sind wir in einer Stunde auf der Hohen Sonne. — Von Augsburg aus sind es in gerader Linie bis zum Brennerpass etwa 45 Stunden. Rechnen wir die vielen Krümmungen des Wegs, so kommt viel mehr heraus, so dass die Kaufleute gewiss viel länger als eine Woche reisen mussten, ehe sie mit den schwerfälligen Frachtwagen hinaufkamen. (Diese und die folgenden Angaben der Schüler, wie sie nach den Strichen zusammengestellt sind, müssen natürlich erst durch mehr oder weniger Hülfsfragen erarbeitet werden.)

Dazu kommen die Krümmungen nach oben und unten. (Die Karte wird genau betrachtet.) — Um aus dem Lechthal in das Innthal zu kommen, muss man über einen Gebirgszug, die bayrischen Alpen, hinüber. (Der Name wird von einem Schüler von der Karte abgelesen

und dann besprochen.) Hier befindet sich ein Pass, über den man in
das Innthal hinunter kommt. Dann muss man wieder hinauf.

(An dieser Stelle sei bemerkt, dass ebenso wie hier der Zug der
genannten Alpen, die Richtung des Innthals, die Richtung unseres Weges
durch sogenanntes Luftzeichnen oder auch durch einfache Faustzeichnungen
der Schüler an der Tafel (die exakte Zeichnung kommt später) eingeübt
werden muss, wie es auch später beim Auftreten eines Flusses, Ge-
birges etc., deren Lage und Richtung bestimmt werden, zu geschehen hat.)
Wenn man, von Augsburg kommend, die bayrischen Alpen hinauf-
steigt, so sieht man dasselbe vor sich wie das Marienthal hinauf — hoch-
gelegene Wälder.

Dann aber noch etwas zu jeder Jahreszeit, was man bei uns nur
im Winter kennt, — mit Schnee bedeckte Bergspitzen; denn schon hier
ragen viele Berge über die Schneegrenze hinaus.

Hier finden wir dasselbe Gestein, wie auf den Hörselbergen. — Die
bayrischen Alpen sind K a l k a l p e n. Dieselben sind wie die Hörselberge
vielfach zerklüftet, die Berge ragen schroff auf und bilden steile Wände
und zackige Hörner. (Hier ist eine gute Abbildung am Platz.) Sie
haben noch einen anderen Namen von ihrer Lage. — Weil sie vor der
Hauptkette der Alpen liegen, nennt man sie V o r a l p e n.

Freilich ein grosser Unterschied ist zwischen unsern Kalkbergen und
den Kalkalpen vorhanden. — Dieselben sind viel höher, so dass auch
die Schluchten, die Bergwände, die Spitzen viel grossartiger sind.

Gingen nun Kaufleute und Soldaten, wenn sie über die bayrischen
Alpen hinunter in das Innthal kamen, gleich drüben wieder hinauf? (Betrachten der Karte; bei solchen specielleren Angaben erscheint es übrigens
geeigneter, wenn die Schüler den Handatlas, falls ein solcher vorhanden
ist, aufschlagen.) — Nein, sie zogen erst eine Strecke abwärts bis Innsbruck. Hier überschritten sie den Inn, dann erst stiegen sie wieder
hinauf, bis zum Brennerpass.

Von dem Brennerpass kann man nun nicht gleich in das Etschthal,
wie in der Geschichtsstunde gesagt wurde. (Karte!) Auch jetzt ist der
Handatlas vorzuziehen; es spricht für ihn hier und in f o l g e n d e n ä h n -
l i c h e n F ä l l e n noch ein anderer Grund. Der Eisack tritt neu auf.
Lesen alle Schüler den „Namen in ihrem Atlas, so ist das gewiss besser,
als wenn ein Schüler an der Wandkarte den Namen abliest und vorsagt,
oder, wo es die Orthographie des Wortes verlangt, an die Tafel anschreibt.)
— Zunächst das E i s a c k - Thal hinab bis man hinter B o t z e n in das
Etschthal einmündet.

Die Strecke vom Pass hinab, nach Ober-Italien zu, ist steiler als die
von Augsburg bis zum Pass; wie kommt das? (Karte!) — Augsburg
liegt selbst schon ziemlich hoch, „auf der s c h w ä b i s c h - b a y r i s c h e n
H o c h e b e n e". Ober-Italien aber ist ein Tiefland, und die Strecke
von Augsburg bis zur Passhöhe ist der von oben bis in das Tiefland
etwa gleich. Es ist also anders als von Eisenach bis nach Wilhelmsthal, obgleich
der Weg von der Hohen Sonne nach Wilhelmsthal ja auch steiler ist, als
der von Eisenach hinauf, denn die erstgenannte Strecke ist kürzer und
Eisenach liegt tiefer als Wilhelmsthal.

Noch ein Unterschied besteht zwischen den beiden Aufstiegen auf

den Brenner. — Der südliche führt nicht über einen vorliegenden Gebirgszug.
Ein einfaches P r o f i l wird entworfen und dem heimatlichen zur
Seite gestellt.

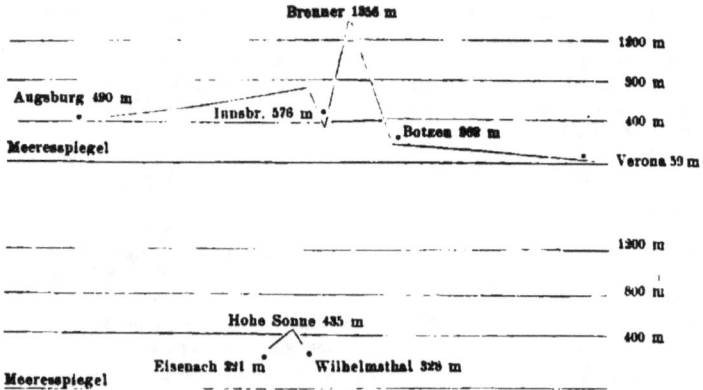

Brenner 1366 m

1200 m

800 m

Augsburg 490 m

Innsbr. 576 m

400 m

Meeresspiegel

Botzen 262 m

Verona 59 m

1200 m

800 m

Hohe Sonne 435 m

400 m

Eisenach 221 m

Wilhelmsthal 328 m

Meeresspiegel

Man denke sich diese Profile neben einander stehend. Dieselben
leiden naturgemäss an verschiedenen Unrichtigkeiten. Es wird z. B.
ein falsches Bild von dem Aufstieg zum Brenner und zur Hohensonne
erweckt. Diese Unrichtigkeiten werden aber zum grossen Teil verschwinden, wenn die Profile ausgedehnt werden über die ganze Wandtafel.
Man wird nun gewiss nicht die genauen Zahlen den Schülern vorführen,
da hierdurch die Klarheit der übersicht verloren geht; man wird sich
vielmehr mit den ungefähren Verhältniszahlen zu bekannten Höhen begnügen, z. B.: der Brenner ist dreimal höher als die Hohe Sonne.

In andern Fällen ist es gewiss richtiger, Profile später auftreten
zu lassen, vielleicht erst auf der fünften Stufe, hier aber nötigt das
schon behandelte heimatliche Profil zu früherer Vorführung.

Natürlich müssen Lage und Himmelsrichtungen genau erörtert
werden: links ist Norden, durch die Tafel Osten etc.; Innsbruck, Brennerpass und Botzen müssen hinter der Tafel gedacht werden; der Inn fliesst
durch die Tafel — ein Schüler hält den den Fluss vertretenden Stock
in der angegebenen Richtung etc. etc.

Vor allem kommt auch der Unterschied in der Höhe zur Anschauung — es ist ausführlich von den höheren, gewaltigeren Berg-
riesen, die unübersteiglich scheinen, von den tieferen schauerlichen
Schluchten etc. zu sprechen — und man kann nun fortfahren:

Wir haben „Bäche" nach Wilhelmsthal zu gefunden, in den Alpen
giebt es F l ü s s e. — Die Alpen sind so viel höher und breiter als der
Thüringer Wald, dass die Abdachungen der ersteren eine ganz andere
Länge besitzen, da kann viel mehr Wasser zusammenfliessen. Auch

7

liegt auf den Alpen ewiger Schnee, so dass hiermit eine unversiegbare, reiche Quelle vorhanden ist.

Nach der Hohen Sonne zu werden die Schluchten steiler. — Nach dem Brenner zu ist es auch so. Der Eisack ist ein reissender Fluss; die Etsch ist im Oberlauf, der von Westen nach Osten gerichtet ist, zwar auch reissend, aber von Botzen an, das gar nicht mehr hoch über dem Tieflande liegt, wird der Lauf des Flusses immer ruhiger (vgl. Daniel, Kleineres Handbuch, 2. Aufl., Seite 453); in der Po-Tiefebene fliesst er langsam nach Osten dem Po parallel, bis er nördlich vom Po-Delta mündet. Ebenso wird der Nebenfluss des Inn, der von dem Brenner hinabfliesst, viel reissender sein, als sein Hauptfluss.

Nach der Hohen Sonne zu hatten wir Querthäler. — Die Etsch mit dem Eisack bildet auch ein Querthal, ebenso kommt man in einem solchen von dem Brenner hinab in das Innthal. Aber dieses selbst ist ein Längsthal; ebenso das obere Etschthal. Der Kamm der Alpen bildet zwischen Inn und Etsch die Wasserscheide.

Überschrift: Die Kaiserstrasse.

Warum wird denn gerade der Brenner-Pass so viel benutzt worden sein? — Weil er jedenfalls niedriger als die andern ist.

Dem ist so. Wenn nun ein so reger Verkehr auf dieser Strasse herüber und hinüber stattfand, so dass die Reisenden wochenlang täglich ein anderes Nachtquartier suchen mussten! — Es werden an dieser Strasse eine Reihe von Städten und Dörfern entstanden sein; z. B. da wo die Thäler ausmünden: Verona; da wo der eigentliche Aufstieg beginnt: Botzen (Trient tritt erst in der Reformationsgeschichte auf); da wo ein Fluss überschritten werden muss: Innsbruck; vielleicht auch eine Zufluchtstätte oben auf der Passhöhe. (Wenn nötig, ist immer wieder an die heimatlichen Verhältnisse zu erinnern.) Für Botzen und Innsbruck ist zu benutzen, was Kutzen, Seite 91, schreibt: „nicht immer waren die Passwege so bequem, wie in unseren Tagen; man bedurfte an ihrem Fusse jedesmal einer Vorbereitungen und somit eines dazu bequem gelegenen und hülfreichen Ortes." Bei Innsbruck kann ferner die Besprechung des Namens der Anschaulichkeit dienen. Gerade an jener Stelle, wo die Passstrasse vom Brenner her ausmündet, musste eine Brücke über den Inn sehr bald ein dringendes Bedürfnis werden (der gefährliche und beschwerliche Donauübergang der Nibelungen kann hier gut benutzt werden).

Die Orte an dem Südabhange der Alpen haben einen grossen Vorzug. — Dort ist das Klima viel wärmer, umsomehr, als die meisten Städte auch noch viel tiefer liegen, z. B. Botzen im Verhältnis zu Innsbruck.

Es giebt sogar Kurorte dort, wie Meran an der Etsch (Aufsuchen an der Karte). — Meran liegt an der obern Etsch, da wo sie nach Osten fliesst; wegen des milden Klimas ist es von Fremden, besonders von Kranken viel besucht.

Überschrift: Besiedelung der Kaiserstrasse.

In der früheren Zeit zog man über den Brenner von Deutschland direkt nach Italien, heutzutage reist man durch ein dazwischen
liegendes Land. — Die Betrachtung der politischen Karte ergiebt Tirol,
welches zum Kaisertum Östreich gehört.

Es müssen nun alle aufgestellten Objekte (Gebirge, Flüsse, Städte)
von diesem politischen Gesichtspunkte aus noch einmal durchlaufen
werden.

Auch die politischen Grenzen Tirols sind zusammenzustellen.

Überschrift: Die Länder, durch die die Kaiserstrasse
führt.

Diese vorliegende erste und zweite Stufe wird nach Bearbeitung
des übrigen Materials mit diesem zusammen zu einer dritten, vierten und
fünften Stufe ausgebaut.

Jetzt aber müssen, nachdem die Verhältnisse der alten Kaiserstrasse
klargestellt sind, zunächst Fragen beantwortet werden, die vielleicht
schon längst bei dem öfteren Studieren der Karte den Schülern sich auf-
gedrängt haben; Fragen, die sich auf die Verhältnisse der schwäbisch-
bayrischen Hochebene beziehen. Dass man aber bei Betrachtung
der Alpen diese Hochebene in das Gebiet der Besprechung zieht, ist
schon um deswillen gerechtfertigt, weil sie in mehrfacher Hinsicht als
ein vorgelagertes Glied der Alpen angesehen werden kann; sie steht mit
denselben in engster Verbindung.

Man denke nur an die Massen von Gebirgsschutt und Über-
schwemmungsschlamm auf der Hochebene, die den Alpen entstammen;
man denke an das vorwiegend durch die Alpen bestimmte Klima; man
denke vor allem an die von den Alpen kommenden Flüsse, ohne die
die Hochebene keine Bedeutung hätte.

II. Ziel:

Die Flüsse, über die die Kaiserstrasse führt, die zugehörige Hochebene.

Die schon bekannten Namen werden genannt. Man wird also zuerst
vom Lech und vom Inn sprechen.

Analyse und Synthese werden hier am besten mit einander
abwechseln.

Es wird unter fortwährendem Betrachten der Karte und lebhaftem
Gespräch zwischen Lehrer und Schüler festgestellt, dass der Inn bei der
den Handel der verschiedenen dort zusammentreffenden Flussgebiete ver-
mittelnden Stadt Passau in die Donau fliesst, die Grenzstadt Passau
ist schon aus den Nibelungen bekannt; dass er aus einem langen Längsthal der Alpen kommt, bei seinem Austritt aus den Alpen aber ein Querthal bildet; dass er ebensolang ist als die Donau bis Passau, dass seine
Wasserfülle grösser ist als die der Donau, dass und warum er doch der
Nebenfluss ist (vorherrschende Stromrichtung etc. vgl. Kutzen, S. 145 f.);
— dass die untere Hälfte seines Laufes, also etwa von Innsbruck an,
schiffbar ist; dass er von seinem Austritt aus den Alpen an durch Bayern
fliesst und zuletzt, ebenso wie der Unterlauf seines Nebenflusses Salzach
(Salzburg) die Grenze gegen das Kaisertum Östreich bildet.

7*

Es ist darauf zu halten, dass zuerst immer die Darstellung der rein geographischen Verhältnisse erfolgt, dann erst die Beziehung der einzelnen Objekte zu den Menschen (soweit diese nicht als Ausgangspunkt benutzt werden musste); es ist also vor der Besprechung der Schiffbarkeit des Inn ein Abschnitt zu machen. Man muss auch hier ein sauberes Auseinanderhalten der Vermengung vorziehen. Vgl. unten die Präparation über die Schweizer Flüsse.

Die Kaiserstrasse berührt noch einen Fluss zwischen Inn und Lech: (Karte!) Die Isar. — Da werden wohl Isar und Lech, ähnlich wie der Inn damals und heute noch, die Waren hinabtragen in das Donauthal; es werden auch an den Mündungen dieser Flüsse wichtige Handelsstädte liegen.

Die Karte wird verglichen, aber es finden sich wohl Städte wie Augsburg und München (die Hauptstadt Bayerns) an dem Lauf dieser Flüsse, aber keine Städte an den Mündungen. — Nach einiger die möglichen Ursachen erwägenden Überlegung wird festgestellt, dass diese Flüsse einen reissenden Lauf haben in breitem Bett, viel Geröll mit sich führen, zu Überschwemmungen geneigt sind und ausgedehnte Sümpfe bilden; dass sie deshalb auch bis zu den Mündungen nicht schiffbar, sondern nur flössbar sind.

Deshalb eignen sich diese Flüsse auch zu Grenzflüssen. — Die Ufer sind vielfach unbebaut, die Ansiedlungen der Menschen liegen meist fern von ihnen, ebenso die Strassen. Früher war der Lech die Grenze zwischen Bayern und Schwaben (ist in der Geschichte des IV. Schuljahrs schon erwähnt worden bei der Besprechung der fünf deutschen Herzogtümer), jetzt aber ist die bayerische Grenze nach Westen zu vorgerückt: Die Iller, welche den Charakter der zuletzt genannten Flüsse trägt, wird als Grenzfluss Bayerns und Würtembergs bestimmt (Ulm).

Es hat nun noch eine Besprechung des Klimas zu erfolgen im Anschluss an das vorher von dem Klima der südlichen Alpenthäler Gesagte. Dasselbe ist rauher als in Mitteldeutschland trotz der südlichen Lage, weil die Alpenmauer erstens die warmen Südwinde aufhält, zweitens die Regen bringenden Nord- und Westwinde sich anstauen lässt. Hierbei lässt sich auch auf die Seen hinweisen.

Die Erörterungen über die angeführten vier Flüsse fordern eine Association.

Dieselbe muss zusammenstellen: Die drei westlichen Flüsse (Quelle in den Voralpen, gleicher Charakter) und sie in Gegensatz stellen zu dem Inn (Quelle tief im Innern der Hauptkette, schiffbar); ferner die beiden westlichen Flüsse und die beiden östlichen, vom Inn wird hier nur der Unterlauf berücksichtigt (gleiche Richtung); ferner alle vier Flüsse die Iller, der Lech, die Isar, der Inn (auf derselben Hochebene, der schwäbisch-bayrischen; Gegenüberstellung der höchsten Punkte und der tiefsten; Abdachung); endlich die vier Städte: Ulm, Augsburg, München, Passau (zwei Mündungsstädte, die zugleich Grenzstädte sind, zwei weit von den Mündungen aufwärts gelegene, die eine von ihnen eine Hauptstadt).

Hieraus ergiebt sich als System:
Die schwäbisch-bayrische Hochebene (Lage, Beschaffenheit) und ihre Hauptflüsse.
Es wird eine Skizze dieser Hochebene mit den nunmehr bekannten Objekten gezeichnet.

Methodische Übungen.

III. Ziel:
Auch auf anderen Strassen zogen die Deutschen nach Italien.

Analyse:
Es wird an die Züge Barbarossas gegen Mailand erinnert und die Aufmerksamkeit auf das schon bekannte Rheinthal gelenkt. Hierbei kommt man vom Bodensee den Rhein hinauf bis Chur, das dieselbe Bedeutung für die Passstrasse hat, wie Innsbruck für die Brennerstrasse, dann aber kann man, wenn man die Richtung nach Mailand innehält, nicht nach der aus dem 3. Schuljahr bekannten Quelle des Rheins am St. Gotthard zu reisen, sondern

Synthese:
man muss direkt nach Süden, den Hinterrhein (Vorderrhein!) hinauf über den Splügen hinab an den Comersee, durch welchen die Adda fliesst.

Der Lauf der Flüsse, die Lage des Passes muss natürlich genau bestimmt werden, auch in ihrem Verhältnisse zu dem früheren Stoff; z. B. der Hinterrhein und die schon bekannten Quellflüsse; die Adda, bis fast in das Quellgebiet der Etsch reichend, parallel, aber entgegengesetzt dem Inn.

Bei der Splügenstrasse, die ja bedeutend höher liegt, als die Brennerstrasse, ist auch hinzuweisen auf die Schutzgalerien gegen Lawinen und Eiszapfen, überhaupt auf die grösseren Gefahren (via mala).

Für die anschauliche Auffassung der Einzelheiten würden die Durcharbeitung eines jene Strassenverhältnisse genau schildernden Stückes des Lesebuches gute Dienste leisten.

Auch hier muss ein Profil gezeichnet werden: vom Bodensee bis zum Eintritt der Strasse in die Tiefebene. Dies bringt noch besser die steilere Abdachung der Südseite zur Anschauung, indem die Strecke vom Splügen bis zur Tiefebene um vieles kürzer ist als von dem Pass zum Bodensee, der doch noch auf der Hochebene liegt.

———

IV. Ziel:
Heutzutage fährt man von dem westlichen Deutschland nach Italien durch den St. Gotthard.

Analyse:
„Durch" den St. Gotthard?! — Besprechung des Tunnels der Werrabahn. Seine Länge. Dauer der Fahrt hindurch. Die hohen

Dämme hinauf; die grossen Brücken; die gesprengten Felsen; die steilen Felswände zu beiden Seiten; die Steigung auch von Marksuhl her.

Sind die Vorstellungen nicht ganz klar, so muss ein Spaziergang hinauf und durch den Tunnel gemacht werden.

Synthese:

Nunmehr sind die appercipierenden Vorstellungen für den Gotthard-Tunnel vorhanden, und die Schüler werden mit Hülfe ihrer Phantasie die Verhältnisse, der Grösse der Alpenwelt entsprechend, erweitern können. Sie erfahren, dass der Tunnel etwa zwei deutsche Meilen lang ist, die Fahrt hindurch also etwa $1\frac{1}{2}$ Stunde dauert; dass man acht Jahre an ihm gearbeitet hat, vom Sommer 1872 bis zum Herbst 1880, und anderes, wodurch das Riesenmässige solcher Arbeiten zur Anschauung kommt. Ferner muss davon gesprochen werden, dass der Tunnel noch bedeutend niedriger liegt, als die Brenner-Bahn; und davon, dass der deutsch-italienische Handel durch ihn einen bedeutenden Aufschwung genommen hat.

Wie kommt man nun hinauf zu dem Tunnel? — Das Thal des Vorderrheins könnte in Betracht kommen.

Es giebt vom St. Gotthard noch einen direkteren Weg nach Norden. — Die Reuss (wie zwei deutsche Fürstentümer) wird auf der Karte gefunden und verfolgt, durch den Vierwaldstätter See, bis zur Mündung in die Aar, welche in den Rhein fliesst.

Vom St. Gotthard aber hinab nach Italien? — Der Tessin, welcher auch durch einen See, den Lago Maggiore, fliesst (wie Reuss und Adda) und unterhalb Pavias (aus dem langobardischen Feldzuge Karls d. Gr. bekannt) in den Po mündet, wie die Adda, wird als Führer für die Menschen erkannt.

Da am St. Gotthard gerade so wie am Splügen und Brenner zwei Flussthäler zusammenstreben, so ist leicht einzusehen, dass auch über den St. Gotthard-Pass von alters her eine besuchte Verbindungsstrasse zwischen Deutschland (Schweiz) und Italien führte.

Auch hier ist festzustellen, dass der südliche Teil der St. Gotthard-Strasse steiler ist als der nördliche.

Der eben behandelte Stoff fordert aus denselben Gründen, wie bei der schwäbisch-bayrischen Hochebene eine Erweiterung durch die Hochebene der Schweiz.

V. Ziel:

Die übrigen Flüsse der Schweiz.

Analyse:

(Die früheren methodischen Weisungen sind natürlich auch bei dieser Präparation zu beobachten.)

Die bis jetzt dagewesenen Flüsse sind zu wiederholen: Der Rhein, welcher aus Vorder- und Hinterrhein zusammenfliesst, bis Basel; die Reuss; die Aar und der Tessin bis zu dem Lago Maggiore.

Synthese:

A Rein geographische Darstellung

Zuerst ist die Aar als der eigentliche Hauptfluss der Schweiz genauer zu erforschen: Quelle nicht weit vom St. Gotthard (Rhein-, Reuss-

und Tessinquelle); zwei Seen; durch den Jura veranlasster Bogen, der nach Nordosten offen ist; von links der Abfluss des Neuenburger Sees (Neuenburg).

Nicht weit von der Mündung der Reuss mündet noch ein Nebenfluss: die Limmat und der Züricher See (Zürich) werden bestimmt.

Die Aar und die Unterläufe ihrer Nebenflüsse fliessen auch über eine Hochfläche: (wie Iller, Lech, Isar, Inn) die Schweizer Hochebene zwischen Genfer- und Bodensee, Jura und Alpen.

Alle diese Flüsse fliessen durch Seen: Zusammenstellung derselben, dabei Hinzufügen des Genfer Sees (Genf) und der Rhone (Quelle, Richtung, Längsthal; von Genf an fliesst sie zuerst südwestlich, dann nach Süden in das mittelländische Meer).

Die Seen werden nunmehr ihrer Gestalt nach betrachtet, wobei besonders die Abweichungen des Vierwaldstätter Sees von der einfachen langgestreckten, etwas gekrümmten Gestalt auffallen. Man lässt schliessen auf die vielen Thäler und Schluchten, welche dort zusammentreffen und in die sich der See hineinzieht, so dass oft die Felswände aus dem See steil in die Höhe steigen.

Am Züricher See sind die Berge schon niedriger und allmählich ansteigend, daher ist auch das Thal breiter.

Die Aar-Seen können übergangen werden. Aber der Genfer See wird besprochen und mit dem Bodensee zusammengestellt, wodurch einmal die gleiche Grösse, dann aber die Gestalt eines jeden um so schärfer hervortritt (Stiefelknecht — Halbmond, Sichel, Horn).

Von dem Neuenburger See muss die im Verhältnis zu den übrigen Seen völlig verschiedene Richtung, welche wieder auf den Jura hinweist, hervorgehoben werden.

Die Seen sind für die Flüsse sehr wichtig. — Läuterungsbecken, ruhigerer Lauf nach dem Austritt.

B Beziehung zu den Menschen

1. Die genannten Flüsse nützen der Schweizer Hochebene viel mehr als Iller, Lech, Isar, Inn der schwäbisch-bayrischen Hochebene. — Sie stürzen, nachdem sie durch die Seen geflossen sind, nicht mehr so rasend dahin, wie jene, können infolgedessen die Uferlandschaften um so besser befeuchten. Auch dienen sie schon der Schiffahrt, wenigstens mit Kähnen — auf der Aar fahren sogar grosse Kähne. Auf den Seen fährt man mit Dampfschiffen. An den Gewässern befinden sich auch viele Fabriken, welche die Kraft derselben ausnutzen. Auch der Fischfang ist lohnend. Daher finden wir an der Aar besonders eine Reihe bedeutender Städte: Bern (Bundeshauptstadt), Solothurn, Aarau; an der Reuss: Luzern (am Ausfluss aus dem Vierwaldstätter See); an der Limmat: Zürich; am Rhein: Chur, Basel; am Tessin: Bellinzona; aber die grösste Stadt der Schweiz liegt am grössten See: Genf (Uhren).

2. Wir wissen schon, dass an den Flüssen entlang die Wege für die Kaufleute etc. führten und führen. Je gebirgiger aber ein Land ist, desto wichtiger müssen in dieser Hinsicht die Flüsse sein.

In der Schweiz dienen ferner die Flüsse alljährlich als Wegweiser einer Masse von Menschen, die zum Vergnügen und zur Erholung das Land nach allen Richtungen durchreisen.

Am wichtigsten aber sind die Schweizer Flussthäler dadurch, dass sie dem Lande die Rolle einer Vermittlung des Weltverkehrs zu übernehmen gestatten (vgl. Kutzen, S. 134 f.). Bei diesem D u r c h g a n g s - h a n d e l verdienen die Schweizer viel Geld.

3. Auch in der Schweiz dienen die Flüsse als G r e n z e n. — Der Rhein bildet die Grenze der Schweiz gegen das Kaisertum Östreich (Tirol); der Bodensee und weiterhin der Rhein gegen das Kaisertum Deutschland (Königreich Bayern, Königreich Würtemberg, Grossherzogtum Baden); der Genfer See gegen die Republik Frankreich.

Diese Erörterungen sind nach Stichworten zu wiederholen, die von den Schülern selbst zusammengestellt werden: Beziehungen der Gewässer zu den Menschen (Überschrift); 1. Fruchtbarkeit; 2. Schiffahrt; 3. Fabriken; 4. Fischfang; 5. Anlage von Städten; 6. Wege; 7. Grenzen.

A s s o c i a t i o n :

1. Wir wollen das ganze Flusssystem der Schweiz überschauen: wo liegen die h ö c h s t e n, wo die t i e f s t e n Punkte desselben? — Um den St. Gotthard die höchsten; am Lago Maggiore, Genfer See und an der Mündung der Aar, bez. Basel, etwa die tiefsten. Daher strömt nach diesen Punkten alles Wasser zusammen. Dreht man sich bei der Aarmündung nach der Schweiz zu, so sieht man die Gewässer f ä c h e r - f ö r m i g herabfliessen.

2. Zusammenstellung der Läuterungsbecken der Flüsse.

3. Zusammenstellung der Städte, welche am Ausfluss der Flüsse aus den Seen liegen.

4. Vier Flüsse vom St. Gotthard!

5. Vergleich der Flüsse der schweizerischen Hochebene mit denen der schwäbisch-bayrischen: Die der ersteren führen hinein in die innersten Teile der Alpen, die der zweiten, abgesehen vom Inn, nur in das Gebiet der Voralpen.

6. Welche Schweizer Städte haben Gewinn von den grossen Handelsstrassen? —

S y s t e m :

1. Die e x a k t e Z e i c h n u n g der Schweizer Flüsse, Seen und Städte, die dagewesen sind.

Angabe des 26° ö. L. und 47° n. Br. am Rande der Zeichnung (Durchschnittspunkt im Vierwaldstätter See.)

2. Die oben angegebenen S t i c h w o r t e können aufgeschrieben werden.

M e t h o d e :

1. Die einzelnen Flüsse und Seen werden nunmehr mit grösserer Genauigkeit als bei dem vorbereitenden Zeichnen der Analyse und Synthese von den Schülern an die Wandtafel gezeichnet oder in Form von Extemporalien auf ein besonderes Blatt Papier, ins Diarium oder auf die Schiefertafel, und zwar in den mannichfachsten Zusammenstellungen.

2. Die angegebenen Gradlinien werden verfolgt und mit bekannten Ländern, Städten etc., sowie mit bekannten Graden in Beziehung gesetzt.

3. Profilzeichnungen. Durch sie liefern die Schüler am besten den Beweis, dass sie den vorliegenden Stoff beherrschen, dass sie ihn beliebig verwenden, a n w e n d e n können. Z. B. ein Profil vom Genfer- bis Boden-

see. Hauptbedingung ist hierbei elementarste Behandlung. Die Schüler legen Rechenschaft ab über das stärkere oder geringere Gefälle des Flusses, über das Hinauf und Hinunter, bloss die allgemeinsten Höhenbestimmungen sind zu berücksichtigen. Nur wenn, wie oben, auf bestimmte Schlüsse hingewirkt werden soll, müssen genauere Angaben erfolgen. Allerdings ist darauf zu achten, dass Bekanntes zur Darstellung gelangt: so muss der Schüler bei einem Querprofil durch den Vierwaldstätter und Züricher See die Ufer des ersteren schroff, die des letzteren sanft ansteigend darstellen; das Becken des Bodensees muss etwa viermal so breit erscheinen als das des Züricher Sees. Sowie nur aber der richtige Gedanke durch die Zeichnung zum Ausdruck kommt, ist sie zu billigen.

4. „Berglied" von Schiller nach seiner geographischen Seite zu besprechen.

5. Fingierte Reisen; z. B. ein Kaufmann aus Basel reist über (durch) den St. Gotthard in Geschäften (mit Waren) nach Italien. Ein Vergnügungsreisender macht dieselbe Reise. Beidemal Benutzung des Gedichts. Jeder von den beiden sieht die Dinge mit andern Augen an; jeder hat andere Empfindungen auf der Reise.

VI. Ziel:
Wir wollen nun auch den Teil der Alpen genauer ansehen, über den einst Heinrich IV. reiste.

Analyse:
Jene Reise wird wiederholt, die den deutschen Kaiser ja deshalb von der Westseite her über die Alpen, und zwar über den Mont-Cenis (ist der Name in der Geschichtsstunde nicht aufgetreten, so darf er erst auf der Synthese genannt werden) führte, weil die abtrünnigen deutschen Fürsten, um seine Befreiung vom Banne durch eine Kirchenbusse zu hindern, die direkt nach Süden führenden Pässe (also auch diejenigen, die wir besprochen haben,) besetzt hatten.

Die Gefahren der Winterreise werden besprochen: man musste über starre Eisfelder und Gletscher, oft mit der grössten Lebensgefahr. „Bald kroch man auf Händen und Füssen hinan, bald glitt man auf dem Rücken oder auf dem Bauche einen schlüpfrigen Abhang hinab. Oft mussten die Frauen auf Ochsenhäute gesetzt und so hinabgezogen werden. Ebenso wurden auch an gefährlichen Stellen die Pferde vorangelassen, indem man ihnen die Beine zusammenband und sie so an Stricken hinuntergleiten liess, wobei mehrere umkamen."

Ferner: Erinnerung an den Alpenübergang Karls d. Gr., ebenfalls über den Mont-Cenis.

Beide Kaiser kamen aus dem Thal des Flusses, der durch den Genfer See fliesst.

Auch das Thal, in welches sie hinabzogen, das Po-Thal, ist bekannt; ebenso Pavia und Canossa am Nordabhang des Apennin, der an die Alpen ansetzt.

Synthese:
Ein Nebenfluss der Rhone führt auf den Pass. — Die Isère wird aufgesucht und bestimmt: Hauptrichtung des Laufes, Mündung südlich

von dem Rhoneknie bei Lyon, nördlich von dem Rhonedelta (Tiefland, wie die Po-Tiefebene).

Heutzutage würde Heinrich IV. alle Beschwerden vermeiden können.
— Der Mont-Cenis-Tunnel wird besprochen (der St. Gotthard-Tunnel
ist zu repetieren).

Die Bahn führt nach einer wichtigen Po-Stadt hinab. — An einem
Nebenfluss des Po entlang hinab nach Turin. Es wird an die Lage
von Mailand und Verona erinnert.

Die Quelle des Po (südlich vom Mont-Cenis) wird aufgesucht, und
seine Hauptrichtungen (die Alpen hinab nach Osten, dann bis Turin etwa
nach Norden, von da nach Osten bis zur Mündung in das Adriatische
Meer, wie bei der Rhone ein Delta,) werden bestimmt.

Die Richtungen dieses Alpengebietes werden nach der Karte bestimmt: Von Norden nach Süden, dann in einem nach Nordosten offenen
Bogen am Meere hin bis zum Apennin.

Es fehlen noch die Ost-Alpen. Um auch diese zu berühren, kann
der direkte historische Ausgangspunkt entbehrt werden. Das Interesse
an dem Gebirge ist bei den Schülern stark genug geworden, um eine
selbständige Fortleitung, eine Vervollständigung, zu gestatten.

VII. Ziel:

Ein Pass der Ostalpen.

Analyse:

Wenn es Ostalpen giebt, muss es auch Westalpen geben; es ergiebt
sich die Teilung in West-, Mittel- und Ostalpen.

Vermutung, dass der Pass die Verbindung zwischen der grössten
Donaustadt (Wien) und den Städten des Adriatischen Meeres ermöglicht.

Synthese:

Genauere Bestimmung der West-, Mittel- und Ostalpen. Der Mont
Blanc, der höchste Alpenberg, als Eckpfeiler. Länge der drei
Teile (1, 2, 1½).

Der Semmering wird aufgesucht. Die Hauptthäler, durch welche
die „Bahn" (Brennerbahn!) führt, das Mur-, Drau- und Sauthal, werden
gefunden.

Die drei Flüsse werden nach Quelle, Richtung (Drau und Sau
parallel der Donau), Mündung bestimmt. Längsthäler (Inn, Rhone).

Durch die vielen fast parallelen Flussthäler, zwischen denen sich
Gebirgszüge befinden, wird, wie das Kartenbild bestätigt, die Breite
der Ostalpen zur Anschauung gebracht. Die Färbung lässt auf die
geringere Höhe schliessen. Der Semmering ist von all den genannten
Pässen der niedrigste.

Es folgen nun die das ganze behandelte Material zum Abschluss
bringenden drei letzten Stufen.

Association:

1. Zusammenstellungen, welche die übersichtliche Auffassung der
Alpen erleichtern. Westalpen, Mittelalpen, Ostalpen in Bezug auf

Richtung, horizontale Ausdehnung, Höhe. Die Gestalt gleicht fast einem Füllhorn. Zusammenstellung der Pässe unter Angabe ihrer Lage zu einander etc.

2. Zwei im Norden vorliegende Hochebenen. Nach Süden, Osten (die ungarische Tiefebene ist aus dem dritten und vierten Schuljahr bekannt) und Westen Tiefländer. Richtung und Grenzen jeder Ebene. Wodurch sind sie von einander getrennt? etc.

3. Die Länder, welche durch die Alpen getrennt sind (Deutschland—Italien, Ungarn—Italien, Frankreich—Italien); die aussen herumliegenden, das eingeschlossene. Die in den Alpen liegenden Länder: Schweiz, Tirol etc. Die durch Alpenstrassen, Eisenbahnen verbundenen Städte etc.

4. Zusammenstellung der Flussthäler, die von beiden Seiten hinaufführen zu einem Pass, der Fahrstrassen, Eisenbahnpässe, Tunnels. Zusammenstellung der oft ungeheueren menschlichen Arbeiten: Wegebauten, Galerien, Brücken, Schutzhäuser, Tunnels etc.; der für die Pässe wichtigen Städte etc.

5. Die Flusssysteme: Donau, Rhein, Rhone, Po, die grössten Flüsse Mitteleuropas. Wo befinden sich die Wasserscheiden? Die nach Norden, Süden, Osten, Westen fliessenden Flüsse. Die Donau nimmt die meisten nördlichen und die östlichen Alpengewässer auf, der Rhein den Rest der nördlichen, der Po die südlichen und die Rhone die westlichen. Der Rhein strebt von den Alpen fort, die übrigen Flüsse umfliefsen, begleiten sie: Donau im Norden und Osten, Po und Rhone im Süden und Westen etc.

System:

Exakte Zeichnung.

Aufschreiben der beiden erarbeiteten und nun verstandenen Sätze (bez. Lesen und Anstreichen im Lehrbuch):

1. Die Alpen sind ein mächtiges, aber doch von den Menschen überwundenes Verkehrshindernis.

2. Die Alpen sind die durch ihre Schneemassen unerschöpfliche, die grössten Verkehrsadern Mitteleuropas bildende Quelle.

Methode (Funktion):

1. Es kann die bekannte Beschreibung der Bernhardinerhunde gelesen werden; dann wird der Grosse St. Bernhard noch in die Reihe der Pässe eingefügt. Eine andere Beschreibung wäre erwünscht, worin das Sonst und Jetzt drastisch einander gegenüber gestellt wäre; wie z. B. vor noch gar nicht so langer Zeit auf allen Pässen, ausser dem Brenner und Semmering, die Wagen der Reisenden am Fusse der Passrücken auseinander genommen werden und um einen hohen Preis auf dem Rücken der Maultiere und Pferde stückweise über den Berg getragen werden mussten (Kutzen, S. 94). Ein drittes Lesestück musste in zusammenhängender Weise die Alpenbewohner, ihren Charakter, ihre Beschäftigung etc. vorführen, so dass das Bild, das die Schüler von den Alpen gewonnen haben, weiter ausgestattet wird, z. B. mit Sennhütten, weidenden Herden, Gemsen, so dass sie einen Einblick in die Alpenwirtschaft und ähnl. bekommen.

2. Fingierte Reisen.

3. Überschwemmungen der Alpenflüsse.

4. Apenninen — Ausläufer der Alpen in der Balkanhalbinsel.

5. Pyrenäen, Alpen, Karpathen, Kaukasus (Einordnen in diese Reihe unter der Voraussetzung, dass diese Gebirge schon bekannt sind).

Aus den vorliegenden Präparationen wird bei aller Unvollkommenheit wenigstens das Bestreben ersichtlich sein, die Schüler nach dem Gesetze der successiven Klarheit dahin zu bringen, dass sie ein wichtiges grosses Stück unseres Erdteils in seinen hauptsächlichen Beziehungen scharf auffassen; und weiter das Bestreben, die Striche und Punkte der Karte zu beleben und zu verhindern, dass die Schüler nur tote Namen und Zahlen dem Gedächtnis einprägen. Sie sollen sich die Gegend, die besprochen wird, wirklich in einem annähernd richtigen Bilde vorstellen. Denn mehr als eine Gegend kann man nie vor dem geistigen Auge haben, mehr kann nie von dem Bewusstsein umspannt werden. Sowie man sich ein ganzes Land in seiner Gesamtheit, also etwa die Schweiz, oder auch nur ein Gebirge, ein Flusssystem vorstellen will, unterstellt sich unserem Bewusstsein sofort das betreffende Kartenbild. Der Grund hiervon liegt darin, dass das leibliche Auge eben auch nur eine Gegend auf einmal umspannen kann. Übersieht man aber ja einmal von einem hohen Berg ein ganzes Land, so sind dann die Entfernungen so gross, dass nur ein sehr unbestimmtes Bild sich der Seele einprägt, welches niemals geeignet ist, eine Grundlage für analoge Verhältnisse zu bilden.

Vor allem aber hoffe ich, auch einigermassen dem Grundsatze gerecht geworden zu sein, dass durch den geographischen Unterricht ein klares Verständnis erzielt werden soll von der genauen Wechselwirkung, in welcher die Erde und ihre Bewohner zu einander stehen.

V Naturkunde

Litteratur und Allgemeines: Siehe „Viertes Schuljahr". Nachschlage-
werke für das „Sechste Schuljahr" sind: G r o s s e, Dr. E., Deutschlands Kultur-
pflanzen. L e u n i s - F r a n k, Synopsis der Pflanzenkunde. Hannover, Hahn, 1883.
M ü l l e r. Dr. K.. Das Buch der Pflanzenwelt. Leipzig, Spamer, 1869. G r i e s e -
b a c h, A., Die Vegetation der Erde nach ihrer klimatischen Anordnung. Leipzig,
Engelmann, 1872. 13,50 M. T h o m é, Dr. O. W., Tier- und Pflanzen-Geographie.
Stuttgart 1881. S t r a s s b u r g e r, E., Streifzüge an der Riviera. Berlin, Paetel,
1899. 5 M. M a e n n e l, B., Lehrplan für den naturgeschichtlichen Unterricht
nebst Präparationen für das Pensum der Mittelmeerzone. Gotha, Thienemann,
1887. T w i e h a u s e n, O., (Krausbauer), Der naturgeschichtliche Unterricht in
ausgeführten Lektionen. 4. Abteilung. (Darin: Aus den Mittelmeerländern.)
Leipzig, Wunderlich, 1892. 2.80 M. B e r l e p s c h, Die Alpen in Natur- und
Lebensbildern. Jena, 11.25 M. (Taschenausgabe 3 M.). W h y m p e r, Berg- und
Gletscherfahrten. Braunschweig. 13.50 M. K a d e n, W., Das Schweizerland.
Stuttgart, Engelhorn. 45 M. G s e l l - F e l s, Die Schweiz. Volksausgabe. 2. Aufl.
Zürich, Schmidt. 19 M. Über Gletscher S. L e u n i s - S e n f t. Lehrbuch der
Mineralogie (4 M.) oder in der Synopsis des Mineralreichs. C o h n, Dr. J., Die
Pflanze. (Darin: Vom Meeresspiegel zum ewigen Schnee.) Breslau, 1897. 19,50 M.
T y n d a l l, J., Das Wasser in seinen Formen als Wolken, Flüsse, Eis und Gletscher.
Leipzig. 2. Aufl. 4 M.
K l e i n, Dr. H. J., Allgemeine Witterungskunde. Leipzig. Freitag, 1882.
1 M. T r a b e r t, Meteorologie. Leipzig, Göschen, 1899. 0,80 M. U m l a u f t,
Prof. Dr. Fr., Das Luftmeer. Die Grundzüge der Meteorologie und Klimatologie.
Wien, Hartleben. 10,80 M.

1 Auswahl und Anordnung des Stoffes*)

Wenn wir auch an der Ansicht festhalten, dass der naturkundliche
Stoff der Heimat für die Volksschule der wichtigste und geeignetste ist,
so können wir doch auch den ausserhalb des heimatkundlichen Kreises
liegenden nicht ganz von der Hand weisen. Dürfen wir im sechsten
Schuljahr vielleicht auch von dem im Gesinnungsunterricht auftretenden
naturkundlichen Stoff absehen, weil er für die Zwecke jenes Unterrichts

---

*) Über seine Stellung zum naturkundlichen Unterricht hat sich der Ver-
fasser der Abschnitte „Naturkunde" im v i e r t e n und f ü n f t e n Schuljahr
(3. Aufl.) ausgesprochen, was er zu beachten bittet, wenn man einen Unterschied
zwischen dem im ersten Schuljahr (6. Aufl.) Seite 109 mitgeteilten Lehrplan und
dem im sechsten beibehaltenen findet.

genügend bekannt sein wird, so liegt die Sache doch anders in Hinsicht
auf den geographischen Unterricht. Ohne nähere Kenntnis gewisser
naturkundlicher Erscheinungen sind viele geographische nicht zu verstehen (wie ja die Geographie nur ein Teil der Naturkunde ist). Entweder besorgt nun der geographische Unterricht sich selbst die naturkundlichen Kenntnisse, d. h. man treibt in der Geographiestunde Naturkunde, oder der naturkundliche Unterricht nimmt jenem die Aufgabe ab.
Er kann das, sofern es sich um ausserheimatliche Gebiete handelt, indem
er bei Behandlung heimatlicher Stoffe die fremden „anschliesst", oder,
falls weder besondere Gelegenheit noch Veranlassung zu solchem Anschluss vorliegt, indem er sie selbständig (ähnlich wie die heimatlichen)
behandelt. Man hat wohl gemeint, hierdurch erniedrige sich der naturkundliche Unterricht zur dienenden Magd eines andern Fachs. Das soll
nicht der Fall sein. Die Naturkunde wird sich nicht vorschreiben lassen,
unter welchen Gesichtspunkten sie eine Naturerscheinung betrachten soll;
sie wird in jedem Fall nur streben, die Wahrheit zu erforschen, d. h.
Naturerscheinungen nach Ursachen und Wirkungen zu erkennen.*)

In der Geographie sind es im sechsten Schuljahr die Alpen und
die sog. Mittelmeerländer, die zur Behandlung stehen, weil sie
häufig den Schauplatz der geschichtlichen Ereignisse aus der Zeit von
Otto I. bis Rudolf von Habsburg bilden. Welche Veranlassung hat wohl
der naturkundliche Unterricht, sich hier mit zu beteiligen? Wir vergegen-
wärtigen uns folgendes:

„Die wunderbare Sehnsucht, die der Süden im Herzen des Nord-
länders erweckt, geht zwar mehr aus den Urteilen der Maler und solcher,
denen der Mensch und seine Geschichte das Wissenswerteste ist, hervor,
als aus den Bildern, welche der Botaniker und Zoologe oft gerade von
den ersehntesten Punkten entwerfen müssen" (Thomé a. o. O. 586); aber
viele eigenartige Erscheinungen des Menschenlebens bleiben uns unverständlich, wenn wir nicht die Naturverhältnisse jener Länder in Betracht
ziehen.

Der Sinn und die Liebe für die Kunst, mit dem der Südländer so
reich ausgestattet ist, wird vielleicht mit Recht aus den Einflüssen der

---

*) So soll z. B. der Schüler nicht bloss erfahren: „In den Mittelmeerländern
wachsen Lorbeer, Myrte, Olive u. s. w.; diese Pflanzen haben immergrünes,
glänzendes, leder- oder pergamentartiges Laub; viele sind für die Bewohner von
Wichtigkeit; denn sie liefern ihnen Nahrung, Gewürze u. s. w."; sondern er soll
auch verstehen lernen: „Die Regenlosigkeit des Sommers und die Milde des
Winters sind die wichtigsten Eigentümlichkeiten des Klimas dieses Gebiets.
Während im Waldgebiet die Hauptentwicklung des Pflanzenlebens mit der
wärmeren Jahreszeit zusamenfällt, entwickeln sich hier die Pflanzen während des
Frühlings, verharren während der trockenen Periode in einem gewissen Still-
stand und beleben sich unter dem Einfluss der Herbstregen von neuem. — Die
eigentliche Mittelmeerflora ist charakterisiert durch eine Reihe von immergrünen
Bäumen, Sträuchern und Halbsträuchern mit bald biegsam und lederartigem
bald spröd pergamentartigem Blatt, das gegen starke Verdunstung geschützt ist.
Lorbeer und Myrte, dann der wichtigste Kulturbaum, die Olive, sind bekannte
Typen dieser durch reiches, tiefes Grün der glänzenden Blattfläche ausgezeichneten
Flora. Derart ausgerüsteten Pflanzen vermag die Glut der Sommersonne nicht
zu schaden, während die einjährigen Gräser und Kräuter verdorren; daher liegt
die Flur, welche den ganzen Winter hindurch in üppigem Grün prangte, im Juli
und August da als leere, verbrannte Steppe. Im Oktober, wenn die ersten
Herbstregen gefallen sind, erwacht die Natur u. s. w." (Thomé a. a. O., S. 557.)

grossartigen und schönen Natur, die ihn umgiebt, aus der Lichtmenge, die ihm ein selten getrübter Himmel spendet, abgeleitet. Aber auch die Beschäftigung und Nichtbeschäftigung (dolce far niente), sowie die Ernährungsweise der Bewohner stehen in engster Beziehung zur Natur des Landes. Wo man die Wiesen vier- bis fünfmal mäht, wo das Getreide zweimal im Jahre reift, wo Bäume und Sträuche köstliche Früchte in Menge spenden, muss der Mensch anders arten, als da, wo er der Natur seinen Unterhalt unter Sorgen und Mühen abringen muss. Selbst auf die religiösen Vorstellungen übt die Natur bekanntlich Einfluss. „Unsern Vorfahren war die Sonne eine milde, gütige Frau, der stille Mond führte ihnen den klingenden Frost unbewölkter Winternächte ins Gedächtnis. Am Mittelmeer wird der Mond weiblich gedacht, die sanfte Mondgöttin stand aller Kreatur in ihren schwersten Nöten bei. Der unendliche Zauber jener taghellen Mondnächte des Südens lässt die mythologische Vorstellung noch heute verstehen und nachempfinden. Helios, der Sonnengott, dagegen ist der harte und gestrenge Herr, der mit seinen Pfeilen Tod und Verderben sendet. Ihnen erliegen die Kinder der Flur, ihnen erliegen die Menschen."

Unter den Naturprodukten der Mittelmeerländer finden wir eine ganze Anzahl, die wenigstens dem Namen nach in weiten Volkskreisen bekannt sind. Bei nachfolgendem Überblick folgen wir besonders Thomé (Tier- und Pflanzen-Geographie): „Die Mittelmeerflora ordnet sich zu drei Hauptformationen, zu Wäldern, Gesträuchern und offenen Matten; letztere werden mancherort, z. B. auf den spanischen Hochebenen, fast steppenhaft. Die immergrünen Bäume bilden meistens nur lichte Bestände und stehen unsern Baumformen an Höhe des Wuchses nach. Viele haben Neigung, in Strauchformen überzugehen; das Klima des Mittelmeergebietes scheint der Vegetation der Sträucher angemessener, als jener der Bäume. Sie gehören zur Lorbeer- und Olivenform, von denen die erstere das breite Blatt der Buche, letztere das schmale der Weide besitzt. Den reinsten Ausdruck der Lorbeerform gewähren nicht unsere einheimischen Bäume, sondern die (kultivierte) Citrone und Orange. Die Stecheiche oder Stechpalme (Ilex Aquifolium) erhebt sich oft zu stattlichen Bäumen. Von Eichen sind nur allgemein verbreitet Steineiche und Coccenseiche; die Korkeiche gehört dem Westen, die Knoppereiche dem Osten an. Fast der einzige Vertreter der Olivenform ist der wohl aus dem Orient stammende Ölbaum, dessen Bedeutung auch für die Physiognomie des Landes durch die Kultur eine ganz bedeutende geworden ist. Eine alleinstehende, eigentümliche Form bildet die fiederblättrige Karube (Johannisbrotbaum).

In der Reihe der immergrünen Strauchformen, welche die Maquis zusammensetzen, zeigt sich eine allmählich fortschreitende Verminderung der Blattgrösse, bis die Blätter zuletzt ganz verschwinden, oder sich zu dornigen Organen umbilden. Das grösste Blatt hat die Oleanderform mit Oleander und Helianthemum und Cistus-Arten; dann folgen Myrte, Mastixstrauch, Pistazie, Buchsbaum, Mäusedorn. Das Nadelblatt der Heideform tritt bei zahlreichen Sträuchern auf, so bei dem Rosmarin und eigentlichen Heidearten, unter denen die Baumheide hervorragt. (Letztere ist wichtig für unsere Holzpfeifenindustrie: Bruyère-Pfeifen.)

Unter den Bäumen mit abfallendem Laube steht die Buchenform oben an. Sie bildet an den untern Gehängen der Gebirge zunächst den Gürtel der Kastanienwälder. Unsere Eichen ziehen sich bis in die immergrüne Küstenlandschaft; ebenso die gewohnte Erscheinung der Ulmen und Pappeln. Die Pyramiden- oder italienische Pappel (Populus pyramidalis Rvz.) haben wir ja erst aus Italien erhalten. Dem Süden eigentümliche Formen sind sodann Mandelbaum, Granatbaum und die beiden Maulbeerbäume.

Eine neue Pflanzenform bietet der Foigenbaum, dessen Kultur gegenwärtig den ganzen Bereich der Mittelmeerflora umfasst. Der Kappernstrauch, dessen noch ungeöffnete Blütenknospen die Kappern des Handels sind, wächst häufig wild, wird aber auch sehr viel kultiviert.

Die Nadelhölzer nehmen an der Zusammensetzung der Wälder einen ebenso grossen Antheil, als die Laubhölzer. Die Pinie sehen wir auf vielen südlichen Landschaftsbildern. Weit verbreitet ist die Eibe (Taxus baccata), der Sadebaum (Juniperus sabina) und die schlanke italienische Cypresse (Cupressus sempervirens). Von Palmen wächst nur die Zwergpalme (Chamaerops humilis) wirklich wild. Die mancherorts kultivierte Dattelpalme reift ihre Früchte nur im südlichen Spanien.

Die einheimischen Saftpflanzen sind unbedeutend, um so grösser aber ist die Rolle, welche die aus Amerika stammenden Opuntien (Fici indichi) und Agaven und die aus Afrika eingewanderte oder verwilderte gem. Aloë spielen.

Von den Schlinggewächsen ist das edelste der Weinstock, der in ausgedehntestem Masse kultiviert wird, oft auch wildwachsend an den Bäumen emporrankt und neben feurigem Wein auch Rosinen und Korinthen liefert."

Von Kulturgewächsen sind auch noch Mais und Reis hervorzuheben, die beide bis in die Lombardei vordringen. Unsere Obstbäume liefern in der Region der Kastanienwälder ihre besten Früchte.

Die Vegetationszeit für Winterweizen beträgt in Berlin 299 Tage, in Palermo nur 171. Wegen der grossen Lichtmenge können bereits in der Lombardei herrliche Ernten zwischen den Obstbäumen und den sie verknüpfenden Weinreben gezogen werden.

Aus der Fauna würden besonders (als eigentümliche Tiere) zu nennen sein: Stachelschwein, Mufflon, Schakal, Magot (türkischer oder gem. Affe), Bär, Büffel, Pelikan, Flamingo, Lämmergeier; Schildkröte, Chamäleon, Skorpion, Tarantel, Malmignatte, Cikaden, Blutegel (Hirudo officinalis.)

Das Meer bietet in seinen Bewohnern dem Südländer eine reiche Ausbeute; es ist (wegen seines vermehrten Salzgehalts und der höhern Temperatur) viel reicher an Tieren als die nordeuropäischen. Teils kommen die Produkte des Meeres als frutti di mare auf den Markt der inländischen Städte (Schilderung eines Fischmarktes in Venedig oder Neapel), teils sind sie Handelsartikel. Von den 600 Fischarten, die das Mittelmeer beherbergt, sind für die Binnenländer einige von Interesse wegen ihrer sonderbaren Gestalt. (Bandfische, Schiffshalter, Seepapagei.)

Wir werden sie erwähnen, um auch hier den Formenreichtum der Natur
zu zeigen; gewöhnlich meint man, die Fischgestalt lasse keine grosse
Formveränderung zu. Aus den 500 Schnecken und 230 Muscheln nennen
wir die Purpurschnecke („Purpur und köstliche Leinwand"). Unter
Umständen verdienen auch Tintenfisch (Sepia) und Krake (Seepolyp)
Berücksichtigung. Die rote Edelkoralle und Badeschwämme
dürfen nicht vergessen werden.

Die Alpen, von deren erhabenen Naturverhältnissen alle Schilderungen nur einen schwachen Begriff geben, scheinen auf den ersten Blick
für den naturkundlichen Unterricht gefährlich werden zu können. Denn
welche Empfindungen rufen bei dem Kundigen nicht die Worte „Alpenflora", „Tierleben der Alpenwelt" hervor. Bei näherer Überlegung wird
man aber erkennen, dass man sich hier auf das Äusserste beschränken
kann, ohne ein falsches Bild geben zu müssen. Zunächst sind es nicht
die Vegetationsverhältnisse, die den Alpen ihren eigentümlichen Charakter
aufprägen. Tausende durchwandern dieselben jährlich, ohne von der
Alpenflora etwas anderes zu bemerken, als „Alpenrosen" und (gewöhnlich nicht selbstgepflücktes) „Edelweiss". Noch weniger kommen sie mit
der Tierwelt in Berührung; die Phantasie müsste ihnen denn einen gross-
hörnigen Ziegenbock als Steinbock, eine braune Ziege als Gemse und
einen Fischreiher oder Bussard als Lämmergeier oder Steinadler vor-
spiegeln.

Ihren gewaltigen Eindruck machen die Alpen durch die geologischen
Verhältnisse (zu denen wir auch die senkrechte Erhebung rechnen), die
auch Ursache der eigentümlichen Erscheinungen in der Pflanzen- und
Tierwelt sind. „Gerade die eigentümlichsten Gewächse erwecken häufig
die Vorstellung, als wären sie aus den Thälern emporgestiegen und
hätten, um sich den neuen Lebensbedingungen anzuschmiegen, ihre
Organisation nur soweit umgeändert, als es zu ihrem Fortbestehen erforderlich war." (Thomé a. a. O. S. 46.) Wir stellen deshalb die
geologischen Verhältnisse der Alpen in den Vordergrund und erörtern
die Erscheinungen des sogenannten ewigen Schnees, der Gletscher
und Lawinen; ferner berücksichtigen wir die Gebirgswässer
(Wasserfälle) und ihre Wirkungen, die Seen als Klärungsbecken der
Gebirgswässer. Hieran schliessen wir den Einfluss der mit grössern
Höhen abnehmenden Wärme auf die Vegetation, die Almen (Alpen), ferner
die Frage, welche Existenzbedingungen für Tiere vorhanden sind.

Diesen reichen Stoff können wir natürlich nur mit Auswahl und
nicht so eingehend behandeln, wie den von der Heimat gebotenen.
Dieser soll auch im sechsten Schuljahr nicht aus dem Auge gelassen
werden. Veranlassung zu seiner Berücksichtigung bietet die „darstellende
Unterrichtsform", die ja an Vorstellungen aus dem heimatlichen Kreise
anzuknüpfen hat, wenn sie das Fremde vorstellbar machen will. Um
die Vorstellungen in der nötigen Frische bereit zu haben, werden wir
gut thun, wenn wir eine heimatliche Gruppe eingehender behandeln. Als
eine solche können wir die deutschen Gärten bezw. den deutschen
Gartenbau wählen. Denn erstens pflegen wir in unsern Gärten (und
im Zimmer) eine Anzahl Pflanzen, die ihre Heimat in den Mittelmeerländern haben, und zweitens sind viele Naturprodukte, die wir aus jenen
Ländern beziehen, Gegenstände des dortigen Gartenbaus. Wenn wir

8

Gelegenheit dazu haben (Schulgarten), gestalten wir den Unterricht möglichst praktisch, indem wir ihn mit „Arbeitsunterricht" verknüpfen. (Das Begonnene setzen wir in den nächsten Schuljahren und vielleicht auch in der Fortbildungsschule fort, so dass Schüler und Schülerinnen Verständnis und Liebe für die „Erziehung und Pflege" eines Obstbaums, eines Topfgewächses u. dgl. gewinnen.)

Durch den naturgeschichtlichen Unterricht werden wir im sechsten Schuljahr auf eine Anzahl physikalischer Erscheinungen hingewiesen, wie dies ja auch in den frühern Schuljahren geschehen ist. Ausserdem machten uns mit solchen bekannt die täglichen Erfahrungen und besondern Beobachtungsaufgaben. Wohl haben wir diesen naturkundlichen Stoff von Zeit zu Zeit geordnet und geklärt. In der Hauptsache erstreckte sich seine Behandlung auf die Festellung des Thatsächlichen; denn zur Ergründung des Zusammenhangs, des „Warum und Weil", fehlte den Schülern die geistige Kraft. Nun sind sie soweit herangereift, dass wir leichtere Teile aus der Physik sachgemäss mit ihnen vornehmen können. Am zahlreichsten werden wohl die Beobachtungen sein, die sich auf das Wetter bez. auf das Klima beziehen. Es macht sich recht gut, dass auch der schon erwähnte Unterrichtsstoff vielfach darauf hinweist und dass einige hierher gehörige Erscheinungen unschwer zu behandeln sind.
Den physikalischen Unterricht verlegen wir in das Winterhalbjahr.

2 Die Gliederung des Stoffes

Nach dem Vorstehenden können wir für die Naturkunde im sechsten Schuljahr folgenden Lehrplan aufstellen:
1. Unsere Gärten und der Gartenbau.
   (April u. Mai.)
2. Alpenpflanzen und Alpentiere.
   (Juni.)
3. Pflanzen der Mittelmeerzone
   a. die von den Menschen gepflegten
   b. die wildwachsenden.
   (August.)
4. Tiere (Landtiere) der Mittelmeerzone.
5. Was bietet das Meer den Bewohnern der Mittelmeerländer?
   (September.)
6. Witterungsverhältnisse (Klima) bei uns, in den Alpen und in den Mittelmeerländern.*)

---

*) Jede Schule soll sich eine kleine meteorologische Station einrichten und fleissig (regelmässig) Beobachtungen anstellen. Es ist unglaublich, wie wenig in manchen Schulen für hierher gehörige Dinge geschieht. Wir haben so manchen Seminaristen kennen gelernt, der keine Ahnung von Temperaturverhältnissen hatte, kein Thermometer ablesen, nicht einmal die Windrichtung bestimmen konnte.

a. Die Wärme (Temperatur).
  1. Wie misst man sie? Gebrauch des Thermometers.
    Anfertigung u. s. w.
    Arten der Thermometer.
    Worauf beruht die Temperaturmessung?
    (Ausdehnung aller Körper durch die Wärme.)
  2. Ursachen, warum die Wärme in verschiedenen Ländern
    verschieden ist.
    (Hierbei auch Tages- und Jahreszeitenwärme, Wärme-
    strahlung und Wärmeleitung.)
b. Die Niederschläge (oder die Wärme und das Wasser).
  1. Wie misst man sie?
  2. Wie entstehen sie?
    aa. Verdunstung und Verdampfung des Wassers. Ver-
      dunstungskälte oder gebundene [d. i. umgewandelte]
      Wärme.
    bb. Das Kochen oder Sieden des Wassers. Die Circu-
      lation des erwärmten Wassers. Warum steigt er-
      wärmtes Wasser in die Höhe und warum sinkt
      kaltes? Wasserheizung. Siedepunkt.
    cc. Die Verdichtung (Condensation) des Wassers:
      Nebel, Wolken, Regen, Thau, Reif, Schnee,
      Graupeln, Hagel. — Sättigungspunkt der Luft.
      Das Hygrometer. (Auch hygroskopische Pflanzen
      u. dgl.) „Freiwerdende" Wärme. Dampfheizung.
      Destillation. Leidenfrost'scher Versuch.
    dd. Erstarrung des Wassers. Ausdehnung beim Ge-
      frieren. Geologische Wirkung der Eisbildung.
      Erstarrungs- und Schmelzpunkt. Dichtigkeits-
      maximum des Wassers bei 4° C. Schmelzen und
      Erstarren anderer Stoffe.
    ee. Woher kommt der Wasserreichtum der Alpen?
      Schnee und Eis in den Alpen.
      Geologische Wirkungen der Gletscher und Alpen-
      gewässer.
c. Die Winde.
  1. Arten und Bestimmung der Winde (Windrose).
  2. Entstehung. (Aus diesem schwierigen Kapitel nur einiges,
    z. B. die Erscheinungen, die mit der Erwärmung der
    Luft zusammenhängen.)

7. Die Lehre vom Luftdruck. (Ausgangspunkte können sein: Die
Luftbewegungen als Folge verschiedenen Luftdrucks; oder: Das
Barometer als „Wetterglas" und Luftdruckmesser.)
    Luftdruckerscheinungen: Blasebalg, Atmen, Saugen,
Trinken, der Heber u. s. w. Die Saug- und Druckpumpe, die Feuer-
spritze. Hierbei Kolben und Ventile; der Heronsball. — Für diese
Stoffe kann als gemeinsamer Gesichtspunkt auch aufgestellt werden:
Wie der Mensch den Luftdruck in seine Dienste nimmt. Unter
diese Überschrift liessen sich dann auch mit bringen: die Wind-
müllerei, die Windmotoren und die Segelschiffahrt. Zur Vermeidung

einseitiger Naturanschauung vergesse man dann aber auch nicht bei passenden Gelegenheiten auf den Zusammenhang anderer Naturerscheinungen hinzuweisen, z. B. wie die Luftbewegung im Dienst der Pflanzenbefruchtung steht (bei den Windblütlern), wie sie die Samen verbreitet, wie sie zur Verbreitung der Wärme und Feuchtigkeit beiträgt, wie sie geologisch wirkt.

3 Die Bearbeitung des Stoffes

Hierüber geben „Viertes, Fünftes und Siebentes Schuljahr" die nötigen Anweisungen. Wir können uns hier auf ein paar Bemerkungen über die Behandlung fremdländischer Naturkörper und Naturverhältnisse beschränken.

Soweit es möglich ist, soll man immer die Naturkörper selbst, als die besten Anschauungsmittel, zu erlangen suchen. In betreff der „Mittelmeerländer" ist das nicht schwer. Wir erinnern an die Gewächshäuser oder „Orangerien", wie sie jede grössere Stadt bietet; an die zahlreichen Topfgewächse, die aus den Mittelmeerländern stammen, und die überall zu finden sind; an Handelsgegenstände, die fast jedes Kind kennt. (Kastanien, Mandeln, Feigen, Citronen, Apfelsinen, Johannisbrot, Rosinen, Korinthen, Mais, Reis; Lorbeerblätter, Olivenöl, Korkeichenrinde, Stecheiche, Oleander, Myrte, Buchsbaum, Rosmarin, Eibe, Sadebaum, Cypresse, Aloë, Opuntien, Agaven u. s. w.)

Als Lehrform wird man bei Behandlung fremdländischer Dinge vielfach den sogenannten „darstellenden" Unterricht wählen. (Vergl. 1. Schuljahr, 6. Aufl. S. 137 und 5. Schuljahr, 3. Aufl. S. 189 u. s. f.)

Zum Ausgangspunkt kann man öfter mit Vorteil gute Landschaftsbilder nehmen, wie sie jetzt für den geographischen Unterricht vorhanden sind. Wir nennen die „Geographischen Charakterbilder für Schule und Haus", von E. Hölzel in Wien verlegt (à Blatt 3 bez. 6 M.). Das Bild „Neapel und der Vesuv" z. B. führt im Vordergrund eine Vegetationsgruppe aus dem südlichen Abhange des Posilips, eines von Neapel südwestlich nahe der Küste streichenden, von Villen und Gärten bedeckten Hügelrückens, vor Augen. „Wir sehen da vor uns die amerikanische Agave, deren 1 bis 1$\frac{1}{2}$ m lange, lanzenförmige, fleischige Blätter in Büscheln zwischen Mauerwerk und Gestein hervorwachsen; daneben auf dem Boden hingeschmiegt das blattreiche, fruchtbehangene Melonenkraut, weiter dann kräftige, in purpurnem Blütenschmucke prangende Oleandersträuche, dahinter die pappelähnliche, düstergrüne Cypresse, endlich die stolze Pinie mit ihrer schirmähnlichen Krone." Auch Photographien, besonders Stereoskopen und farbige Skioptikonbilder lassen sich als Anregungsmittel verwenden.

VI Mathematik

1 Raumlehre

Litteratur. Siehe „achtes Schuljahr" 2. Aufl. S. 124 und „fünftes Schuljahr" 2. Aufl. S. 172. Ausserdem sei noch namhaft gemacht Guido Schreiber, Das technische Zeichnen, I. Teil, Berlin, Ernst Toeche 1871, welches Werk eine Fülle besten Übungsmaterials für das geometrische Zeichnen enthält. P. Martin u. O. Schmidt, Raumlehre f. Mittelschulen. Dr. ph. Th. Leidenfrost, Raumlehre für 6- bis 7 klass. Volksschulen. 1. Heft. Weimar.

I Auswahl und Anordnung des Lehrstoffs
(Siehe „achtes Schuljahr" 2. Aufl. S. 140 ff.)

Das sechste Schuljahr beschäftigt sich mit den einfachern Raumformen der „ebenen Geometrie". Es behandelt 1. die Eigenschaften (Gesetze) dieser Raumformen, 2. die Darstellung (Konstruktion) und 3. die Berechnung derselben.

Im einzelnen kommen folgende Gegenstände zur Bearbeitung:

1. Der Kreis.

Mit Rücksicht auf die Lösung vieler Konstruktionsaufgaben und auf die Bestimmung der Winkelgrösse beginnt, im Anschluss an die letzte Einheit des Vorjahres, der Kursus mit dem Kreise und den Kreisfiguren. Es kommen hierbei in Betracht: konzentrische Kreise, einander berührende Kreise, einander schneidende Kreise, das Bogenzweieck nebst dem Spitzbogen, und die Gesetze, welche sich auf diese Gegenstände beziehen.

2. Grösse der Winkel; Winkelmass, Winkelmesser (Transporteur), Transportieren, Teilen gegebener Winkel.

3. Arten und Eigenschaften der Dreiecke. Bestimmungsstücke des Dreiecks. Kongruenzsätze. Dreieckskonstruktionen.

4. Arten und Eigenschaften der Parallelogramme. Gesetze. Konstruktionen.

5. Das Deltoid (wichtig für viele Konstruktionen). Gesetze desselben. Konstruktion desselben.

6. Flächenmass. Flächenberechnung des Parallelogramms,
des Dreiecks, des Trapezes, des unregelmässigen und regelmässigen Viel-
ecks, des Kreises.

2 Die Bearbeitung des Lehrstoffs
(Siehe „achtes Schuljahr" 2. Aufl. S. 150 ff.)

1 Einheit
Kreise, welche einander berühren. Centrallinie
Fig. 1   Fig. 2

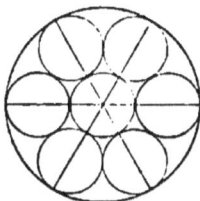
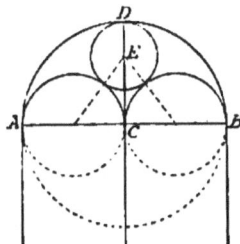

Aufgabe. Es sollen zwei Fenster der Synagoge, das kreisrunde
Fenster im Ostgiebel und das Rundbogenfenster in der Langseite derselben, besprochen und gezeichnet werden.

I. Stufe. a. Zusammenfassung dessen, was die Schüler über Gestalt
und Grösse beider Objekte an Ort und Stelle durch Anschauung, Schätzung
und Messung kennen gelernt haben.

b. Zeichnen der Fensterformen aus dem Kopfe und aus freier Hand
an die Wandtafel.

II. Stufe. 1. a. Genaue Beschreibung der geometrischen Gestalt
des kreisrunden Fensters im Anschluss an eine vom Lehrer an der Wandtafel entworfene genaue Zeichnung (Fig. 1). Der äusserste Kreis um-
schliesst sieben unter sich gleiche kleinere Kreise, von welchen sich der
eine in der Mitte des Umfassungskreises befindet, während die sechs
übrigen ringförmig in dem Umfassungskreise und um den innern Kreis
herumliegen. Die sechs Ringkreise berühren sich sowohl untereinander,
als auch mit dem innersten und dem äussersten Kreise. Die Berührung
unter sich und mit dem innern Kreise geschieht von aussen, die mit dem
Umfassungskreise von innen. Die Berührungspunkte im Aussenkreise
teilen diesen in sechs gleiche Teile. Zieht man von den Teilungspunkten
aus die Halbmesser in den äussern Kreis und teilt man jeden derselben
in drei gleiche Teile, so ist ersichtlich, jeder der eingeschlossenen Kreise
hat zum Halbmesser den dritten Teil vom Halbmesser des äussersten
Kreises; der Mittelpunkt des innersten Kreises fällt mit dem des äussersten
zusammen; die Mittelpunkte der Ringkreise liegen in den zweiten Teilungspunkten der Halbmesser des Umfassungskreises, vom Mittelpunkte desselben
aus gezählt.

b. Nun ist es leicht, die Fensterform, vom Umfassungskreise aus, mit Zirkel und Lineal genau zu zeichnen. Gebt das Konstruktionsverfahren an! a. Ziehen des Umfassungskreises; b. Teilen desselben in sechs gleiche Teile; c. Einlegen der Halbmesser; d. Teilen derselben in drei gleiche Teile; e. Ziehen der innern Kreise mit dem Drittel des Halbmessers des Aussenkreises.

Könnte man die Zeichnung nicht aber auch von dem innersten Kreise aus ausführen? Wie würde in diesem Falle zu verfahren sein? Genaue Angabe des Konstruktionsverfahrens!

c. Zeichnen der Fensterform mit Zirkel und Lineal 1. von dem Umfassungskreise ausgehend! 2. von dem innersten Kreise ausgehend! Prüfen der Zeichnungen auf ihre Richtigkeit (Berühren die Ringkreise einander? den Umfassungskreis? den innersten Kreis? Findet die Berührung von innen und von aussen in der richtigen Weise statt?)

2. a., Beschreibung des Rundbogenfensters nach einer vom Lehrer an der Wandtafel entworfenen genauen Zeichnung (Fig. 2). Der untere Teil des Fensters ist ein Rechteck von 1,50 m Grundlinie (Breite) und 4 m Höhe, in welchem sich noch als senkrechte Mittellinie eine dünne Säule erhebt. Auf dem Rechteck ruht ein Halbkreis, der die obere Breitseite desselben zum Durchmesser hat. Auf jeder Hälfte dieses Durchmessers ist nach oben wieder ein Halbkreis gezogen. Diese beiden innern Halbkreise treffen unter sich in dem Punkte C, und mit dem sie umschliessenden Halbkreise in den Punkten A und B zusammen. Innerhalb des leeren Raumes zwischen den drei Halbkreisen liegt ein kleinerer voller Kreis, mit dem Mittelpunkte im zweiten Drittel der Höhe (Pfeilhöhe) des Hauptbogens. Er hat das Drittel dieser Höhe zum Halbmesser und berührt sich sowohl mit den beiden innern als auch mit dem äussern Halbkreise.

b. Wie können wir hiernach unser Rundbogenfenster nach den ermittelten Grössenverhältnissen in verjüngtem Masse genau zeichnen? Angabe des Konstruktionsverfahrens!

c. Ausführung der Zeichnung auf Papier und Prüfung derselben auf ihre Richtigkeit!

III. Stufe. a. Wo sind wir sonst schon der geometrischen Gestalt der gezeichneten Fenster begegnet? Der Kreisform mit den sieben gleichen Innenkreisen noch nicht, wohl aber schon vielfach der Form unseres Rundbogenfensters. Wir haben dieselbe wiedergefunden in den Fenstern des Realschulgebäudes, des Hotels zum Erbprinzen, der Eingangspforte zur „Phantasie". Auch die Fenster unserer Nikolaikirche gehören hierher; nur dass bei denselben der innere vollständige Kreis zwischen den drei Halbkreisen fehlt. Zeichne auch diese Formen nach den von uns ermittelten Massen!

b. Ergänzen wir in der Zeichnung unseres Rundbogenfensters die drei Halbkreise zu ganzen Kreisen, so entsteht eine Figur, die aus einem Umfassungskreise und aus drei in diesem liegenden kleinern Kreisen besteht, welche letztere sich alle drei untereinander, und zwar von aussen, und mit dem Umfassungskreis, und zwar von innen, berühren. Vergleich dieser neuen Gestalt mit der des kreisförmigen Giebelfensters! In beiden haben wir einen Umfassungskreis und mehrere Innenkreise; da wie dort Berührung der Innenkreise untereinander (und zwar von aussen) und mit dem Umfassungskreise (und zwar von innen). Aber dort finden wir sieben

Innenkreise, hier nur drei; dort sind alle Innenkreise gleich, hier sind nur zwei einander gleich, während der dritte kleiner als die beiden andern ist.

c. Wir verbinden in beiden Figuren die Mittelpunkte je zweier einander berührenden Kreise und sehen: Die Gerade zwischen den Mittelpunkten (die Centrallinie) geht in allen diesen Fällen durch den Berührungspunkt der beiden Kreise, oder anders ausgedrückt, der Berührungspunkt liegt bei den Kreisen mit äusserer Berührung in der Centrallinie, bei den Kreisen mit innerer Berührung in der Verlängerung der Centrallinie. Untersucht, wie gross die Centrallinie in den uns vorliegenden Fällen bei Kreisen mit äusserer, bei Kreisen mit innerer Berührung ist! Dort gleich der Summe, hier gleich dem Unterschiede der beiden Halbmesser.

Ob das in allen Fällen so sein mag? Es werden verschiedene andere Berührungskreise daraufhin untersucht, und zuletzt wird das Ergebnis ausgesprochen.

IV. Stufe. Zusammenfassung des Begrifflichen.

1. Zwei Kreise können eine solche Lage zu einander haben, dass sie einander berühren.

2. Die Berührung zweier Kreise kann von aussen und von innen erfolgen.

3. Die Gerade zwischen den Mittelpunkten zweier einander berührender Kreise heisst Centrallinie.

4. Der Berührungspunkt zweier Kreise liegt bei der Berührung von aussen in der Centrallinie, bei der Berührung von innen in der Verlängerung derselben.

5. Die Centrallinie ist bei Kreisen von äusserer Berührung gleich der Summe, bei Kreisen von innerer Berührung gleich dem Unterschiede der beiden Kreishalbmesser.

V. Stufe. a. Es sollen zwei Kreise von 12 mm und 20 mm Halbmesser so gezeichnet werden, dass sie einander 1. von aussen, 2. von innen berühren! Angabe des Konstruktionsverfahrens! Ausführung der Zeichnung nach demselben!

b. Drei Kreise von je 18 mm Halbmesser sollen einander von aussen berühren! Angabe des Verfahrens! Man zeichnet (Fig. 3) ein gleichseitiges Dreieck von 2 × 18 = 36 mm Seite und beschreibt von den

Fig. 3

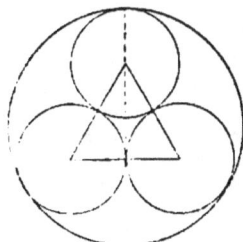

Eckpunkten aus mit dem gegebenen Halbmesser die drei Kreise. Können dieselben auch so gezeichnet werden, dass sie einander von innen berühren? Warum nicht?

c. Ein kreisrundes Fenster zu zeichnen, in welchem drei gleiche kleinere Kreise den Umfangskreis von innen, einander aber von aussen berühren (Fig. 3).

d. Vier gleiche Kreise von je 10 mm Halbmesser sollen so gezeichnet werden, dass je zwei einander berühren, und dass sie von einem äussern Kreis berührend umschlossen werden. Suche das Konstruktionsverfahren auf und sprich es aus! Zeichne nach demselben! (Lege wie in Fig. 10 ein Quadrat von 2 × 10 = 20 mm Seite hin und beschreibe mit 10 mm

.Halbmesser von den vier Ecken aus vier Kreise. Hierauf ziehe vom
Mittelpunkte des Quadrats eine Gerade nach einer Ecke desselben und
verlängere sie bis an den Umfang eines der vier Kreise. Die entstandene
Gerade ist der Halbmesser des Umfangskreises, mit welchem dieser selbst
von dem Mittelpunkte des Quadrates aus gezogen werden kann. Nach-
.weis der Richtigkeit des Verfahrens! Ausführung desselben!)

. c. Versuche eine Figur zu zeichnen, in welcher in einem äussern
Kreise fünf gleiche Kreise so liegen, dass sie sich untereinander und
mit dem äussern Kreise berühren! Gieb das Konstruktionsverfahren an!

f. Untersuche, ob auch in allen diesen Zeichnungen unsere obigen
Sätze (4. Stufe) sich bestätigen und ob die Konstruktionsweisen mit denselben übereinstimmen!

2 Einheit

Konzentrische Kreise

Fig. 4

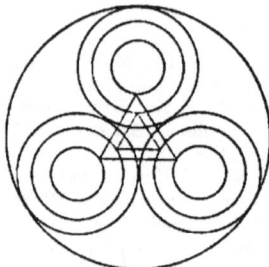

Aufgabe. Die Kreisfigur im Fenster über dem Haupteingang zur
Annenkirche zu zeichnen (Fig. 4).

I. **Stufe.** Aufsuchen des Bekannten in der zusammengesetzten
Kreisfigur: drei gleiche, einander von aussen berührende Kreise, die von
einem äussern Kreise, den sie von innen berühren, umschlossen werden.
Wie die Zeichnung bis dahin auszuführen, ist uns bereits bekannt. Angabe des Verfahrens! Zeichnung der Figur bis dahin nach den ermittelten Massen in angemessener Verjüngung!

II. **Stufe.** Aber in jedem der drei gleichen, einander berührenden
Innenkreise von 12 cm Halbmesser finden wir noch zwei andere kleinere
Kreise eingeschlossen, die einander nicht berühren, aber die Eigenschaft
besitzen, dass je zwei von ihnen mit ihrem sie umfassenden Kreise den-
selben Mittelpunkt haben, und dass sie infolge dessen in stets gleicher
Entfernung in- und umeinanderlaufen: sie sind gleichlaufende (konzentrische)
Kreise. Gieb noch einmal ihre Merkmale an!

Angabe der Halbmesser dieser konzentrischen Kreise! Einzeichnen
derselben in die bereits gezogenen drei Hauptkreise! Einzeichnen der.
beiden gleichseitigen Dreiecke! (Wie?)

. III. **Stufe.** Haben wir nicht unlängst schon, ohne dass wir darauf
geachtet, zwei Kreise von gemeinsamem Mittelpunkt gezeichnet? Beim

Zeichnen des östlichen Giebelfensters der Synagoge: äusserster und innerster Kreis desselben sind konzentrische Kreise. Nachweis! Auch am Zifferblatt der Nikolaikirchturmuhr haben wir solche Kreise bemerkt. Wo haben wir den gemeinsamen Mittelpunkt derselben zu suchen? Zeichnet das Uhrzifferblatt nach den abgeschätzten Halbmessern!

Jüngst wurden wir in einem Buchbinderladen in der Unterstrasse auf eine Schützenscheibe aufmerksam. Sie zeigt uns ebenfalls konzentrische Kreise, die sich von den genannten dadurch unterscheiden, dass sie alle in gleichen Abständen von einander laufen, was bei den vorher besprochenen und gezeichneten nicht der Fall war. Wie zeichnen wir diese Schützenscheibe? (Ziehen des äussersten Kreises; Einteilen seines Halbmessers in so viel gleiche Teile, als Kreise hineingezogen werden sollen; Beschreiben der einzelnen Kreise mit den entsprechenden Halbmessern von dem Mittelpunkte des äussern Kreises aus!)

IV. Stufe. Zusammenfassung des gewonnenen Begrifflichen.

1. Ungleich grosse Kreise, welche einen gemeinsamen Mittelpunkt haben, heissen konzentrische Kreise.

2. Drei und mehre konzentrische Kreise können alle gleiche Abstände von einander haben, ihre gleichen Abstände von einander können aber unter sich auch verschieden sein.

3. Angabe des Konstruktionsverfahrens für beide Fälle.

V. Stufe. a) Aufsuchen von Raumformen, die konzentrische Kreise darstellen! (Jahresringe regelmässig gewachsener Baumstämme; Wellenkreise auf dem Wasser; Kochherdringe; Erkerfenster in dem neuen K.schen Hause in der Kasernenstrasse.)

b) Aufsuchen von konzentrischen Halbkreisen! (Fenster im Erdgeschoss des Theaters, im Hotel zum Erbprinzen, im Giebelfenster der Klemda, des Sch.schen Hauses in der Theaterstrasse u. s. w.)

c) Zeichnen von dergleichen Formen nach vorgelegten Mustern! nach der Natur! nach eigener Erfindung! in Verbindung mit einander berührenden Kreisen und Halbkreisen!

3 Einheit

Einander schneidende Kreise.   Bogenzweieck

Fig. 5   Fig. 6   Fig. 7

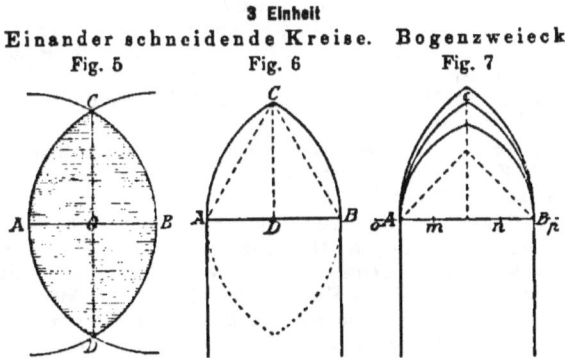

Aufgabe. Wir wollen eines der Spitzbogenfenster der St. Annenkirche zeichnen (Fig. 6).

I. Stufe. Fenster von hervorragenden Bauwerken haben wir schon gezeichnet. Welche? Ein solches des Nikolaiturmes, der Synagoge, der Realschule. Wie unterscheiden sich von diesen die Fenster der Annenkirche? Jene sind Rundbogen-, diese sind Spitzbogenfenster (gotische Fenster).

Beschreibung des Spitzbogenfensters nach der eigenen Anschauung und Untersuchung: Es besteht aus einem Rechteck von 98 cm Breite und 230 cm Höhe; auf dem Rechteck erhebt sich ein Spitzbogen, der die Breite des Rechtecks zur Spannweite hat, und dessen Höhe nach den an Ort und Stelle vorgenommenen Ermittelungen 83 cm beträgt. Der Abstand der Spitze von dem Anfang des Bogens war auf jeder Seite 98 cm, also gleich der Spannweite. Zeichnung des Fensters aus freier Hand an die Wandtafel.

II. Stufe. 1. a) Vorführung einer genauen Zeichnung des Fensters seitens des Lehrers und Nachweis seitens der Kinder, dass die Zeichnung der Fensterform genau entspricht. Insbesondere ist die Zeichnung auch auf die Richtigkeit der Massverhältnisse zu prüfen. Es muss deshalb unter derselben auch der verjüngte Massstab angegeben sein, nach welchem gezeichnet worden ist.

b) Genauere Untersuchung des Spitzbogens zum Zweck des Zeichnens desselben. Wie wird sich der Spitzbogen des Fensters zeichnen lassen? Der Augenschein belehrt uns, jeder der beiden Teile AC und BC des Spitzbogens gehört einem Kreise an. Aber wo haben diese Kreise ihre Mittelpunkte, und wie gross sind ihre Halbmesser?

Eins wissen wir von früher her (vergl. V. Schuljahr S. 184), die Gerade AC (Fig. 6) des Bogens links ist eine Sehne in demjenigen Kreise, welchem der Bogen angehört, und der Mittelpunkt des Kreises liegt in der Winkelrechten, welche in dem Halbierungspunkte der Sehne errichtet wird (vergl. V. Schuljahr S. 184). Das Gleiche gilt auch von dem Bogen und der Sehne BC. Errichtet jetzt die Winkelrechten auf den Sehnen AC und BC! Durch Probieren mit dem Zirkel finden wir unschwer in den beiden Winkelrechten die zwei Mittelpunkte der beiden Kreise und Kreisbögen. Wir gelangen hierbei merkwürdigerweise in die beiden Endpunkte der Spannweite oder in die beiden Bogenanfänge A und B, so dass der Mittelpunkt des Bogens AC in B und der des Bogens BC in A liegt, die Spannweite AB zugleich Halbmesser der beiden Kreisbögen und Kreise ist.

c) Nun ist's ein Leichtes, den Spitzbogen zu ziehen. Beschreibt das Verfahren! Zeichnet den Spitzbogen des Fensters! Zeichnet das ganze Fenster a) an die Wandtafel! b) ins Buch!

Stufe III a. 1. Untersucht und zeichnet jetzt auch das Altarfenster der Annenkirche, der Georgenkirche, das Fenster des Sch.schen Hauses in der Theaterstrasse nach den ermittelten Massverhältnissen! Auch in den Spitzbogen dieser Fenster liegen die Mittelpunkte der Einzelbögen in den Bogenanfängen, so dass die Spannweite zugleich Halbmesser der Bögen und jeder der Bögen ein Sechstel des ganzen Kreises ist (deutscher Spitzbogen).

2. Welche Gestalt würde der Spitzbogen aber erhalten haben, wenn er (wie in Fig. 7) von den Punkten m und n aus mit dem Halbmesser

mB=nA gebildet worden wäre? welche, wenn man die Punkte o und
p als Mittelpunkte und oB und pA als Halbmesser angenommen hätte?
Wie unterscheiden sich diese Formen von den vorhergehenden?
(Niedriger, gedrückter Spitzbogen; erhöhter Spitzbogen.) Und wie alle
diese Spitzbogen von den Rundbogen, die wir früher gezeichnet?

Stufe IV a. 1. Man unterscheidet gleichseitige, niedrige und er-
höhte Spitzbogen.

2. Bei dem gleichseitigen oder deutschen Spitzbogen sind die Bogenanfänge zugleich die Mittelpunkte der Bögen, von denen jeder ein
Sechstel des ganzen Kreises ist.

3. Bei dem niedrigen Spitzbogen liegen die Mittelpunkte auf der
Spannweite innerhalb des Bogens.

4. Bei dem erhöhten Spitzbogen liegen die Mittelpunkte ausserhalb
des Bogens in den Verlängerungen der Spannweite.

Stufe V a. 1. Es soll die Vorderansicht der Orgel in unserm
Schulsaal gezeichnet werden. Sie ist in ihrem obern Teile im gotischen
Stile ausgeführt. In dem mittlern Hauptfelde zeigt sie einen grössern
gotischen Bogen, zu beiden Seiten etwas tiefer stehende Spitzbogen von
derselben Form.

Untersucht, welcher von den drei Formen die Spitzbogen angehören!
Untersuchung ihrer Massverhältnisse!
Zeichnung der Vorderansicht der Orgel!

2. Wo sind wir sonst noch einem Spitzbogen begegnet! In dem
kleinen nördlichen Giebelfenster unseres Schulhauses; in den Fenstern der
St. Georgenkirche; in den Fenstern zweier Häuser in der Theaterstrasse.
Ermittelung der Massverhältnisse dieser Bogen! Zeichnen derselben!

3. Zeichnet einen gleichseitigen Spitzbogen von 12 mm Spannweite!
Zeichnet einen niedrigen Spitzbogen von 16 mm Spannweite, in welchem
die Mittelpunkte im 1. und 3. Viertel der Spannweite liegen! Zeichnet
einen erhöhten Spitzbogen von 20 mm Spannweite, in welchem die Mittelpunkte der beiden Bögen 4,5 mm über die Enden der Spannweite hinaus
gerückt sind!

Stufe IIb. 1. Wir ergänzen die beiden Bögen AC und BC
(Fig. 6) des Spitzbogenfensters zu vollständigen Kreisen (angedeutet in
Fig. 5), und erhalten zwei Kreise, welche einander in zwei entgegengesetzten Punkten C und D schneiden. Die Gerade AB ist die Centrallinie beider Kreise, die Gerade CD eine gemeinsame Sehne derselben;
die geschlossene Figur ADBC heisst ein regelmässiges Bogenzweieck; die
obere Hälfte dieses Bogenzweiecks aber stellt unsern Spitzbogen dar.
Als was kann derselbe hiernach angesehen werden?

Fassen wir das entstandene Bogenzweieck etwas genauer ins Auge.
Schneidet das Bogenzweieck aus und faltet es um die Centrallinie
(Breite) AB! Was ergiebt sich? AB teilt das Zweieck in zwei gleiche
Teile; die Stücke über und unter der Breite AB sind völlig gleich,
unser Zweieck ist ebenmässig (symmetrisch), AB ist auch Ebenmasslinie
(Symmetrale).

Faltet jetzt das Bogenzweieck um die Höhenlinie CD! Auch sie
teilt das Zweieck in zwei völlig gleiche Teile; das Zweieck ist auch in
Rücksicht auf seine Seiten rechts und links ebenmässig; auch die Höhe
CD ist Ebenmasslinie.

Faltet jetzt unser Bogenzweieck erst um AB und sodann auch zugleich noch um CD! Was ergiebt sich hieraus? Breitenlinie und Höhenlinie in unserm regelmässigen Bogenzweieck schneiden einander unter rechten Winkeln und halbieren einander, was auch schon der Augenschein lehrte. (Vgl. Hoffmann, Vorschule der Geometrie, Halle 1874.)

S t u f e III b. 1. Ob alles das bei den Bogenzweiecken, denen die Spitzbogen des Georgenkirchfensters, des Giebelfensters unserer Schule, der Vorderseite unserer Orgel angehören, ebenso ist? Zeichnet die Bogenzweiecke! Sie sind sämtlich regelmässige Bogenzweiecke, und alles, was wir vorhin gefunden, trifft auch bei ihnen zu.

2. Wie verhält sich aber die Sache, wenn das Bogenzweieck gebildet wird a., durch zwei gleiche Kreise, deren Mittelpunkte innerhalb des Bogenzweiecks liegen (Fig. 7)? b., durch zwei gleiche Kreise, deren Mittelpunkte ausserhalb des Zweiecks liegen (Fig. 7)? c., durch zwei ungleiche Kreise? Zeichnet diese Fälle! Fasst das Ergebnis zusammen! (In den Fällen a und b sind die Bogenzweiecke allseitig ebenmässig; Breitenlinie AB und Eckenhöhe CD sind Ebenmasslinien, stehen rechtwinklig aufeinander und halbieren einander; die Sehnen im Spitzbogen sind einander gleich, aber nicht gleich der Spannweite. Im Falle c ist das Bogenzweieck einseitig ebenmässig (oben-unten); nur die Breitenlinie AB ist Ebenmasslinie; beide Hauptlinien schneiden einander unter rechten Winkeln, halbieren aber einander nicht. Der Spitzbogen ist unregelmässig, die Sehnen der Bögen sind ungleich.)

S t u f e IV a. 1. Zwei Kreise können so zu einander liegen, dass sie einander schneiden.

2. Wenn zwei Kreise einander schneiden, so ist das ihnen gemeinsam angehörige Flächenstück ein Bogenzweieck.

3. Die einander schneidenden Kreise können gleich und ungleich sein. Im ersten Falle ist das entstandene Bogenzweieck regelmässig, allseitig ebenmässig; im letzten Falle ist es unregelmässig, einseitig ebenmässig.

4. Im regelmässigen Zweieck schneiden Breitenlinie und Eckenhöhe einander unter rechten Winkeln, halbieren einander und sind beide Ebenmasslinien.

5. Die Hälfte des regelmässigen Bogenzweiecks über der Breitenlinie ist der gotische Spitzbogen. Die Sehnen in demselben sind gleich; sie bilden, wenn die Mittelpunkte der Bögen in den Bogenanfängen liegen, mit der Spannweite ein gleichseitiges, wenn die Mittelpunkte in gleichen Abständen von den Bogenanfängen innerhalb oder ausserhalb des Spitzbogens liegen, ein gleichschenkliges Dreieck.

6. Im unregelmässigen Bogenzweieck stehen die zwei Hauptlinien ebenfalls senkrecht aufeinander, aber sie halbieren einander nicht, und es ist nur die Breitenlinie zugleich auch Ebenmasslinie. Der Spitzbogen ist unregelmässig, denn die beiden Bögen sind nicht gleich; die Sehnen im Spitzbogen sind ebenfalls ungleich.

S t u f e V b. 1. Zu einer Centrallinie AB = 18 mm soll mit einem Halbmesser r = 18 mm ein regelmässiges Bogenzweieck gezeichnet werden!

2. Zeichnet zu einer Breite AB = 20 mm mittelst gleicher Kreise von 16 mm (25 mm) Halbmesser von den Punkten A und B aus das Bogenzweieck!

3. Untersucht, zu welcher Art vorgelegte Bogenzweiecke gehören!

4. Im gleichseitigen Bogenzweieck schneiden Breitenlinie und Ecken-

linie einander unter rechten Winkeln. Sollte hierin nicht ein Mittel gegeben sein, a., eine gegebene Gerade zu halbieren b., auf eine gegebene Gerade in einem beliebigen Punkte (in einem gegebenen Punkte)
die Winkelrechte zu errichten? Aufsuchung und Angabe des Verfahrens!
Ergänzung der IV. Stufe durch den an dieser Stelle neu gewonnenen
Satz*).

Vielfache Übung im Halbieren von Geraden, sowie im Auftragen
von Winkelrechten auf gegebene Gerade.

5. Ob nicht das Verfahren, nach welchem wir seither schon das
gleichseitige Dreieck aus der Seite, das gleichschenklige aus Grundlinie
und Schenkel konstruiert haben, auch mit den Eigenschaften des gleichseitigen Bogenzweiecks, bezüglich mit den Eigenschaften des regelmässigen
Spitzbogens zusammenhängt, darin seine Begründung findet? Nachweis
dieses Zusammenhangs! Übung im Konstruieren gleichseitiger und gleich-
schenkliger Dreiecke mit Hülfe des gleichseitigen Bogenzweiecks und
Spitzbogens!

6. Es soll das Annenkirchfenster mit seinen drei Spitzbogen erklärt
und gezeichnet werden! (In dem äussern Spitzbogen liegen noch zwei
kleinere, innere Spitzbogen.) Zeichne die Spitzbogen zuerst mittelst voll-
ständiger Kreise! dann in abgekürzter Weise!

7. Zeichnet den mittleren Spitzbogen in der Vorderansicht (dem
Prospekt) unserer Orgel mit seinem Beiwerk! (Dieser gleichseitige Spitzbogen hat eine Spannweite von 120 cm; über ihn erhebt sich ein gleich-
schenkliger Spitzwinkel, welcher auf die nach beiden Seiten verlängerten
Spannweite des Spitzbogens steht. Die Anfänge der Schenkel liegen
24 cm von den Bogenanfängen des Spitzbogens ab. Die beiden Winkel-
schenkel sind die Sehnen eines anderen gleichseitigen Spitzbogens. Zeichnet
diesen zweiten Spitzbogen! Zeichnet die ganze Figur unter Weglöschen
der Bögen des äussern Spitzbogens!)

4 Einheit

Fig. 8

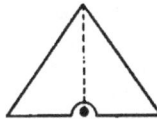

Aufgabe. Wir wollen das Werkzeug besprechen, mit Hülfe dessen
die Maurer die wagerechte Richtung der Mauern herstellen (Setzwage).

Die Kinder beschreiben nach eigener Anschauung die Setzwage und
ihren Gebrauch seitens der Bauhandwerker. Hierbei kommt zur Erörterung die wagerechte Richtung (= der eines im Gleichgewicht befindlichen Wagebalkens), die senkrechte Richtung (= der eines Lotes). Die
eingehendere Besprechung findet sodann im Anschluss an ein solches
Werkzeug und an eine Zeichnung desselben statt. Unsere Setzwage ist

---

*) Auch auf der V. Stufe können zuweilen noch neue Sätze gewonnen
werden. Vergl. Herbart, Allgem. Pädagogik, 1806 S. 127.

ein gleichschenkliges Dreieck von 42 cm Schenkellänge und 56 cm Grundseite. An der Spitze desselben ist ein Lot befestigt. Die Spitze liegt winkelrecht über der Mitte der Grundseite. An unserer Setzwage ist diese Winkelrechte von der Spitze auf die Mitte der Basis durch einen Riefen angedeutet, der Fusspunkt derselben durch einen kleinen halbkreisförmigen Ausschnitt bezeichnet. Giebt man der Winkelrechten die Richtung des angebrachten Lotes (d. h. stellt man die Setzwage so, dass ihr Lot genau in die Richtung der Winkelrechten fällt), so ist die Grundseite wagerecht gerichtet; wird das auf der Grundseite stehende Werkzeug so gerichtet, dass die Grundseite wagerecht gerichtet ist, so fällt die Winkelrechte mit dem Lote zusammen. Wird die Setzwage mit der Grundseite auf die Mauer aufgestellt und das Lot fällt mit der Winkelrechten zusammen, so ist die Mauer oben wagerecht; fallen beide nicht zusammen, so ist die wagerechte Richtung nicht vorhanden. Nach welcher Seite neigt im letzten Falle die Mauer?

Prüft mit der Setzwage die wagerechte Richtung der Tischplatte, des Fensterbretts u. s. w.!

Die Setzwage ist uns der Vertreter des gleichschenkligen Dreiecks, und dieses wieder steht in inniger Beziehung zum Bogenzweieck und dem gleichschenkligen Spitzbogen. Nachweis dieses Zusammenhanges! Die Grundseite entspricht der Breite des Bogenzweiecks, bezüglich der Spannweite des gleichschenkligen Spitzbogens, die gleichen Schenkel entsprechen den Sehnen der beiden Bögen. Was vom gleichschenkligen Spitzbogen gilt, gilt daher auch vom gleichschenkligen Dreieck. Die Höhe im gleichschenkligen Dreieck ist Ebenmasslinie, halbiert die Grundseite und den Winkel an der Spitze; die Winkel an der Grundseite sind einander gleich. Beweis durch Umklappen um die Höhe.

Könnte die Grundseite der Setzwage nicht auch kleiner sein als ein Schenkel? Könnte sie nicht auch die Form des gleichseitigen Dreiecks erhalten? Warum mag man ihr in der Regel aber doch die Form des gleichschenkligen Dreiecks mit der Grundlinie als der grössten Seite desselben geben?

5 Einheit

Einige geschlossene architektonische Gebilde:
das Kleeblatt, das Vierblatt, die dreiteilige rundbogige
Fischblase

Fig. 9   Fig. 10

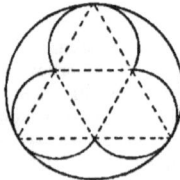 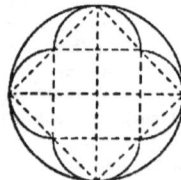

Aufgabe. Wir wollen die aus Kreisen und Kreisbogen bestehenden Figuren (Fig. 9 und 10) zeichnen, die wir in den gotischen Spitzbogen der Annenkirchfenster kennen gelernt haben, sowie im Anschluss hieran die Zierfigur, welche uns in den Füllungen der gusseisernen Ofenthüre im Zimmer unserer IV. Klasse aufgefallen ist (Fig. 12).

Fig. 11   Fig. 12

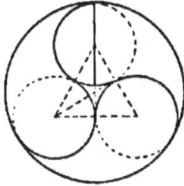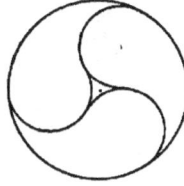

In den Spitzbogen der Annenkirchfenster erscheinen abwechselnd das „Kleeblatt" (Fig. 9), und das „Vierblatt" (Fig. 10); in der Ofenfigur (Fig. 12) aber haben wir eine Form der rundbogigen „Fischblase" vor uns. Alle diese Formen kommen in der Baukunst sehr vielfach zur Anwendung.

Ein Blick auf die an der Tafel stehenden Zeichnungen dieser Figuren mit ihren Hülfslinien ergiebt die Konstruktionsweisen für die zu zeichnenden Gebilde.

Wie wird zunächst ein „Kleeblatt" (Fig. 9) konstruiert?

Ziehe einen Kreis und teile denselben in sechs gleiche Teile! Schreibe dem Kreise das gleichseitige Dreieck ein! Verbinde die Mitten der Dreiecksseiten durch Gerade, wodurch das ganze Dreieck in vier kleinere gleichseitige Dreiecke zerlegt wird! Ziehe aus den Mittelpunkten der kleinen äussern Dreiecke mit dem Abstande dieser Mittelpunkte von den Ecken Kreisstücke, welche in den Mitten der grossen Dreiecksseiten zusammentreffen! Lösche die Hülfslinien (die Dreiecke) weg!

Fig. 13

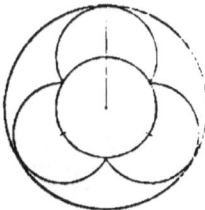

Oder in etwas anderer Weise: Ziehe einen (kleinern) Kreis (Fig. 13) und teile denselben in sechs gleiche Teile! Beschreibe mit demselben Halbmesser aus den Teilungspunkten 1, 3, 5 Kreisstücke, welche in den drei übrigen Teilungspunkten 2, 4, 6 zusammenstossen! Umschliesse die drei Kreisstücke vom Mittelpunkte des Anfangskreises aus noch mit dem Kreise von doppelt so grossem Halbmesser! Tilge den innern Kreis wieder!

Wie lässt sich das „Vierblatt" (Fig. 10) zeichnen?

Ziehe einen Kreis! Beschreibe das Quadrat in denselben! Verbinde die Halbierungspunkte der Quadratseiten durch Gerade so mit einander, dass das dem grösseren eingeschriebene kleinere Quadrat entsteht! Ziehe nach aussen Halbkreise auf die Seiten des inneren Quadrats! Lösche die Hülfsquadrate wieder weg!

Oder: Ziehe einen (kleinern) Kreis (Fig. 14) und teile ihn in 8 gleiche Teile! Nimm die Sehne zwischen zwei benachbarten Teilpunkten in den Zirkel und beschreibe mit dieser Zirkelöffnung von den Teilpunkten 2, 4, 6, 8 Kreisstücke auf den Anfangskreis, welche in den Teilpunkten 1, 3, 5, 7 zusammentreffen! Ziehe den Umfassungskreis! Lösche den innern (Hülfs-) Kreis wieder weg!

Wo haben wir das Kleeblatt und das Vierblatt sonst noch gesehen? Das Kleeblatt in den Fensterbogen des Oberpfarreigebäudes, in den Stützen der Gasleuchter in der Georgenkirche; das Vierblatt am Ladengetäfel eines Hauses in der Georgenstrasse. — Wie wird ein Fünfblatt, ein Sechsblatt konstruiert werden können?

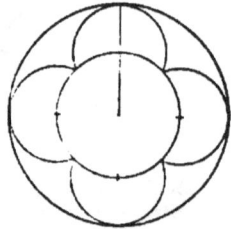

Fig. 14

Wie aber mag die eigentümliche dreiteilige dritte Figur (Fig. 12) entstanden sein? Wenn man die Kreisbogen im Innern des Umfassungskreises zu vollständigen Kreisen ergänzt (Fig. 11), so erhält man die zusammengesetzte Kreisfigur, welche uns schon bekannt ist (Fig. 3): einen Umfassungskreis mit drei in demselben liegenden gleichen kleineren Kreisen, die sich unter einander und mit dem Hauptkreise berühren. Wir dürfen daher nur die zusammengesetzte Kreisfigur nach dem uns bekannten Verfahren konstruieren und die nicht dazu gehörigen drei Kreisstücke wieder löschen, um die verlangte Figur (die dreiteilige rundbogige „Fischblase") zu erhalten. Ausführung der Konstruktion, und zwar 1. Darstellung der Form in natürlicher Grösse an der Wandtafel, 2. in verjüngtem Masse auf Papier!

Vergleich des „Kleeblatts", des „Vierblatts", des „Fünfblatts" (der „fünfblättrigen Rose") mit der rundbogigen Form der „Fischblase". Bei den ersteren kamen einander schneidende, bei letzterer einander berührende Innenkreise in Betracht. Dort bleiben die Schnäbel bildenden, hier die in einander übergehenden Kreisstücke stehen. Könnte man nicht aber auch Kleeblätter und Vierblätter mit einander berührenden Kreisen bilden?

6 Einheit

Konstruktion der Spirallinie

Aufgabe. Wir wollen die schöne Verzierungsform zeichnen, welche wir unlängst am gusseisernen Gitterthore der E.schen Villa angeschaut, und die wir gestern nochmals genau betrachtet haben. Wie haben wir die Figur genannt? (Spirale.) Wiederhole kurz die Aufgabe!

Anmerkung. Die Ausführung dieser Einheit siehe im „achten Schuljahre" Seite 151 ff.

7 Einheit

Gerade und Kreis.   Tangente.   Tangentendreieck

Fig. 15

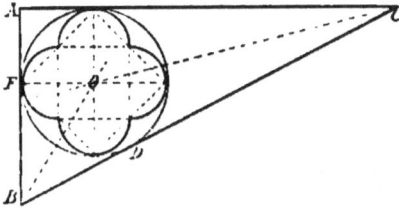

Aufgabe. Es soll die Deckenträgerstütze in der neuen Turnhalle gezeichnet und besprochen werden (Fig. 15).

I. Stufe. Die Grundfigur der Stütze ist ein ungleichseitig-recht-winkliges Dreieck ABC mit dem rechten Winkel bei A, der Seite AB = 100 cm, der Seite AC = 150 cm. In das Dreieck ist ein Kreis so ein-geschrieben, dass er alle Seiten des Dreiecks berührt. Innerhalb des Kreises liegt ein Vierblatt mit halbkreisförmigen Blättern.

Das ungleichseitig-rechtwinklige Dreieck können wir aus den beiden Seiten AB und AC, welche den rechten Winkel bilden, schonzeichnen. Zeichnet dasselbe in angemessener Verjüngung! Auch den Kreis mit dem Vierblatt haben wir schon konstruieren gelernt (Fig. 10). Wiederholt die Konstruktion! Wie aber vermögen wir den Kreis so in das recht-winklige Dreieck einzuzeichnen, dass er alle drei Seiten des Dreiecks berührt, ein eingeschriebener Kreis wird?

Stufe IIa. Offenbar muss zweierlei bestimmt werden: 1. der Mittelpunkt des Kreises im Dreieck, und 2. der Halbmesser desselben.

Im Anschluss an eine genaue Musterzeichnung des Gebildes finden die Schüler unter angemessener Leitung des Lehrers: a. der Mittelpunkt des Kreises in unserm Dreieck liegt im Schnittpunkte O der Winkel-halbierenden CO und BO, und b. die vom Mittelpunkte O auf AC ge-zogene Winkelrechte OE ist der Halbmesser des Kreises. Wie können wir hiernach den Kreis in unser rechtwinkliges Dreieck einzeichnen? Konstruiert nach den gemessenen Seitenlängen in verjüngtem Masse das Dreieck! Zeichnet den Kreis in dasselbe! Legt in den eingeschriebenen Kreis das Vierblatt!

Stufe IIIa. Eine ähnliche dreieckige Stütze mit eingeschriebenem Kreise fanden wir an dem Schlagbaum in der Mühlhäuserstrasse jenseits der Bahn (Fig. 22), nur dass der schräg aufwärts gerichtete Balken durch ein ungleichseitig stumpfwinkliges Dreieck mit eingeschriebenem Kreise ohne Vierblatt gestützt wurde. Wie lang haben wir bei unserer Messung die drei Seiten AB, AC, BC des Dreiecks gefunden? Ob man auch hier den Kreis nach dem beim rechtwinkligen Dreieck angewandten Verfahren einzeichnen kann? Führt die Konstruktion aus und gebt an, was ihr gefunden!

In der Giebelfüllung einer Villa am Barfüsserteiche bemerkten wir ein gleichschenkliges Dreieck, dessen Grundseite AB wir auf 80 cm, und dessen Schenkel AC = BC wir auf 100 cm schätzten. Dasselbe war durch die Höhe CD auf die Grundseite AB in zwei rechtwinklige Dreiecke ACD und BCD zerlegt, ein jedes mit dem eingeschriebenen Kreise. Versucht, ob ihr die Kreise auf die vorige Weise auch in diese Dreiecke einzeichnen könnt!

Zeichnet in ein gleichseitiges Dreieck von 22 mm Seite, in ein gleichschenkliges von 30 mm Schenkel- und 36 mm Grundseitenlänge den eingeschriebenen Kreis!

Was lernen wir daraus!

Stufe IV a. 1. Ein Kreis innerhalb eines Dreiecks, welcher alle drei Seiten desselben berührt, heisst ein dem Dreieck eingeschriebener Kreis.

2. Der Schnittpunkt der winkelhalbierenden Linien im Dreieck ist der Mittelpunkt des eingeschriebenen Kreises.

3. Die Winkelrechte vom Mittelpunkte auf eine der Dreiecksseiten ist der Halbmesser des eingeschriebenen Kreises.

4. Angabe des Konstruktionsverfahrens für den ins Dreieck einzuschreibenden Kreis.

Stufe V a. 1. Nachzeichnen vorgelegter Dreiecksfiguren mit eingeschriebenen Kreisen.

2. Zeichnet a) in ein gleichseitiges Dreieck von 2 cm Seite, b) in ein gleichschenkliges von 25 mm Schenkellänge und 32 mm Grundseite den eingeschriebenen Kreis! Brauchen wir in diesen beiden Fällen noch eine besondere Winkelrechte vom Mittelpunkte auf eine Dreiecksseite zu legen, um den Halbmesser zu gewinnen? Vergleicht nach dieser Hinsicht das gleichseitige Dreieck und das gleichschenklige Dreieck miteinander!

3. Es soll einem gegebenen Dreieck ein Kreis eingeschrieben und ein solcher auch umgeschrieben werden!

Stufe II b. Wir kehren zu unserer Trägerstütze in der Turnhalle (Fig. 15) zurück. Wie der Kreis die Dreiecksseiten berührt, so berühren umgekehrt die Dreiecksseiten den Kreis, sie sind Berührende (Tangenten) an den Kreis. Jede von ihnen würde, auch bei jeder denkbaren Verlängerung nach beiden Seiten, den Kreis doch nur in dem einen Punkte berühren. Anders bei den Winkelhalbierenden, die, von einem Punkte (A, B, C) ausserhalb des Kreises ausgehend, denselben bei gehöriger Verlängerung in zwei Punkten schneiden, einmal bei ihrem Eintritt in den Kreis, das andere mal bei ihrem Austritt aus demselben. Sie sind den Kreis durchschneidende (gerade) Linien (Sekanten). Wo haben wir solche Sekanten schon gesehen?

Ziehen wir von den Berührungspunkten E, F, D der Tangenten AB, AC und BC Halbmesser in den Kreis, so steht jeder dieser Halbmesser winkelrecht auf seiner Tangente.

Stufe III b. Ob das beim Kreis und seinen Tangenten immer so ist, und ob wir somit auf ein allgemeines Gesetz gestossen sind? Die Untersuchung wird an allen den Figuren vorgenommen, die in den letzten Stunden gezeichnet worden sind. Und siehe, es trifft zu. Sprecht das Gesetz aus!

Stufe IV b. Zusammenfassung des neuen Begrifflichen.

1. Die Sekante ist eine Gerade, welche, von einem ausserhalb des Kreises liegenden Punkte ausgehend, den Kreis durchschneidet.

2. Die Sekante trifft den Kreis in zwei Punkten.

3. Die Tangente ist eine Gerade ausserhalb des Kreises, welche, auch bei jeder möglichen Verlängerung derselben, den Kreis nur in einem Punkte berührt.

4. Der Halbmesser nach dem Berührungspunkte steht winkelrecht auf der Tangente.

Stufe V b. 1. Ob man das unter Nr. 4 ausgesprochene Gesetz nicht benutzen könnte, um von einem gegebenen Punkte O aus einen Berührungskreis an eine gegebene Gerade zu ziehen? (Lege von O aus eine Winkelrechte an die gegebene Gerade, so ist diese der Halbmesser des Kreises, mit dem der Kreis von O aus gezogen werden kann.) Ausführung der Konstruktion!

2. An dem Getäfel eines Ladens in der Georgenstrasse fanden wir zwei wagerechte parallele Gerade von 150 cm Länge und 20 cm Abstand von einander. Zwischen ihnen waren in gleichen Abständen 4 Kreise angebracht, welche die Parallelen berührten. Die Mittelpunkte der beiden Endkreise lagen je einen Durchmesser weit von den Endlinien des Parallelstreifens ab. Die Form soll gezeichnet werden!

3. An der Galerie eines Hauses am Prinzenteiche gewahrten wir ein Quadrat in ausgeschnittener Arbeit von (ungefähr) 60 cm Seite mit einem eingeschriebenen Kreise und mit einem zweiten dem ersten konzentrischen Kreise von nur halb so grossem Durchmesser. Aufsuchen, Aussprechen und Anwenden des Konstruktionsverfahrens!

4. Dem Dreieck lässt sich ein Kreis einschreiben, dem Quadrat ebenfalls. Wie ist das bei dem Rechteck? Wie so? Versucht es, dem regelmässigen Fünfeck (wie wir es auf dem Siegelring Luthers kennen gelernt haben) einen Kreis einzuschreiben! Am Barfüsserwege fanden wir ein regelmässiges Achteck von 150 cm Seite abgegrenzt mit in demselben befindlichen kleinen Teiche, dessen Umfang als eingeschriebener Kreis angesehen werden konnte. Die Figur soll gezeichnet werden! a) Aufsuchen des Konstruktionsverfahrens! b) Ausführung der Konstruktion! Wie würden wir aber verfahren können, wenn wir mit der Zeichnung des Kreises beginnen und die Zeichnung des regelmässigen Tangentenachtecks folgen lassen wollten? Von welchen Sätzen würden wir beim Antragen der Tangenten Gebrauch machen?

5. Ergänzung des Systems durch die auf der V. Stufe neu gewonnenen Sätze.

8 Einheit

Winkelmessung. Winkelmesser

Fig. 16

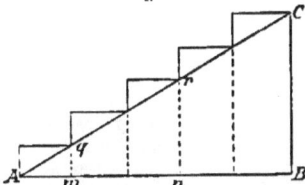

Aufgabe. Es ist schon von uns bemerkt worden, dass wir auf unserer Schultreppe viel bequemer und leichter aufsteigen können, als auf manchen Haustreppen, z. B. auf der in der Schuldienerwohnung; dass es viel grössere Anstrengung kostet, den Schlossbergweg hinaufzusteigen, als es kostet, um den Weg hinter der neuen Turnhalle zu wandern. Wir wollen überlegen, wie das zugeht?

So viel wissen wir schon, das Aufsteigen macht um so mehr Mühe, je steiler die Treppe, der Bergweg ist; es geht um so leichter und bequemer, je allmählicher, sanfter Treppe und Weg aufsteigen. Es wird uns aber sofort schon durch den Augenschein klar, dass Schultreppe und Turnhallenweg eine geringere, die Treppe in der Dienerwohnung und der Weg auf den Schlossberg eine grössere Steigung haben.

Aber wie mag sich eine solche Steigung genau bestimmen lassen? Wie mag zunächst die Steigung (Steilheit) der Schultreppe genau bestimmt werden können? Bei dieser haben wir das leicht. Unter dem Treppenaufgang ist ein Bretterverschlag angebracht, dessen unterer Rand AB (Figur 16) genau wagerecht unter dem Treppenbalken AC hinläuft. Der schräg aufwärts gehende Treppenbalken hat eine Länge von 284 cm, die Wagerechte AB unter demselben eine solche von 235 cm. Steigen wir nun auf der Treppe von A bis q, so sind wir gerade über dem Punkte m der Wagerechten; sind wir in r angekommen, so befinden wir uns über n; haben wir die Höhe C erreicht, so stehen wir gerade über B. Nun hat unsere Messung ergeben: auf die wagerechte Entfernung Am = 50 cm kommt eine Steigung = qm = 34 cm; auf die wagerechte Entfernung An = 150 cm die Höhe (Steigung) rn = 102 cm; auf die ganze wagerechte Entfernung AB = 235 cm die Höhe CB = 160 cm. Ist dadurch die Steigung nicht bestimmt? Können wir auf die Frage nach dem Grade der Steilheit nicht sagen: auf 50 cm wagerechte Entfernung kommt eine Steighöhe von 34 cm? Und können wir hiernach die Treppe mit ihrer richtigen Steigung in verjüngtem Masse nicht auch genau an die Tafel zeichnen? Zeichnet die Treppe an die Wandtafel und stellt dabei das cm durch das mm dar!

Eben so leicht haben wir es, die Steilheit des Weges hinter der neuen Turnhalle zu bestimmen, nur dass wir bei ihm besser thun, die Untersuchung in der Richtung von oben nach unten anzustellen, also den Fall des Weges zu ermitteln, der natürlich gleich der Steigung desselben sein muss. Die wagerechten Fugenlinien an der Mauer der Turnhalle lassen bequeme und genaue Messungen zu. Es kommt aber nach den von uns vorgenommenen Messungen auf eine wagerechte Entfernung von 12 m ein Fall von 80 cm (auf eine wagerechte Entfernung von 28 m ein solcher von 1,86 cm). Wie kann hiernach das Mass des Falles oder des Ansteigens ausgedrückt werden? (Auf eine wagerechte Entfernung von 12 m kommt ein Fall von 80 cm.) Stellt verjüngt das Wegstück hinter der Turnhalle nach diesen Massverhältnissen in einer genauen Zeichnung dar!

Wie werden wir aber die Steigung des Weges auf den Schlossberg ermitteln können, bei dem wagerechte Strecken und Steighöhen (Falltiefen) in Seitenmauern zum bequemen Ausmessen nicht vorhanden sind? Durch Nivellieren mit Hülfe einer Latte (eines Massstabes von mehreren Metern Länge), eines Lotes und einer Setzwage. Ausgerüstet mit diesen Werkzeugen, wird die Steigung des Weges an verschiedenen Stellen gemessen, aus den einzelnen Messergebnissen das Mittel gezogen und hierauf die Wegstrecke in der Schule genau gezeichnet.

Nun hat sich aber ergeben:

bei der Schultreppe   auf eine wager. Strecke v. 50 cm eine Steigung v. 34 cm
beim Wege hint. d. Turnhalle   „   „   „   „   v. 12 m   „   „   v. 80 cm
beim Schlossbergwege   „ „   „   „   v. 14,5 m „   „   v. 2 m

Wo ist aber nun die Steigung am grössten, und wie viel beträgt sie in dem einen Falle mehr als in dem andern? Das macht erst wieder eine Rechnung nötig: man muss ausrechnen, wie viel beträgt in jedem dieser Fälle die Steigung auf eine wagerechte Strecke von 20 cm (oder von 50 cm, oder von 1 m, oder von 10 m u. s. w.), um eine genaue Vergleichung anstellen zu können.

Um dieser Unbequemlichkeit aus dem Wege zu gehen, hat man nach einem Verfahren gesucht, durch welches die Steigung von vornherein so bestimmt werden kann, dass eine sofortige Vergleichung ohne vorher gegangene Umrechnung möglich ist. Wie hat man das angefangen?

Sehen wir wieder auf unser Treppengebilde (Fig. 16). Die wagerechte Strecke AB des Treppenverschlags bildet mit dem schräg aufsteigenden Treppenbalken AC den Winkel CAB. Es ist ein spitzer Winkel. Würde man den in A drehbar befestigten Treppenbalken AC etwas nach AB zu herunter lassen, so würde der Winkel kleiner (spitzer), die Steilheit der Treppe geringer werden. Liesse man den Balken AC ganz herunter auf AB, so fielen die beiden Ausdehnungen zusammen, ein Winkel und eine Steigung wäre gar nicht mehr vorhanden. Drehte man von da ab den Balken AC um A ruckweise wieder aufwärts, so nähme der Winkel bei A jedesmal an Grösse zu und mit dem Winkel zugleich auch die Steigung des Schenkels (Balkens) AC. Hätte AC endlich um A eine Vierteldrehung gemacht, so stände er senkrecht auf der Wagerechten AB, bildete mit derselben einen rechten Winkel und hätte jetzt die höchste Steigung erlangt; denn noch weiter gedreht, bewegte er sich nach der entgegengesetzten Seite wieder abwärts. Die Steigung hängt daher von der Drehung des einen Schenkels vom andern oder, was dasselbe ist, von dem Winkel ab, den beide Schenkel mit einander bilden; und Winkel und Steigung können in folgender Weise bestimmt werden:

Man zieht von A aus einen Kreis, welcher die Schenkel AB und AC durchschneidet, teilt den Kreis in 360 gleiche Teile, die man von dem Schenkel AB aus nach dem Schenkel AC hin numeriert, und nennt jeden dieser 360 Teile des Kreises einen Grad. Wird nun der Schenkel (Balken) AC aus der Lage AB bis zum ersten Gradstrich in die Höhe gedreht, so entsteht ein spitzer Winkel von 1 Grad (= 1 ^{0}); und man sagt auch von der Steigung des Schenkels (Treppenbalkens) AC, sie betrage 1 Grad (1 ^{0}). Dreht man AC um 3, 8, 20, 50, 80, 90 Grad von AB ab aufwärts, so beträgt auch der entstandene Winkel und die erfolgte Steigung 3, 8, 20, 50, 80, 90 Grad. Bei 90 ^{0} hat AC eine Vierteldrehung gemacht, der Winkel ist ein Rechter geworden: der rechte Winkel (R) beträgt also 90 ^{0}. Die Steigung ist bei 90 ^{0} die höchste.

Es würde aber lange aufhalten, wollte man zur Winkelmessung den um den Winkel gezogenen Kreis immer erst in seine 360 Grade einteilen. Man hat daher im voraus und ein für allemal einen auf Papier,

Messing, Horn gezogenen Kreis oder Halbkreis genau in Grade abgeteilt, den man nun bequem zur Winkelmessung benutzen kann. Gewöhnlich benutzt man hierzu nur einen Halbkreis, weil derselbe vollkommen ausreicht und handlicher ist. Man nennt den zur Winkelmessung in seine 180 Grad geteilten Halbkreis einen Winkelmesser oder Transporteur. Hier ist ein solcher, mit dem ihr nun umgehen lernen sollt (Fig. 17).

Fig. 17 ·

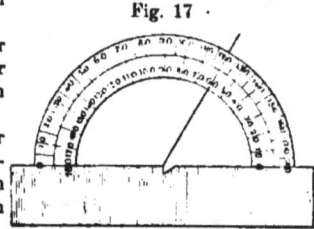

Wie wird der Transporteur zur Winkelmessung benutzt? Die Schüler haben das Verfahren genau anzugeben und dasselbe sich einzuprägen.

Bestimmt nun die Steigung unserer Treppe, des Weges hinter der Turnhalle, des Schlossbergweges in den von uns entworfenen genauen Zeichnungen auch nach Graden!

Wie wird sich hiernach die Steigung des Rasenplatzes unter der Wartburg, der Neigungswinkel der im Georgenthal und bei der Nessemühle zutage tretenden Gebirgsschichten etc. bestimmen lassen?

(Messen einer wagerechten Strecke, Messen der Steighöhe, genaue Zeichnung, Messen des Winkels in der Zeichnung mit dem Transporteur.)

Das Aufsteigen einer Geraden von einer Wagerechten geht nur bis zu 90°; von da an nimmt es wieder ab. Zur Bestimmung der Steighöhe (Falltiefe) würde daher schon der Viertelkreis mit seiner Gradeinteilung genügen. Aber man hat nicht selten auch Winkel zu bestimmen, die durch eine grössere als eine Vierteldrehung entstanden sind (stumpfe Winkel), und hierzu bedarfs des graduierten Halbkreises. Ist die Abdrehung eines Schenkels vom andern 180 Grad, so liegen beide Schenkel in derselben Geraden, aber nach entgegengesetzten Seiten; der durch sie gebildete Winkel heisst ein gestreckter Winkel = 2 R.

Vielfache Übungen im Schätzen, Messen von Winkeln, die in der Natur gegeben sind! die in Zeichnungen vorliegen! Z. B.

a. Bestimmt aus der Zeichnung die Winkel, welche in einer Seitenfläche der Nikolaiturmpyramide, in der achteckigen Grundfläche derselben vorkommen! die Winkel, die in der Dreiecksstütze in Fig. 15 vorkommen!

b. Es soll der Winkel bestimmt werden, den der schräg aufwärts gerichtete Arm des Schlagbaums in der Mühlhäuserstrasse mit dem Pfosten macht, an dem er befestigt ist (Fig. 22)!

c. Am Werrabahnübergang in der Mühlhäuserstrasse ist die Steigung der Bahn durch die Zahlen 1 : 50 ausgedrückt. Was soll das heissen? Zeichnet die Steigung! Ermittelt die Steigung nach Graden!

d. An der Wandtafel stehen mehrere Winkel. Messt dieselben mit dem Transporteur und schreibt die Gradzahl in die Winkelöffnung!

e. Zeichnet mit Hülfe des Transporteurs Winkel von 6, 9, 20, 30, 45, 60, 80, 90, 100, 140 Grad!

f. Zieht eine Wagerechte, teilt dieselbe in 10 gleiche Teile und tragt an die Teilungspunkte der Reihe nach von links nach rechts Winkel von 100, 90, 80, 70, 60, 50, 40, 30, 20, 10 Grad!

g. Schätzt die an der Tafel stehenden Winkel nach Graden ab und prüft mit dem Transporteur eure Schätzungsresultate auf ihre Richtigkeit!

h. Nehmt den Zirkel und bildet mit seinen beiden Armen Winkel von 90, 60, 45, 30, 20 Grad!

i. Es ist 3, 6, 9; 2, 5, 11 Uhr; $\frac{1}{2}$4, $\frac{1}{2}$6, $\frac{3}{4}$11 Uhr; wie gross sind die Winkel, welche die beiden Zeiger bilden?

9 Einheit

Quadrat. Diagonalen im Quadrat. Rechtwinklig-gleichschenkliges Dreieck.

Fig. 18

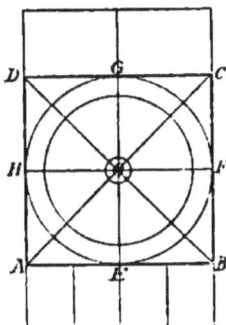

Aufgabe. Es soll die Vorderseite des eisernen Balkongeländers an dem M.schen Hause am Schlossberg besprochen und gezeichnet werden (Fig. 18).

I. Stufe. a. Beschreibung der Form desselben nach der an Ort und Stelle erlangten Anschauung. Die Grundfigur ABCD ist ein Quadrat von 60 cm (= 6 dm) Seite, mit den beiden Diagonalen AC und BD, und mit den beiden Mittellinien GE und HF. In dem Quadrate liegen drei konzentrische Kreise: der eingeschriebene Kreis EFGH mit der halben Mittellinie = 30 cm als Halbmesser, ein zweiter Kreis von 25 cm Halbmesser, ein dritter von 5 cm Halbmesser. Das Quadrat wird oben und unten umrahmt von einem Rechteck, dessen Länge gleich der Quadratseite = 60 cm ist und dessen Höhe 15 cm beträgt.

b. Darstellung des Gebildes in einer Freihandzeichnung aus dem Kopfe auf der Wandtafel unter Wiederholung der Beschreibung.

c. Genaue Zeichnung des Quadrats mit seinen Diagonalen (ohne das übrige Beiwerk) mit Lineal und Zirkel aus der Quadratseite AB = 60 cm nach dem bereits bekannten Konstruktionsverfahren! (AB = 60 cm hingelegt, in A und B Winkelrechte errichtet und gleich AB gemacht, zuletzt die freien Endpunkte D und C der Winkelrechten durch die Gerade DC verbunden). Nachweis der Richtigkeit der Zeichnung!

II. Stufe. Im Anschluss an die genaue Zeichnung an der Wandtafel schärfere Auffassung des Quadrats, um aus der Kenntnis seiner Eigenschaften neue Konstruktionsweisen zu gewinnen.

1. Fassen wir das Quadrat rücksichtlich seiner Seiten und Winkel ins Auge. Dass seine Seiten gleich und seine Winkel rechte sind, wissen wir bereits. Ebenso ist uns bekannt, dass je zwei seiner Gegenseiten parallel laufen. Weil letzteres der Fall ist, können wir unser Quadrat ein Parallelogramm nennen; weil die Winkel rechte sind, ist es ein rechtwinkliges, weil seine Seiten gleich sind, ist es ein gleichseitiges Parallelogramm: unser Geländerquadrat ist ein rechtwinklig-gleichseitiges Parallelogramm.

Welches Konstruktionsverfahren lässt sich hieraus ableiten? Wir ziehen zwei wagerechte Parallelen in einem Abstande von 60 cm, und legen durch dieselben zwei senkrechte Parallelen, ebenfalls in einem Abstande von 60 cm. Das von diesen vier Geraden eingeschlossene Viereck ABCD ist das zu zeichnende Quadrat. Zeichnet nach diesem Verfahren das Quadrat! Prüft die Zeichnung auf ihre Richtigkeit!

2. An der Wandtafel steht wieder, jedoch ohne alle Nebenlinien, in genauer Zeichnung und natürlicher Grösse unser Geländerquadrat ABCD. Wir legen die Diagonale AC ein und finden:

Die Diagonale AC ist grösser als die Quadratseite; die Messung ergiebt, sie hat eine Länge von 85 cm.*) Sie teilt das Quadrat ABCD in die beiden rechtwinklig gleichschenkligen Dreiecke ABC und ACD. Welches sind die gleichen Schenkel? welches die rechten Winkel? Klappt man die beiden Dreiecke um AC zusammen, so zeigt sich, ihre Seiten decken einander (sind gleich), ihre Winkel decken einander (sind gleich); die Dreiecke haben gleiche Gestalt und Grösse, sie passen ganz auf einander, sie sind deckungsgleich (kongruent): die Diagonale AC ist Ebenmasslinie. Bei dem Zusammenklappen um AC deckt der Winkel DAC den Winkel BAC, der Winkel DCA den Winkel BCA; die Diagonale hat also die rechten Winkel A und C des Quadrats halbiert, jeder der Teilwinkel ist ein halber Rechter $= \frac{1}{2}$ R: die Diagonale AC ist auch Winkelhalbierende. Jedes der beiden gleichschenklig - rechtwinkligen Dreiecke hat hiernach zwei gleiche Schenkel von je 60 cm, eine Grundseite AC von 85 cm und ferner 1 R und 2 halbe R, zusammen = 2 R.

Löschen wir die Diagonale AC aus und legen dafür die Diagonale BD ein, so führt die Untersuchung zu ganz gleichen Ergebnissen. Wie heissen dieselben? Auch die Diagonale BD zerlegt das Quadrat in zwei deckungsgleiche (kongruente) gleichschenklig-rechtwinklige Dreiecke, ist Ebenmasslinie und Winkelhalbierende. Jedes der beiden rechtwinklig-gleichschenkligen Dreiecke hat ausser dem R 2 halbe R zusammen = 2 R.

3. Sollten sich aus diesen Eigenschaften unseres Quadrats nicht neue Verfahrungsweisen zum Zeichnen desselben ableiten lassen? Da die beiden rechtwinklig-gleichschenkligen Dreiecke, in welche das Quadrat durch eine Diagonale zerlegt wird, kongruent sind, so ist durch jedes der beiden Dreiecke auch das andere und somit auch das Quadrat bestimmt. Demnach dürfen wir nur, wenn wir die Diagonale AC ins Auge fassen, die beiden kongruenten rechtwinklig-gleichschenkligen Dreiecke ABC und ACD im richtigen Anschluss an einander zeichnen, um das Quadrat ABCD zu erhalten.

---

*) Genauer 84,85 cm.

Was muss uns aber von dem rechtwinklig-gleichschenkligen Dreieck
ABC bekannt sein, wenn dasselbe gezeichnet werden soll? Vermögen
wir es zu konstruieren, wenn uns bekannt ist Schenkel AB = CB = Quadratseite 60 cm? Wie zeichnen wir hieraus das Dreieck ABC und sodann das
Quadrat ABCD? Wir lassen AB = 60 cm und CB = 60 cm winkelrecht
in dem Punkte B zusammentreffen, verbinden die freien Endpunkte A und
C durch die Gerade AC, und haben in ABC das eine der beiden Dreiecke
unseres Quadrats. Weise nach, dass wirklich ABC das Hälftendreieck
unseres Quadrates ist! Ist es gleichschenklig? rechtwinklig? ist AB
= CB = 60 cm, AC = 85 cm? ist jeder Winkel an der Grundseite AC
= $\frac{1}{2}$ R = 45⁰? Dass die beiden Schenkel AB und CB gleich sind und
einen rechten Winkel einschliessen, ist nicht weiter auffallend, wir haben
ja beim Zeichnen die beiden Schenkel einander gleich und = 60 cm
gemacht und sie unter einem rechten Winkel zusammengesetzt. Wunder-
bar aber ist, dass Seite AC ganz von selbst die (richtige) Länge von 85 cm
erhalten hat, und dass ebenso ganz von selbst jeder der beiden Winkel
an AC = $\frac{1}{2}$ R = 45⁰ gross geworden ist. Es muss gar nicht anders sein
können, als dass, wenn wir die rechtwinklig zusammengestellten Schenkel
60 cm lang machen, die Seite AC = 85 cm lang und jeder der beiden
Winkel an derselben = $\frac{1}{2}$ R = 45⁰ gross wird: das Dreieck muss durch
die Länge der Schenkel und den eingeschlossenen rechten Winkel nach
Gestalt und Grösse völlig bestimmt sein.

4. Das eine der beiden Dreiecke unseres Quadrates ist fertig und
richtig. Wie zeichnen wir nun im richtigen Anschluss an dasselbe das
andere ACD? Die Seite AC hat dasselbe mit Dreieck ABC gemein.
Auf dieser errichten wir darum mit den gleichen Schenkeln AD = CD
= 60 cm das Dreieck, indem wir erstens von A und von C aus mit dem
Halbmesser CD = 60 cm Bögen nach aufwärts schlagen, die sich in D
kreuzen, und zweitens den Kreuzpunkt D mit A und mit C verbinden.
Untersucht auch dieses Dreieck auf seine Richtigkeit! Welche Merkmale
muss es haben? Welchen dieser Stücke haben wir bei der Konstruktion
die erforderliche Grösse gegeben? Welche haben von selbst die richtige
Grösse erhalten? Welche Stücke haben also in diesem Falle Form und
Grösse des Dreiecks bestimmt? (Die drei Seiten.)

Bilden aber die beiden an einander geschlossenen Dreiecke ABC und
ACD das zu zeichnende Geländerquadrat? Nachweis der Richtigkeit!

Wie würde es werden, wenn wir unser Quadrat durch die Diagonale
BD in die beiden Dreiecke ABD und CBD zerlegten und aus diesen das
Quadrat zu zeichnen versuchten? Wir würden auf dem gleichen Wege
zum Ziele gelangen.

Zeichnet nach dem eben beschriebenen Verfahren das ganze Balkon-
geländer mit allen seinen Haupt- und Nebenteilen genau und sauber in
euer Buch!

5. Wie aber, wenn uns von dem Balkongeländerquadrat zwar die
Länge der Diagonale AC = 85 cm, nicht aber die Länge der Quadratseite
AB bekannt wäre? Ob wir gleichwohl das Quadrat zeichnen könnten?
Überlegt folgendes: Jedes der beiden Dreiecke ABC und ACD hat die
Grundseite AC = 85 cm und an derselben die beiden spitzen Winkel von
je $\frac{1}{2}$ R = 45⁰. Sollte hierin nicht ein Fingerzeig liegen, wie wir zu-
erst das rechtwinklig-gleichschenklige Dreieck ABC und hernach im An-

schlusse daran auch das demselben kongruente Dreieck ACD und somit das Quadrat ABCD zu zeichnen imstande wären?

Angabe des Verfahrens! Ausführung der Zeichnung nach demselben! Welche Stücke hatten nach Konstruktion die richtige Grösse erhalten? (Seite AC = 85 cm und die beiden anliegenden Winkel = $\frac{1}{2}$ R). Welche waren von selbst gleich geworden? Durch welches Stück ist hiernach unser rechtwinklig-gleichschenkliges Dreieck ABC, und sonach auch das Quadrat bestimmt? (Durch die Grundseite = Diagonale AC.)

6. Legen wir in unser Geländerquadrat ABCD (Fig. 18) beide Diagonalen AC und BD zugleich ein, so ergiebt sich durch den Augenschein, durch das Messen der in Frage kommenden Linien und Winkel, sowie durch das zweifache Zusammenfalten (Umklappen) der betreffenden Stücke folgendes: a. Die Diagonalen AC und BD sind gleich, halbieren und schneiden einander unter rechten Winkeln. b. Sie zerlegen das Quadrat in die vier kongruenten rechtwinklig-gleichschenkligen Dreiecke AOB, BOC, COD, DOA. c. Jedes der vier Dreiecke hat eine Quadratseite = 60 cm zur Grundseite und zwei Halbdiagonalen von je 42,5 cm zu Schenkeln. Die rechten Winkel liegen am Schnittpunkt der Diagonalen; an den Grundseiten (= Quadratseiten) liegen wieder je zwei Winkel von je 45°. d. Durch jedes dieser Dreiecke sind auch die drei andern und somit auch das Quadrat bestimmt.

7. Sollten sich hieraus nicht noch andere Konstruktionsweisen für das Quadrat gewinnen lassen? Aus welchen Stücken das rechtwinklig-gleichschenklige Dreieck konstruiert werden kann, wissen wir. Aus welchen nämlich? 1. Aus der Grundseite, 2. aus dem Schenkel. Ist uns nun bekannt die Quadratseite AB = 60 cm, wie können wir alsdann das gleichschenklig-rechtwinklige Dreieck AOB, und wie im weitern auch das Quadrat ABCD konstruieren? Wir legen AB = 60 cm wagerecht hin, setzen in A und B nach aufwärts Winkel von 45° an und lassen die Schenkel einander in O schneiden; dann ist AOB das eine der vier kongruenten Teildreiecke. Verlängern wir nun die Schenkel AO und BO jeden um sich selbst bis nach C und D und verbinden wir noch C mit D, C mit B und D mit A, so ist ABCD unser Quadrat. Führt die Zeichnung nach diesem Verfahren aus! Prüft die Zeichnung auf ihre Richtigkeit!

8. Legt in das Balkonquadrat (Fig. 18) auch die beiden Mittellinien GE und HF ein und gebt an, was ihr bemerkt! Sie halbieren einander und schneiden einander unter rechten Winkeln; sie teilen das Quadrat in vier gleiche kleinere Teilquadrate von 30 cm Seite. Klappt AEGD und GE, HFCD um HF und sagt, was sich ergiebt! Es erfolgt beidemale Deckung: die Mittellinien sind zugleich Ebenmasslinien, das Quadrat ist allseitig ebenmässig.

9. Es fehlen uns in userm Quadrate noch die drei konzentrischen Kreise. Der grössere ist der eingeschriebene Kreis (der die Quadratseiten in ihren Halbierungspunkten berührt); er hat die halbe Mittellinie = halbe Quadratseite zum Halbmesser. Die übrigen beiden Kreise haben bei dem gleichen Mittelpunkte Halbmesser von 25 cm und von 5 cm.

Genaue Zeichnung des Quadrates mit seinen Diagonalen, Mittellinien konzentrischen Kreisen, sowie den Rechtecken oben und unten ins Reinheft!

Stufe III. 1. Wiederholt die Konstruktion, indem ihr a. von der senkrechten Quadratseite AD (BC), b. von der wagerechten DC ausgeht! Wiederholt die Konstruktion zu einem grössern Quadrate von 96 cm Seite! zu einem kleinern von 24 cm Seite! Prüft in jedem einzelnen Falle, ob ein genaues Quadrat entstanden ist! Sprecht das Ergebnis aus!

Es sei uns aber von unserm Geländerquadrate die Diagonale AC = 85 cm bekannt und folglich auch die Halbdiagonale AO = 42,5 cm; wie können wir alsdann das Quadrat aus den vier Dreiecken konstruieren? Wir lassen zwei Gerade rechtwinklig einander in O schneiden, machen von O aus jeden der vier Arme gleich der Halbdiagonale = 42,5 cm, nennen die vier Arme OA, OB, OC, OD und verbinden der Reihe nach die freien Endpunkte A, B, C, D durch Gerade mit einander; ABCD ist dann unser Quadrat. Nachweis der Richtigkeit! Haben wir hier wieder die beiden rechtwinklig einander schneidenden und einander halbierenden gleichen Diagonalen? die vier kongruenten, rechtwinklig-gleichschenkligen Dreiecke mit den rechten Winkeln am Schnittpunkte der Diagonalen? Führt die Konstruktion auch mit andern (grössern und kleinern) Diagonalen aus und prüft jedesmal die entstandene Zeichnung auf ihre Richtigkeit! Was lernen wir hieraus?

IV. Stufe. Zusammenfassung alles Neugelernten.

1. Zwei Dreiecke, welche an Gestalt und Grösse ganz gleich sind (in allen ihren Seiten und Winkeln übereinstimmen, einander decken), heissen deckungsgleiche oder kongruente Dreiecke.

2. Ein gleichschenklig-rechtwinkliges Dreieck hat zwei gleiche Seiten (Schenkel), welche den rechten Winkel einschliessen. Die dem rechten Winkel gegenüberliegende dritte Seite (Grundseite) ist grösser als ein Schenkel. Von den beiden Winkeln an der Grundseite ist jeder $\frac{1}{2}$ R = 45°; die Summe der drei Winkel im rechtwinklig-gleichschenkligen Dreieck = 2 R.*)

3. Ein rechtwinklig-gleichschenkliges Dreieck ist bestimmt a. durch die Grundseite, b. durch den (gleichen) Schenkel, und kann daher aus diesen Stücken konstruiert werden. Demnach sind gleichschenklig-rechtwinklige Dreiecke, welche übereinstimmen a. in der Grundseite, oder b. in den gleichen Schenkeln, kongruent.

4. Das Quadrat ist ein Parallelogramm, welches lauter gleiche Seiten und lauter rechte Winkel hat.

5. Jede Diagonale im Quadrat halbiert zwei entgegengesetzte Winkel in demselben und teilt das Quadrat in zwei kongruente gleichschenklig-rechtwinklige Dreiecke: die Diagonale im Quadrat ist Ebenmasslinie und Winkelhalbierende.

6. Beide Diagonalen im Quadrat sind einander gleich, halbieren einander, schneiden einander unter rechten Winkeln und teilen das Quadrat in vier kongruente, gleichschenklig-rechtwinklige Dreiecke. Durch jedes dieser Dreiecke sind auch die drei andern bestimmt.

7. Das Quadrat ist bestimmt a. durch die Quadratseite, b. durch die Diagonale, und es kann daher aus jedem dieser Stücke konstruiert werden.

---

*) Dass der letzte Satz allgemein, d. h. von allen Dreiecken gilt, lernen die Schüler erst später.

Quadrate a. von gleicher Seite, b. von gleicher Diagonale sind einander gleich (kongruent).

V. Stufe. 1. In ein Quadrat ist a. eine Diagonale gelegt, sind b. die beiden Diagonalen gelegt; Zusammenstellung der Sätze, die sich in Bezug hierauf ergeben haben!

2. Zusammenstellung der Konstruktionsweisen für das gleichschenklig-rechtwinklige Dreieck und für das Quadrat, sowie Angabe der Sätze, auf welche sich dieselben gründen!

3. Wir haben die Seite der quadratischen Gitterthüre des Klemdagartens zu 1,5 m, die in dem Quadrate liegende Diagonale zu 2,12 m gefunden. Es soll nach dem verjüngtem Massstabe die Thüre a. aus der Quadratseite, b. aus der Diagonale gezeichnet werden!

4. Auf dem Vorplatze des D.schen Hauses im Johannisthale haben wir in einem eisernen Geländer das Quadrat mit seinen Diagonalen, einer Mittellinie, einem eingeschriebenen Kreise angewandt gefunden. Genaue Beschreibung der geometrischen Form! Angabe der Konstruktion! Zeichnung der Geländerform nach den ermittelten Massen!

5. In ein Quadrat sind die beiden Diagonalen und die beiden Mittellinien gelegt; was lässt sich vergleichsweise über sie sagen? Sie sind sämtlich Ebenmasslinien; die Diagonalen teilen das Quadrat in vier gleiche Dreiecke, die Mittellinien in vier gleiche Teilquadrate; ein Teilquadrat ist folglich gleich einem Teildreieck. Die Endpunkte der Mittellinien sind die Berührungspunkte für den ins Quadrat eingeschriebenen Kreis. Die halbe Mittellinie ist der Halbmesser für den eingeschriebenen, die halbe Diagonale ist der Halbmesser für den umgeschriebenen Kreis. — Ergänzung der IV. Stufe durch diese Sätze.

6. Zeichnet in Verjüngung ein gleichschenklig-rechtwinkliges Dreieck ABC mit den gleichen Schenkeln AB = CB = 75 cm!

7. Zeichnet alle ein gleichschenklig-rechtwinkliges Dreieck mit einer Grundseite von 2,5 cm; bringt darauf verschiedene eurer Dreiecke zur Deckung und prüft, ob sie kongruent sind!

8. Zeichnet ein gleichschenklig-rechtwinkliges Dreieck von 2,5 cm Schenkellänge und 4 cm Grundseite! Es geht nicht. Warum nicht?

9. Zeichnung von Quadraten mit ihren Diagonalen, Mittellinien, ein- und umgeschriebenen Kreisen a. aus der Quadratseite = 22 mm (15 mm, 24 mm, 28 mm); b. aus der Diagonale = 36 mm (30 mm, 40 mm)! Die Quadrate sollen abwechselnd Seitenstellung und Eckstellung haben!

10 Einheit
Rechteck; ungleichseitig-rechtwinkliges Dreieck; gleichschenklig-schiefwinkliges Dreieck; Neben- und Scheitelwinkel
(Siehe Fig. 19, Seite 142.)

Aufgabe. Zeichnen des gusseisernen Gitterthores vor dem Vorgarten des Sch.schen Hauses am Frauenberge.

Die geometrische Erörterung beginnt mit der Beschreibung der Form des Gitterthores nach der an Ort und Stelle gewonnenen Anschauung. Es besteht aus vier Abteilungen. Die Grundformen derselben sind Rechtecke, von denen die der beiden mittlern Abteilungen auf der Langseite ruhen, die der beiden Endabteilungen aber auf der Schmalseite stehen. Bei der gleichen Höhe von 92 cm hat jedes der beiden mittlern eine Breite (Grundseite) von 290 cm, jedes der beiden äussern von 82 cm. In jedem der vier Rechtecke liegen die beiden Diagonalen, deren Durchschnittspunkt durch einen kleinen Kreis von 5 cm Halbmesser umschlossen wird.

Fig. 19

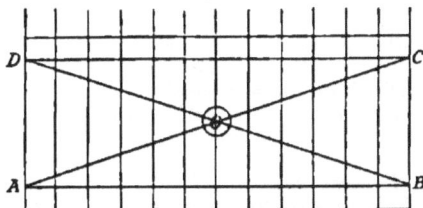

Zur genauern Betrachtung heben wir eins der Mittelstücke aus (Fig. 19). Das Rechteck ABCD hat oben und unten noch einen rechteckigen Rahmen von 12 cm Höhe; 24 senkrechte, in gleichen Abständen von einander stehende, mit einer Pfeilspitze versehene Stäbe ragen noch 18 cm über den obern Rahmen hinaus. In diesem liegen 24 gleiche, die parallelen Langseiten berührende Kreise, die das Vierblatt in sich tragen, und die von den senkrechten Stäben in ihren Mitten durchschnitten werden. Pfeilspitzen und Kreise sind in der Figur 18 oben weggelassen.

Nach der Beschreibung folgt die Darstellung der Mittelabteilung des Thores mit allem Beiwerk in einer Freihandzeichnung aus dem Kopfe an der Wandtafel oder auf Papier.

Im Anschluss an eine genaue Zeichnung der Gitterform an der Wandtafel oder auf einer Wandkarte treten sodann die Schüler zwecks Auffindung neuer Konstruktionsweisen unter Leitung des Lehrers in die eingehende Untersuchung des Rechtecks ein, nach deren Abschluss die exakte Zeichnung des ganzen Gebildes mit allem Neben- und Beiwerk mittelst Zirkel und Lineal ausgeführt wird.

Aus den Erörterungen der 2., den Vergleichungen der 3. und den Zusammenfassungen der 4. Stufe lernen die Schüler

a. das Rechteck, seine Eigenschaften, Bestimmungsstücke, Konstruktionsweisen und

b. das ungleichseitig-rechtwinklige, sowie das gleichschenklig-schiefwinklige Dreieck, seine Eigenschaften, Bestimmungsstücke und Konstruktionsweisen

kennen. Im einzelnen lässt sich der neue begriffliche Gewinn aus dieser Einheit so zusammenfassen:

1. Das Rechteck ist ein Parallelogramm, welches, wie das Quadrat, vier rechte Winkel hat, in dem aber nur die Gegenseiten einander gleich sind.

2. Die Diagonale im Rechteck teilt dieses in zwei kongruente, ungleichseitig-rechtwinklige Dreiecke, in denen man, wie im rechtwinkligen Dreiecke überhaupt, die beiden den rechten Winkel einschliessenden

Seiten die Katheten, die dem rechten Winkel gegenüberliegende
Seite die Hypotenuse nennt. Die Diagonale ist aber weder Winkelhalbierende, noch Ebenmasslinie; das eine Dreieck muss vielmehr
in der Blattebene erst um 180 Grad gedreht werden, ehe es beim
Übereinanderbringen zur Deckung mit dem andern gelangt. Durch
das eine Dreieck ist aber auch das andere und somit auch das
Rechteck bestimmt. Auch in jedem dieser rechtwinklig-ungleich-
seitigen Dreiecke betragen die beiden spitzen Winkel zusammen 1 R,
alle drei Winkel also 2 R. Durch einen der spitzen Winkel ist
auch der andere bestimmt.

3. Beide Diagonalen im Rechteck sind einander gleich, halbieren einander und schneiden einander unter schiefen Winkeln. Sie teilen
das Rechteck in vier gleichschenklige Dreiecke, von denen zwei
spitzwinklig-gleichschenklig, zwei stumpfwinklig-gleichschenklig sind.
Nur die einander gegenüberliegenden sind kongruent. Wenn aber
eins dieser Dreiecke bekannt ist, sind durch dasselbe auch die
übrigen und damit das ganze Rechteck bestimmt. Auch in den
schiefwinklig-gleichschenkligen Dreiecken sind die Winkel an der
Grundseite einander gleich und machen mit dem Winkel an der
Spitze zusammen 2 R aus.

4. Die beiden einander schneidenden Diagonalen bilden am Durchschnitts-
punkte 4 Winkel. Je zwei nebeneinander liegende Winkel derselben heissen Nebenwinkel; je zwei einander gegenüberliegende heissen
Scheitelwinkel. Ein Winkel und sein Nebenwinkel machen zusammen
2 R = 180°; Scheitelwinkel sind einander gleich. Die vier um den
Schnittpunkt herum liegenden Winkel machen zusammen 4 R = 360°.
Durch einen dieser Winkel sind auch die drei übrigen, sowie die
sämtlichen Winkel in den vier Dreiecken bestimmt.

5. Das ungleichseitig-rechtwinklige Dreieck ist bestimmt und kann
konstruiert werden, wenn gegeben sind a. die beiden Katheten,
b. eine Kathete und die Hypotenuse, c. eine Kathete und der an-
liegende spitze Winkel, d. die Hypotenuse und ein anliegender Winkel.

6. Das gleichschenklig-schiefwinklige Dreieck ist bestimmt und kann
konstruiert werden, wenn gegeben sind a. die Grundseite und der
Schenkel, b. die Grundseite und ein anliegender Winkel, c. ein
Schenkel und der Winkel an der Spitze, d. die Grundseite und der
gegenüberliegende Winkel an der Spitze.

7. Das Rechteck ist bestimmt und kann konstruiert werden, wenn gegeben sind a. zwei Nachbarseiten, b. eine Seite und die Diagonale,
c. die Diagonale und ein Winkel am Durchschnitt der Diagonalen,
d. eine Seite und die beiden spitzen Winkel, welchen die beiden
Diagonalen mit ihr bilden, e. eine Seite und der ihr gegenüberliegende Winkel am Schnittpunkte der beiden Diagonalen.

8. Zusammenstellung der hieraus sich ergebenden Konstruktionsweisen
für die gedachten Dreiecke und für das Rechteck.

Hierauf vielfache zeichnerische Darstellungen von angeschauten, ihren
Grössenverhältnissen nach bestimmten Formen, denen das Rechteck zu
Grunde liegt, sowie von Dreiecken gedachter Art und von Rechtecken,
zu denen Bestimmungsstücke willkürlich gegeben sind; und Nachweis,
dass auch bei allen diesen Formen die obigen Sätze ihre Gültigkeit haben.

11 Einheit

Der Rhombus; das Rhomboid; das gemeine Dreieck
Kongruenzsätze

Fig. 20

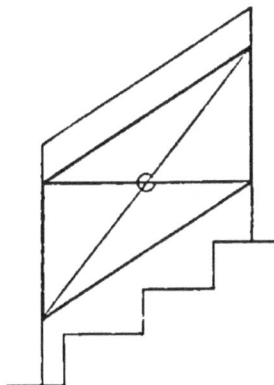

A u f g a b e. Es sollen die eisernen Treppengeländer vor dem S.schen Hause in der Kasernenstrasse und an dem Aufgang zur Werrabahnbrücke am Bahnhofe besprochen und gezeichnet werden.

Das erste, welches in einer Zeichnung hier nicht mit vorgeführt worden, ist seiner Grundform nach ein gleichseitig-schiefwinkliges Parallelogramm (Rhombus, Raute), das zweite, in Fig. 20 dargestellt, ist ein schiefwinklig-ungleichseitiges Parallelogramm (Rhomboid).

Im Anschluss an diese schiefwinkligen Geländerparallelogramme führt die Betrachtung zu den Eigenschaften des Rhombus und Rhomboids, zu den Gesetzen ihrer Diagonalen und zu den verschiedenen Bestimmungsstücken und Konstruktionsweisen beider Parallelogrammformen; sowie zu dem ungleichseitig-schiefwinkligen (gemeinen) Dreieck und seinen Bestimmungsstücken.

Wir legen die Diagonalen in das Rhomboid und erhalten eine neue Art des Dreiecks, das ungleichseitig-schiefwinklige oder das gemeine Dreieck, mit welchem die Reihe der Dreiecksformen erschöpft ist. Indem wir zur Konstruktion des gemeinen Dreiecks die Bestimmungsstücke desselben aufsuchen, gelangen wir zu den allgemeinen, d. h. für alle Dreiecke gültigen Kongruenzsätzen, die durch vielfache Anwendung in Lösung von Konstruktionsaufgaben zu voller Deutlichkeit und sicherer Aneignung gebracht werden. Das Messen der Winkel in den Parallelogrammen und Dreiecken, der Winkel um den Schnittpunkt der Diagonalen führt auf die Sätze von der Winkelsumme im Dreieck, im Parallelogramm (Viereck), von den Winkeln um einen Punkt herum, so wie auf die Sätze von den Neben- und Scheitelwinkeln.

Die fünfte Stufe dieser Einheit muss reiche Übungen und Anwendungen bringen. Sie bestehen der Hauptsache nach im Aufsuchen von

Zierformen mit dem schiefwinkligen Parallelogramm als ihrer Grundlage, in dem Messen und Zeichnen, sowie im Umformen derselben, in dem eigenen Erfinden und Darstellen dergleichen Formen. Wo haben wir Formen mit dem schiefwinkligen Parallelogramm beobachtet? In der Füllung einer Hausthüre in der Karlsstrasse fanden wir ein auf der Langseite ruhendes Rechteck, in welchem je zwei benachbarte Seitenhalbierungspunkte durch Gerade verbunden waren. Welche Art des schiefwinkligen Parallelogramms war dadurch entstanden? Zeichnet die Form nach den ermittelten Massen! Zeichnet die Form auf der Breitseite stehend! Zeichnet die Form in Eckstellung so, dass a. die lange Diagonale des Rhombus, b. die kurze Diagonale desselben senkrecht steht! — Sind wir nicht auch beim regelmässigen Bogenzweieck dem Rhombus schon begegnet? Nachweis! — In dem Rhombus des Bogenzweiecks, dem der Spitzbogen des Annenkirchfensters angehört, haben wir eine besondere Art desselben vor uns: die kurze Diagonale ist gleich der Rhombusseite. Zeichnet einen solchen Rhombus! — Legt in einen Rhombus, in ein Rhomboid die Breitenlinie ein und untersucht, was für Figuren entstanden sind! Legt in dieselben die beiden Diagonalen zugleich ein und beurteilt die entstandenen Figuren! Untersucht, ob sich dem Rhombus, dem Rhomboid a. ein Kreis einschreiben lässt (der alle Seiten berührt)? b. ein Kreis umschreiben lässt (der durch alle vier Eckpunkte geht)? Warum geht es nicht? u. s. w.

Nach Beendigung dieser Einheit dürfte eine (willkürliche) Wiederholung am Platze sein, in welcher ein grösserer Teil des geometrischen Systems ausgebildet wird. Es werden systematisch zusammengestellt: a. die Arten der Dreiecke, b. die Dreiecksbestimmungsstücke, c. die Kongruenzsätze, d. die Arten der Parallelogramme, e. die Gesetze derselben, f. die Bestimmungsstücke derselben.

12 Einheit

Die von einer Geraden geschnittenen Parallelen; gleichliegende Winkel, Wechselwinkel, Gegenwinkel

Fig. 21

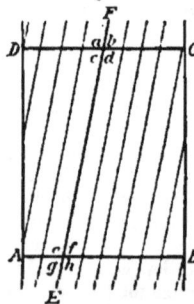

Aufgabe. Es soll die hölzerne Gitterthüre besprochen und gezeichnet werden, die wir am Eingang zu einem Berggrundstück im Grabenthal in Augenschein genommen und ausgemessen haben.

I. Stufe. Die Grundform ist ein Rechteck ABCD (Fig. 21) von 64 cm Breite und 80 cm Höhe mit einer von links oben nach rechts unten laufenden Diagonale DB. Die beiden wagerechten Parallelseiten sind in je acht gleiche Teile geteilt. Durch diese Teilungspunkte sind von links unten nach rechts oben parallellaufende Stäbe angebracht, die oben und unten je 10 cm über die wagerechten Rechtecksseiten hinausreichen. Eine von diesen Schrägen (EF) ist in der Zeichnung durch ihre Stärke besonders hervorgehoben. Sie geht durch den 2. Teilpunkt unten und den 4. Teilpunkt oben. Alle übrigen Schrägen haben mit ihr dieselbe Richtung.

Zeichnet die Thüre aus freier Hand an die Tafel! Zeichnet sie mit Zirkel und Lineal genau in euer Buch! Angabe des Verfahrens! Ausführung der Zeichnung! Prüfung derselben auf ihre Richtigkeit!

II. Stufe. Wir fassen die durch ihre Stärke hervorgehobene Schräge EF ins Auge. Sie schneidet die beiden wagerechten Parallelseiten AB und DC und bildet mit ihnen die acht Winkel a, b, c, d, e, f, g, h, die sich vielfach zu Winkelpaaren zusammenstellen lassen. Zunächst treten wieder Nebenwinkel und Scheitelwinkel auf, welche den Kindern bereits bekannt sind. Aufsuchen derselben! Messen derselben! Stehen die Messresultate im Einklang mit den Sätzen von den Neben- und Scheitelwinkeln?

Es entstehen aber auch ferner a. gleichliegende Winkel (z. B. a und e, d und h), b. innere und äussere Wechselwinkel (z. B. c und f, a und h), c. innere und äussere Gegenwinkel (z. B. c und e, b und h). Angabe ihrer (wesentlichen) Merkmale! Fassen wir die Gradmasse der zu Paaren zusammengeordneten Winkel vergleichend ins Auge, so ergiebt die Untersuchung: 1. die gleichliegenden Winkel sind einander gleich; 2. die Wechselwinkel sind einander gleich; 3. die Gegenwinkel betragen zusammen 2 R.

III. Stufe. a. Welche Winkelpaare sind auch an den übrigen Schrägen vorhanden? welche fehlen an einigen Linien?

b. Die schrägen Parallelstäbe werden aber selbst auch mehrfach durch andere Grade geschnitten, nämlich durch die Senkrechten DA und CB, durch die Wagerechten DC und AB, durch die Diagonale DB. Ob auch in diesen Fällen wieder an den geschnittenen Parallelen die neuen Winkelpaare entstanden sind? Ob in jedem dieser Fälle alle Winkelpaare entstanden sind? Ob von diesen Winkelpaaren dasselbe gilt, was von den Winkelpaaren gleicher Art, die wir vorher besprochen, ermittelt worden war?

IV. Stufe. Zusammenfassung der Sätze über die gleichliegenden Winkel, die Wechselwinkel und die Gegenwinkel, wie sie oben schon ausgesprochen worden sind.

V. Stufe. 1. Zeichnet nochmals das Thürrechteck, legt aber jetzt die schrägen Parallelstäbe mittelst der Gleichheit der Wechselwinkel ein!

2. Es soll eine zweite Thüre von doppelter Länge und Breite gezeichnet werden, in welcher aber die Schrägstäbe die wagerechten Parallelen unter spitzen Winkeln von 50 Grad schneiden!

3. Nachweis, dass auch das Ziehen von Parallelen mit Hülfe von Lineal und Winkelhaken auf der Gleichheit der gleichliegenden Winkel beruht!

4. Wie kann man mittelst der Gleichheit der Wechselwinkel Parallelen ziehen und angebliche Parallelen auf ihre Richtigkeit prüfen?

5. Vielfache Übung im Ziehen von Parallelen unter Benutzung der gefundenen Sätze!

6. Kommen unsere Sätze nicht auch schon bei den Parallelogrammen in Betracht? Welche Winkelpaare kommen bei denselben vor und zwar a. wenn die Figur nur die vier Seiten enthält? b. wenn auch die Diagonalen eingelegt sind? Welche Parallelogrammgesetze beruhen darauf?

13 Einheit
Unverschiebbarkeit der Dreiecksverbindung
Fig. 22

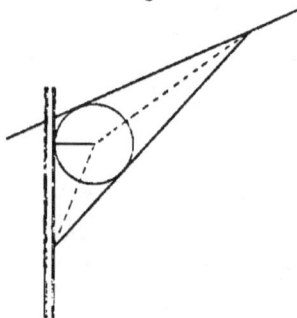

Aufgabe. Wir wollen überlegen, wie die Schlagbäume in der Mühlhäuser- und Gothaer-Strasse (Fig. 22), die Sperrbalken an den Bahnübergängen, die Querbalken des Wildzaunthores unter der Wartburg, der gusseiserne Querbalken vor dem Eingang in die Lokomotivenhalle auf dem Bahnhof, die wagerechten Strassenlaternenhalter befestigt sind, damit sie sich nicht senken.

Alle die genannten Gegenstände, insbesondere die beweglichen, freischwebenden Sperr- und Querbalken, würden ohne besondere Vorrichtungen nicht lange die ursprüngliche Richtung beibehalten, sondern an der freien Seite durch ihr eigenes Gewicht sich senken. Wie ist dem vorzubeugen? Durch neue senkrechte und wagerechte Bindestäbe (also durch eine Vierecksverbindung) nicht, wohl aber durch eine an der hintern Seite angebrachte Querleiste, welche mit dem Querbalken und dem senkrechten Pfeiler, an dem jener befestigt ist, ein Dreieck bildet, kurz durch eine Dreieckskonstruktion, eine Dreiecksstütze, wie wir eine solche schon als Träger- und Balkenstütze in der Turnhalle (Fig. 15) kennen gelernt haben. Worauf beruht aber diese Anwendung? Auf einer Eigenschaft des Dreiecks, nach welcher die in ihren Enden befestigten Dreiecksseiten eine unverschiebbare Verbindung bilden, während sich die verbundenen Vierecksseiten in den Nägeln leicht verschieben und den schweren schwebenden Balken eine feste Stütze nicht zu geben vermögen. Mehr-

10*

fache Versuche mit Dreiecks- und Vierecksverbindungen, wozu unter
anderen der zusammenlegbare Meterstab eine gute Gelegenheit giebt!
Die leichte Verschiebbarkeit der Vierecksverbindung sehen wir sehr deutlich auch an dem beweglichen Eisengitter an der Bahnsperrvorrichtung
vor dem Nadelthor. Ist der Sperrbaum herabgelassen, so bilden die
einzelnen Felder des Gitters regelrechte Rechtecke; ist er aufgezogen,
so haben sich die Rechtecke in verschobene Rechtecke (Rhomboide) verwandelt. Zeichnen der Sperrvorrichtung in beiden Lagen! Zeichnen einiger
anderer Gegenstände mit Dreieckstützen! Aufsuchen von weiteren Beispielen,
in denen die Dreiecksverbindung als Stütze zur Anwendung gekommen ist!

Ob nicht auch das Einlegen der Diagonalen in die (viereckigen)
gusseisernen Eingangsthüren, sowie ferner, ob nicht auch die Stegkon-
struktionen neben der Synagoge und im Grabenthal mit dieser Eigenschaft des Dreiecks zusammenhängen? Nachweis dieses Zusammenhangs!

14 Einheit
Zwei ungleiche gleichschenklige Dreiecke auf gemein-
samer Grundseite (das Deltoid, Drachenviereck)

Fig. 23

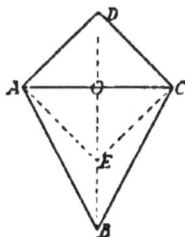

Aufgabe. Gelegentlich der Anfertigung eines Papierdrachens soll
das „Drachenviereck" (Deltoid) besprochen und gezeichnet werden.

I. Stufe. Für den Papierdrachen, den sie in die Luft steigen lassen,
und folgeweise auch für die geometrische Form desselben, das Drachenviereck (Fig. 23), haben die Kinder aller Zeiten und aller Orte ein leb-
haftes Interesse. Die Zöglinge werden veranlasst, sich ausführlich über
den Gegenstand auszusprechen.

II. Stufe. Die eingehende Betrachtung schliesst sich an eine an
der Wandtafel stehende Musterzeichnung an. Sei ABCD (Fig. 23) das
Drachenviereck, so legen wir zunächst die Diagonale (Grundseitendiagonale)
AC ein und erkennen: unser Drachenviereck besteht aus den beiden ungleichen gleichschenkligen Dreiecken ABC und ADC, welche auf der gemeinsamen Grundseite AC nach entgegengesetzten Seiten errichtet sind.

Hieraus ergiebt sich ohne weiteres seine Konstruktion. Angabe des
Konstruktionsverfahrens unter Rückerinnerung an die Konstruktion gleich-
schenkliger Dreiecke! Zeichnen eines Drachenvierecks aus AC = 24 mm,
AD = CD = 18 mm, AB = CB = 30 mm!

Lege jetzt auch die Diagonale (Spitzendiagonale) DB ein! Sie zerlegt das Viereck in zwei ungleichseitige Dreiecke ADB und CDB, die dem Augenscheine nach deckungsgleich sind. Klappt man Dreieck ADB um DB über CBD, so findet man die Deckungsgleichheit bestätigt. Das Drachenviereck ist daher durch jedes dieser beiden Dreiecke bestimmt, die Bestimmungsstücke eines derselben sind auch die unseres Vierecks. Gieb diese Bestimmungsstücke an! Welche sind für die Konstruktion am bequemsten? Miss dieselben in der Figur an der Tafel und konstruiere aus ihnen das Viereck!

Aus der Kongruenz der Dreiecke ADB und CDB folgt weiter, 1. dass Grundseitendiagonale AC und Spitzendiagonale DB einander unter rechten Winkeln schneiden, 2. dass die Spitzendiagonale die Winkel D und B an den Spitzen der beiden gleichschenkligen Dreiecke halbiert, 3. dass die Spitzendiagonale auch die Grundseitendiagonale halbiert, aber von dieser nicht halbiert wird, 4. dass die von den ungleichen Nachbarseiten eingeschlossenen Winkel A und C einander gleich sind, 5. dass die Spitzendiagonale DB zugleich Ebenmasslinie ist, was von der Grundseitendiagonale nicht gilt.

III. Stufe. Zeichnung des Drachenvierecks in verschiedenen Lagen (die Grundseitendiagonale senkrecht gerichtet, — die Spitzendiagonale von links nach rechts schräg aufwärts gerichtet)! Zeichnung von Drachenvierecken aus gleichschenkligen Dreiecken von andern Mass- und Winkelverhältnissen! Vergleich des Drachenvierecks mit dem Quadrat in Eckstellung! mit dem Rhombus! mit dem Rhomboid!

IV. Stufe. Aufsammeln der begrifflichen Ergebnisse. Wie können die Sätze nach Stufe II lauten?

V. Stufe. 1. Konstruiere das Drachenviereck aus den Seiten AD = CD = 26 mm und AB = CB = 40 mm und dem von den ungleichen Seiten eingeschlossenen Winkel A = B = 115 Grad!

2. Lässt sich das Drachenviereck nicht auch aus der Grundseitendiagonale AC und den beiden Abschnitten der Spitzendiagonale OB und OD zeichnen? Zeichnet die Figur aus diesen Stücken!

3. Was würde sich ergeben, a) wenn man den beiden gleichschenkligen Dreiecken je einen Winkel an der Spitze von 90° gäbe? b) wenn man die Dreiecke nicht nach entgegengesetzten Seiten, sondern nach derselben Seite legte?

4. Sollte das Drachenviereck nicht auch benutzt werden können, a. um eine gegebene Gerade zu halbieren? b. um einen gegebenen Winkel zu halbieren? c. um auf einer gegebenen Geraden eine Winkelrechte zu errichten? Angabe des Verfahrens für jeden dieser Fälle! Anwendende Übung!

15 Einheit

Vorbereitung zur Flächenberechnung des Rechtecks

Aufgabe. Es soll ausgerechnet werden, wie viel Backsteine zu den vier uns zugänglichen und sichtbaren Abteilungen der Mauer nötig gewesen sind, welche neuerdings zwischen unserem Schulhofe und dem v. Eichelschen Garten aufgeführt worden ist.

I. Stufe. Die Mauer, soweit sie uns nicht durch unser Hofgebäude verdeckt ist, besteht, abgesehen von den beiden Thürabteilungen an den

Enden, aus vier rechteckigen Feldern von gleicher Höhe, aber ungleicher Breite (Grundseite). Die Mauer ist, wie wir beim Bau beobachtet haben, zwei Steine dick gemacht worden. Die östliche Seite ist uns zugekehrt. die westliche dem Garten. Wir werden daher wohl zuerst die Zahl der uns zugekehrten Steine bestimmen und sodann das erhaltene Resultat verdoppeln müssen. Wie verfahren wir?

II. Stufe. Wir machen den Anfang mit dem grösseren Rechteck rechts und zählen zuerst die Steine der untersten Reihe = 60; hierauf auch die der zweiten Reihe, auch = 60. Von selbst halten die Kinder jetzt mit dem Zählen inne, indem ihnen klar wird, dass bei der gleichen Länge in jeder folgenden Reihe ebenfalls 60 Steine liegen. Sie zählen daher nur noch die Reihen übereinander = 24, und sagen sich: in jeder Reihe liegen 60 Steine, in den 24 Reihen des ganzen Feldes also 24 × 60 = 1440, und in ihrer ganzen Stärke 2 × 1440 = 2880 Steine.

In gleicher Weise wird auch die Gesamtzahl der Steine in jeder der drei übrigen Abteilungen bestimmt und darauf die Summe gezogen.

. III. Stufe. Vergleichender Überblick und Angabe, wie in jedem einzelnen Falle verfahren worden ist.

IV. Stufe. Um die Zahl der (gleichen) Steine einer rechteckigen Mauer von einfacher (Stein-) Stärke zu bestimmen, zählen wir die Steine in der untersten (oder in einer beliebigen) Reihe, sowie die Reihen übereinander und multiplizieren beide Zahlen miteinander: Zahl der Steine in einer Reihe × Zahl der Reihen über einander.

V. Stufe. 1. Wie viel Backsteine mag aber das Mauerstück enthalten, welches uns durch unser Hofgebäude verdeckt wird? Wie wollen wir das ermitteln?

2. Wie viel Backsteine würden nötig gewesen sein, wenn auch die beiden Eingänge in gleicher Stärke hätten ausgemauert werden sollen?

3. Bestimmt die einfache Anzahl der Backsteine in dem Rechteck der südlichen Giebelseite unseres Schulhauses von der Grundmauer bis zum ersten Stock! Schätzen, Messen, Rechnen!

16 Einheit

Quadratmeter. Flächenberechnung des Rechtecks, des Quadrats.

Fig. 24   Fig. 25

Aufgabe. Als im vorigen Sommer das (einseitige) Dach unseres kleinen Hofgebäudes mit Schiefer gedeckt wurde, fragten wir den Bauaufseher, was das Schieferdach kosten werde. Er teilte uns mit, dass mit Einschluss der Bretterverschalung das Quadratmeter auf 2,50 ℳ zu stehen komme. Wie viel hat die Bedachung gekostet?

I. Stufe. Was unter einem Quadratmeter (qm) zu verstehen, ist den Kindern nicht mehr unbekannt. Sie haben ein solches in einer Darstellung an einer Schulzimmerwand seit Jahren vor Augen gehabt und den Namen schon sehr oft nennen hören. Auch in den Seitenflächen des in einer Ecke des Lehrzimmers hängenden (hohlen) Kubikmeters (cbm) ist ihnen das Quadratmeter entgegengetreten. Es ist ein Quadrat von 1 m Seite.

Wüssten wir die Zahl der Quadratmeter, die unsere Dachseite enthält, so dürften wir nur die 2,50 *M* mit dieser Zahl multiplizieren, um die Antwort auf die Kostenfrage zu erhalten. Eins wissen wir, die Dachseite ist ein Rechteck, dessen Länge (Grundseite) 10 m, und dessen Breite (Höhe) 3 m beträgt. Aber wie viel Quadratmeter mag die Rechtecksfläche enthalten?

II. Stufe. a. Messt in Gedanken das Dachseitenrechteck mit dem Quadratmeter aus! Wie vielmal könnt ihr das qm an der Grundseite hinlegen? 10 mal. Grund? Wie viel solcher Reihen aber liegen wohl übereinander? Drei! Nachweis! Demnach hat das Rechteck 3 Quadratmeterreihen übereinander, und in jeder Reihe 10 qm, im ganzen also 3 $\times$ 10 qm = 30 qm.

b. Das ergiebt sich auch, wenn wir unser Dachrechteck in das (quadratische) Netz unserer Schiefertafel oder des Zeichenheftes zeichnen. (Vergl. Fig. 25.) Jedes kleine Quadrat in der Zeichnung stellt ein Quadratmeter dar. Wieso? Und es ist augenscheinlich, in der untersten (in jeder) Reihe liegen 10 qm, also gerade so viel, als die Grundseite Meter hat; und es liegen 3 Reihen übereinander, also gerade so viel, als die Rechteckshöhe Meter beträgt; das ganze Rechteck enthält demnach 3 $\times$ 10 qm = 30 qm; und die Kosten belaufen sich folglich auf 30 $\times$ 2,50 M = 75 M.

III. Stufe. a. Wie aber, wenn die Dachfläche eine Grundseite von 15 m und eine Höhe von 4 m; ferner eine Grundseite von 24 m, eine Höhe von 6 m hätte? — Noch weitere Abänderungen der Grundseiten- und Höhenzahl, bei welchen zuletzt auch leichte Bruchteile vom Meter mit auftreten. Einzeichnen der Rechtecke in das Quadratnetz und anschauliche Entwickelung ihrer Quadratmeterzahl!

b. Vergleichender Überblick über die in den einzelnen Fällen eingeschlagenen Wege zur Flächenberechnung der Rechtecke.

IV. Stufe. Der Flächeninhalt des Rechtecks wird gefunden, wenn man die Grundseitenzahl mit der Höhenzahl multipliziert; kürzer: Der Flächeninhalt (F) des Rechtecks ist gleich Grundseite (s) $\times$ Höhe (h); noch kürzer: F = g . h

V. Stufe. 1. Messt und berechnet den Flächeninhalt des Rechtecks an der Giebelseite unseres Schulhauses von der Grundmauer bis zur Grundseite des Giebeldreiecks!

2. Die Dachseite unseres Hofgebäudes, die wir berechnet, ist ein Rechteck von 10 m Grundseite, 3 m Höhe und 10 $\times$ 3 = 30 qm Fläche. Wie aber, wenn die Dachfläche bei 10 m Grundseite auch eine Höhe von 10 m gehabt hätte? Was wäre aus dem Rechteck geworden? (Quadrat). Wie gross wäre der Flächeninhalt desselben? Grundseite $\times$ Höhe = Seite $\times$ Seite (Fig. 24), oder, wenn man die Quadratseite mit a bezeichnet,

$$F = a \times a = a^2$$

3. Zeichnet in natürlicher Grösse in ein Centimeternetz ein Rechteck von 12 cm Grundseite und 9 cm Höhe, und bestimmt den Flächeninhalt desselben! $F = 9 \times 12 = 108$ Quadratcentimeter (qcm).

4. Erklärt das Quadratmeter, das Quadratcentimeter! Untersucht, wie viel qcm ein qm?

5. Zusammenstellung der Quadratmasse (Flächenmasse, Massquadrate):
1 qm = 10000 qcm.
Ergänzung der IV. Stufe durch die auf der V. Stufe unter 2—5 gewonnenen neuen Sätze.

6. Zeichnet in der Verjüngung von 1 : 10 an die Wandtafel ein Rechteck von 4 m Länge und 3 m Breite! ein Quadrat von 4 m Seite! Bestimmt die Flächeninhalte dieser Figuren! — Zeichnet in der Verjüngung von 1 : 100 in euer Buch ein Rechteck von 2 m Grundseite und 4 m Höhe! ein Quadrat von 5 m Seite! Flächeninhalte? — Messt, zeichnet und berechnet die Vorderfläche der Wandtafel, der Stubenthüre, der Fensterscheibe!

Anmerkung. Weitere Aufgaben in: „Pickel", Geometrische Rechenaufgaben, Dresden, Bleyl und Kaemmerer, unter Nr. 1—56.

Zu den Schlusseinheiten Nr. 17—23

Die Rücksicht auf den diesem Lehrfache zugemessenen Raum legt uns die Nötigung auf, uns für die noch folgenden Einheiten möglichst kurz zu fassen. Meist werden wir uns auf die Angabe der grundlegenden Aufgabe und auf einige Bemerkungen zu derselben beschränken müssen.

17 Einheit
Berechnung grösserer Rechtecke und Quadrate. Das Ar

Aufgabe. Es soll unser Schulgarten in der Kupferhammerstrasse im ganzen und in seinen einzelnen Abteilungen gemessen, gezeichnet und berechnet werden.

Der Garten bildet ein Rechteck. Wir entwerfen uns zunächst einen Faustriss von ihm mit dem Wegenetz und den Haupt- und Nebenabteilungen des Grundstücks. Dann gehen wir zur Messung über. Wir messen seine Länge und Breite, bestimmen (mittelst Messung) die Lage, die Breite der Haupt- und Nebenwege; die Lage, Länge und Breite der beiden Felder für die Baumschule, der Felder für die Beete der Kinder, für die botanischen Beete, die Lage, Länge und Breite der Laube, die Breite der Rabatten längs der Hauptausdehnungen; den Durchmesser des Rondels in der Mitte des Gartens. Die Länge und Breite des ganzen Gartens messen wir der grösseren Ausdehnungen wegen mit der Kette (dem Dekameter = Dm = 10 m); die Ausdehnungen der einzelnen Abteilungen dagegen mit dem Meter. Die Länge des Gartens beträgt 34 m, die Breite 20 m. Die Angabe der Lage und Ausdehnungen der einzelnen Innenglieder mag hier unterbleiben.

Nach der Messung folgt die genaue Zeichnung (die Anfertigung des Planes, der Karte) und hierauf die Berechnung des Ganzen und seiner einzelnen Teile, mit vorläufigem Ausschluss des Rondels in der Mitte. Bei

der Erörterung des Flächeninhaltes des ganzen Gartens kommt das nächst
höhere Massquadrat, das Ar (= a) samt seinem Verhältnis zu den bereits
bekannten Massquadraten zur Erörterung, Anschauung und Anwendung.
Der Schulgarten bietet uns für längere Zeit einen äusserst dankbaren
geometrischen Belehrungs- und Übungsstoff dar.

18 Einheit
Berechnung des schiefwinkligen Parallelogramms und des Parallelogramms überhaupt

Fig. 26

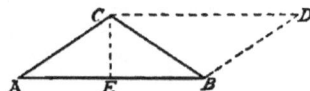

Aufgabe. An dem Nebengebäude eines neuen Hauses in der
Kupferhammerstrasse, unserm Schulgarten schräg gegenüber, finden wir
den aussen angebrachten Treppenaufgang durch eine Bretterwand ab-
geschlossen. Es soll dieser Bretterverschlag gemessen, gezeichnet und
berechnet werden.

Die Wand bildet ein mit der Treppe schräg aufwärts gerichtetes
schiefwinkliges Parallelogramm (Schiefeck, Rhomboid) mit zwei senkrecht
gerichteten Parallelen von je 2,25 m Länge, zwei schräg aufwärts laufenden
Parallelen von je 5 m Länge und einem spitzen Winkel von 50 Grad.
Zeichnet dasselbe a. in der ursprünglichen Lage d. h. in halber Eckstellung so, dass die beiden kürzern Parallelen die senkrechte Richtung
haben! b. in Seitenstellung so, dass das Rhomboid auf einer Langseite
ruht (Fig. 26)! Jetzt zur Berechnung! Das rechtwinklige Parallelogramm können wir berechnen. Wiederholung der Regel. Wie aber berechnet man dieses schiefwinklige?

II. Stufe. Sei ABCD (Fig. 27) das auf den wagerechten Boden
gelegte, auf der Langseite AB ruhende Schiefeck, so können wir durch
die Winkelrechte DE von D auf AB links das
rechtwinklige Dreieck ADE abschneiden und
dasselbe als Dreieck BCF rechts ansetzen. Hierdurch ist aus dem Schiefeck ABCD das Rechteck
EFCD entstanden, welches mit jenem gleiche
Grundseite, gleiche Höhe und gleichen Flächeninhalt hat! Nachweis! Wie kann daher der
Flächeninhalt unseres Bretterrhomboids gefunden werden? Flächeninhalt
= Grundseite AB × Höhe DE. Berechnen desselben!

Fig. 27

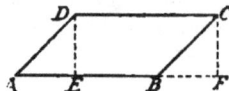

III. Stufe. Zeichnet weiter in euer Quadratnetz in verjüngtem
Masse ein schiefwinkliges Parallelogramm

    a. von 20 cm Grundseite, 32 cm Nebenseite und einem von beiden
       eingeschlossenen Winkel von 60 Grad.

    b. von 4 cm Grundseite, 3,5 cm Nebenseite und einem spitzen
       Winkel von 55 Grad;

    c. von 5 cm Grundseite, 3 cm Nebenseite und einem spitzen Winkel
       von 48 Grad;

d. von 38 mm Grundseite, 38 mm Nebenseite und einem spitzen
Winkel von 52 Grad,
und untersucht, ob auch von diesen Schiefecken das Gleiche gesagt werden
kann! Legt die Höhen ein, messt dieselben und berechnet aus Grundseite und Höhe die Flächeninhalte der Schiefecke!

IV. Stufe. 1. Der Flächeninhalt des schiefwinkligen Parallelogramms
ist gleich dem eines rechtwinkligen, welches mit ihm gleiche Grundseite und gleiche Höhe hat.

2. Der Flächeninhalt (F) des schiefwinkligen Parallelogramms ist
ebenfalls gleich Grundseite (g) mal Höhe (h); kurz: $F = g \cdot h$.

3. Der Flächeninhalt eines jeden Parallelogrammes ist $F = g \cdot h$.

V. Stufe. a. Zeichnet unser Treppenschiefeck mit denselben Seiten,
aber mit spitzen Winkeln von 45 Grad! Berechnet den Flächeninhalt des
Rhomboids in dieser Gestalt und vergleicht ihn mit dem des ursprünglichen!

b. Berechnet die schiefwinkligen Parallelogramme, welche wir schon
früher gezeichnet haben!

c. Nachweis, dass schiefwinklige Parallelogramme von gleicher Grundseite und gleicher Höhe flächengleich sein müssen!

d. Der Flächeninhalt eines gegebenen Rhomboids soll in Form eines
Rechtecks dargestellt werden!

e. Der Flächenraum von 36 qcm soll als Quadrat, als Rechteck,
als Rhombus, als Rhomboid dargestellt werden!

Siehe weiter Nr. 1—56 der „Geometrischen Rechenaufgaben".

19 Einheit
Berechnung des Dreiecks
Fig. 28

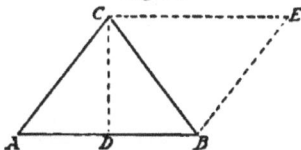

Aufgabe. Die südliche Giebelseite des neuen H.schen Hauses in
der Mühlhäuserstrasse ist vom ersten Stock an mit Blechtäfelchen be-
hangen worden, von denen, wie wir gefunden haben, 36 Stück auf das
Quadratmeter gehen. Es soll bestimmt werden, wie viel Täfelchen zum
Behang der Seite erforderlich gewesen sind!

Die Giebelseite, soweit sie in Betracht kommt, besteht aus einem
Rechteck von 12 m Grundseite und 3 m Höhe, und aus einem auf demselben ruhenden (gleichschenkligen) Dreieck von der gleichen Grundseite
und von 4 m Höhe. Der Flächeninhalt des Rechtecks ist Grundseite
mal Höhe $= 12 \cdot 3 = 36$ qm. Wie viel Quadratmeter wird aber das
Giebeldreieck enthalten?

Zeichnen wir dasselbe genau nach den angegebenen Grössenverhältnissen verjüngt in das Quadratnetz (Fig. 28), so ergiebt sich auf den
ersten Blick, unser Giebeldreieck ABC ist gerade die Hälfte des (schiefwinkligen) Parallelogramms ABEC, welches mit dem Dreieck gleiche Grund-

seite (AB) und gleiche Höhe (CD) hat; denn CB ist Diagonale in dem Parallelogramm ABEC und halbiert dasselbe. Wie gross ist hiernach der Flächeninhalt unseres Dreiecks?

$$F = \frac{AB \times CD}{2} = \frac{g \cdot h}{2} = \frac{12 \cdot 4}{2} = 24 \text{ qm.}$$

Wie gross ist folglich der Flächeninhalt der ganzen Giebelseite? (36 + 24 = 60 qm.) Und wie viel Plättchen braucht man demnach zum ganzen Behang? (60.36 = 2160 Stück.)

Lässt sich auch das rechtwinklige, das gleichseitige, das gemeine Dreieck, jedes beliebige Dreieck in derselben Weise, wie unser gleichschenkliges Giebeldreieck, zu einem Parallelogramm ergänzen, das mit dem Dreieck gleiche Grundseite und gleiche Höhe hat, und von welchem das Dreieck genau die Hälfte ist? Dreiecke von verschiedenster Gestalt und Grösse werden ins Quadratnetz gezeichnet und nach der gedachten Richtung untersucht. Die Untersuchung ergiebt:

1. Jedes Dreieck lässt sich zu einem Parallelogramm ergänzen, das mit ihm gleiche Grundlinie und gleiche Höhe hat.
2. Das Dreieck ist die Hälfte seines Parallelogramms.
3. Der Flächeninhalt des Dreiecks wird daher gefunden, wenn man die Grundseite (g) mit der Höhe (h) multipliziert und das Produkt durch 2 dividiert; kurz:

$$F = \frac{g \cdot h}{2}$$

Mannigfache Konstruktions- und Rechenaufgaben! Z. B. a. Konstruiere ein gleichseitiges Dreieck auf der Seite AB = 12 mm! ein gleichschenkliges von 16 mm Grundseite und 12 mm Höhe! ein rechtwinkliges mit den Katheten AB = 20 mm, AC = 15 mm! ein ungleichseitig-stumpfwinkliges mit Seite AB = 24 mm, AC = 18 mm, und dem von denselben eingeschlossenen Winkel von 124 Grad, und berechne ihre Flächeninhalte!

b. Zeichne auf der (gemeinsamen) Grundseite AB = 20 mm drei Dreiecke, deren Spitzen C, D, E in derselben Parallele zu AB liegen! Bestimme aus Grundseite und Höhe ihre Flächeninhalte! Was lernen wir daraus? (Dreiecke von gleichen Grundseiten und gleichen Höhen sind flächengleich.)

c. Verwandle ein gegebenes spitzwinkliges Dreieck in ein flächengleiches rechtwinkliges Dreieck!

d. Der Flächeninhalt eines Dreiecks von 24 mm Grundseite und 18 mm Höhe soll in der Form eines Rechtecks von derselben Grundseite dargestellt werden. Seine Höhe? Zeichnen desselben!

Siehe weiter Nr. 57—77 der „Geometrischen Rechenaufgaben".

20 Einheit
Berechnung des Trapezes
(Siehe Fig. 29, Seite 156.)

Aufgabe. Es soll untersucht werden, ob wir den Flächeninhalt der fünfeckigen Giebelseite unseres Schulhauses nicht auch noch auf eine andere Weise als durch die Zerlegung derselben in ein Rechteck und in ein Dreieck berechnen können?

Fig. 29

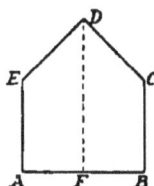

Fällen wir von der Giebelspitze auf die Grundlinie eine Winkel-rechte, so zerlegt dieselbe das Giebelfünfeck in zwei kongruente Trapeze, für welche wir die Berechnungsweise aufsuchen. Das begriffliche Ergebnis der durch die grundlegende Aufgabe angeregten Untersuchung ist: Der Flächeninhalt des Trapezes wird gefunden, wenn man die beiden parallelen Seiten addiert, die Summe halbiert und mit dem Abstande der Parallelen von einander multipliziert. Bezeichnet man die Parallelseiten mit G und g, ihren Abstand mit h, so ist:

$$F = \frac{G+g}{2} \times h.$$

21 Einheit
Berechnung des Vielecks

Aufgabe. Könnten wir die fünfeckige Giebelseite der Jakobsschule nicht auch durch Diagonalen in lauter Dreiecke zerlegen und ihren Flächen-inhalt aus diesen berechnen?

Zeichne die Giebelseite nach den ermittelten Massen ins Quadrat-netz! Zerlege sie durch Diagonalen in lauter Dreiecke! Berechne sie aus diesen Dreiecken! Prüfe die Richtigkeit der Rechnung, indem du die Fläche in anderer Weise berechnest und die Resultate vergleichst!

Ob man auf diese Weise nicht auch ein Sechseck, ein Achteck, kurz jedes beliebige Vieleck berechnen kann? Resultat?

Wie kann man aber noch zur Abkürzung der Messung und Be-rechnnng in dem besonderen Falle verfahren, wenn das Vieleck ein regel-mässiges ist?

22 Einheit
Auffindung des Mittelpunktes zu einem gegebenen Kreise oder Kreisbogen

Fig. 30

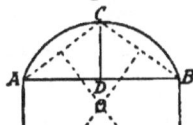

Aufgabe. Es soll das Profil der Amricherbrücke mit ihren vier Bogen nach verjüngtem Masse gezeichnet werden (Fig. 30).

Unsere Messungen haben ergeben: Höhe der Pfeiler = 2,5 m; Spannweite des Bogens = 6 m; Bogenhöhe = 2 m. Zur Zeichnung jedes der (gleichen) Bögen ist zunächst durch Konstruktion der Halbmesser und hierzu wieder der Mittelpunkt desselben zu bestimmen. Wie kann das geschehen?

Sei ACB (Fig. 30) der Brückenbogen, AB die Spannweite, DC die Höhe, so ziehen wir noch die beiden gleichen Sehnen AC und BC. Gesetzt nun, der Mittelpunkt (O) des Bogens wäre uns bekannt, und wir verbänden die Endpunkte A und C, B und C der beiden Sehnen mit demselben, so entständen zwei gleichschenklige Dreiecke mit den Spitzen im Mittelpunkte O, und diese Spitzen lägen genau winkelrecht über den Mitten der Sehnen AC und BC (vgl. S. 123). Errichte ich also auf den Mitten dieser beiden Sehnen nach innen Winkelrechte, so ist der Schnittpunkt derselben der gesuchte Mittelpunkt des Kreises und die Gerade von diesem Punkte bis zum Bogen der gesuchte Halbmesser.

Das Übrige ergiebt sich hiernach von selbst.

23 Einheit

Kreisberechnung: Umfang, Durchmesser

Aufgabe. Wir haben unlängst dem Schmiede in der Georgenstrasse zugesehen, wie er den eisernen Reif um ein Wagenrad legte. Als er fertig war, sass der Reif wie angegossen. Auf welche Weise kann man ermitteln, wie gross der Reif gemacht werden muss? a. Durch Umlegen eines Bandes um den Radrand; b. durch Fortrollen des Rades in gerader Richtung und Messen des Weges bei einer Umdrehung; aber auch (und das bildet den Gegenstand der Erörterung) c. durch Berechnung aus dem Raddurchmesser.

Die gründliche Erörterung der Sache ergiebt: Der Umfang (p) des Kreises ist 3,14 .. (π) mal so gross als der Durchmesser (d = zwei Halbmesser = 2 r); kurz; p = 2 r . π.

24 Einheit

Kreisberechnung: Flächeninhalt des Kreises

Aufgabe. Als wir die einzelnen Teile unseres Schulgartens berechneten, mussten wir vorerst noch von der Flächenberechnung des Rondels in der Mitte des Gartens absehen. Jetzt wollen wir uns zur Aufgabe machen, auch dieses zu berechnen.

Begriffliches Resultat der durch diese Aufgabe angeregten Erörterung: Man findet den Flächeninhalt des Kreises, wenn man den Umfang (p) mit dem Halbmesser (r) multipliziert und das Produkt durch 2 dividiert; kurz:

$$F = \frac{p \cdot r}{2} = \frac{(2 \, r\pi) \cdot r}{2} = r \cdot r \cdot \pi = r^2 \pi$$

2 Rechnen

Litteratur: Backhaus, K., Das Rechnen mit Decimalbrüchen und mehr-
fach benannten Zahlen decimaler Währung. Bielefeld und Leipzig, Velhagen
und Klasing, 1879. Erfurth, Th. B., Rechenschule für Elementar-, Volks- und
Bürgerschulen. 2. Teil. Erfurt, Körner, 1863. Hentschel, E., Lehrbuch des
Rechenunterrichts für Volksschulen. Leipzig. Merseburger. 10. Aufl. von
Költzsch. 1877. Kirchen- und Schulblatt (Dr. Leidenfrost). Weimar,
Böhlau, 1879. Schütze, C. Th., Praktische Anweisung zur Behandlung der
Bruchrechnung und der bürgerlichen Rechnungsarten. Leipzig, 1877. Hart-
mann, B., Der Rechenunterricht in der deutschen Volksschule. Frankfurt, 1893.
Heiland, F., u. Muthesius, K., Rechenbuch für Volksschulen. 4. Heft.
Weimar, Böhlau, 1893.

I Die Auswahl des Stoffes

Von einer nähern Bestimmung der Sachgebiete, an die sich der
Rechenunterricht anzuschliessen hat und die er beleuchten soll, sehen
wir ab, da die Leser des „Sechsten Schuljahrs" über diesen Punkt in
den frühern „Schuljahren" das Nötige gefunden haben werden. Auch
für die dem sechsten Schuljahr zugewiesenen Rechnungsarten gilt, dass
der Rechenunterricht „seine Pfahlwurzeln in den Boden der Praxis senken
und den Schüler für den Rechenverkehr des Lebens ausrüsten soll". Er
muss daher seine Aufgaben vorzugsweise den thatsächlichen Lebens-
verhältnissen entlehnen, dem Markt und der Werkstatt, dem Verkaufsladen
und der Handelswelt, dem Ackerbau und der Viehwirtschaft, dem Wirt-
schafts- und Schuldbuch, der Haushaltung und dem Gemeindewesen u. s. w.
Dabei darf er aber nie dem gewöhnlichen Nützlichkeitsprinzip
geopfert und in jene materialistische Richtung getrieben
werden, die als „unpraktisches Zeug" über Bord wirft, was sich nicht in
klingende Münze umsetzen oder als Milchkuh ausbeuten lässt." (Jänicke, E.,
Geschichte des Rechenunterrichts. In Kehr, Geschichte der Methodik
des deutschen Volksschulunterrichts, 1. Band).

Als Fachgebiete haben wir dem sechsten Schuljahr die Lehre
von den gemeinen Brüchen, die schwierigern Fälle aus der Decimal-
rechnung (und, wenn Zeit vorhanden, einige Abschnitte der einfachen
Schlussrechnung) zugewiesen.

Der Lehre von den gemeinen Brüchen wird schon seit längerer Zeit
von manchen Seiten das Heimatsrecht in der Volksschule abgesprochen,
sie wird zu dem „unpraktischen Zeug" geworfen, dessen sich die Volksschule so rasch als möglich entledigen solle*). Aufgaben wie $^3/_4 : ^2/_7$
werden blosse Kinderquäler und Zeitverschwender genannt**).

---

*) „Jeder sieht, dass die letzte Stunde der Bruchrechnung geschlagen hat"
(Mauritius, decimales Rechnen und metrisches Rechnen. Paderborn, 1869.
Jänicke (a. a. O. S. 448) führt noch den Ausspruch eines uns unbekannten
Zöllners an: „Dass aber die Sünde der Väter, welche die gemeinen Brüche
eingeführt haben, noch an den Kindern heimgesucht wird, indem sie gezwungen.
mit dem unnützen, schwerfälligen Wust zu hantieren, ist ein himmelschreiendes
Unrecht, welches zu unterdrücken und zu sühnen die Aufgabe jedes Menschen-
freundes ist.")
**) Siehe Allgem. Thüring. Schulzeitung 1882 No. 51.

Nun wollen wir gern zugeben, dass die gemeinen Brüche seit der Einbürgerung des decimalen Münz-, Mass- und Gewichtssystems von ihrer Wichtigkeit für das praktische Leben sehr viel verloren haben. Aber beseitigt sind sie noch lange nicht. Es wird kaum jemandem einfallen, im Kopfe mit 0,33 oder 0,25 statt mit $\frac{1}{3}$ bez. $\frac{1}{4}$ zu rechnen. Auch Siebentel, Zwölftel, Fünfzehntel u. s. w. dürften sich bis auf weiteres im „praktischen Leben" erhalten.

Fordert dieses also noch die Kenntnis der gemeinen Brüche, so wird sich die Volksschule ihrer annehmen müssen. Diese hat aber auch noch andere Gründe hierfür. Sie wird heute noch beherzigen, was ein in Herbartischen Kreisen wohl bekannter Mann, Dr. Bartholomäi, im 26. Band des „Pädagogischen Jahresberichts von Lüben" schrieb: „Man prüfe und überschaue doch einmal das ganze Gebäude des Rechenunterrichts, das fest an- und ineinandergefügt, wie keine andere Disziplin sich dessen rühmen kann, und denke sich aus demselben die Bruchrechnung, das feste Gebälk, auf welchem der Oberbau ruht, und was dem unteren mehr Sicherheit und Haltung verleiht, hinweg! Denn führt die Bruchrechnung einerseits zu grösserer Klarheit und Gewandtheit in den vier Spezies mit ganzen Zahlen, so bildet sie anderseits die sicherste, ja ich möchte sagen, die einzigst sichere Grundlage, auf welcher fortgebaut werden kann. Man wende hier nicht ein, dass dasselbe vermittelst der Decimalbrüche erreicht werden soll; die gewöhnlichen Brüche können sie im Rechenunterricht nicht ersetzen. Man denke doch z. B. nur an die Übung des Hebens und an die Vorteile, welche anfangs das Heben eines Bruches, später das gegenseitige Aufheben der Zähler und Nenner bei einer Reihe Faktoren für die Gewandtheit und den Durchblick der Schüler zur Folge hat, und ferner an den Erfolg, der durch das beim Heben übliche Dividieren durch alle einstelligen Zahlen erzielt wird, bei welchem man ohne die gewöhnliche umständliche Form den Quotienten sofort unter oder neben das Dividend schreibt, also gezwungen ist, im Kopf zu dividieren, zu multiplizieren und zu subtrahieren. Diese Andeutungen mögen hier genügen, wie auch eine Hinweisung auf die feste und sichere Grundlage, welche eine rationelle Behandlung der Bruchrechnung für alle höheren Rechnungsarten bildet, ausreichen dürfte. Hervorragender aber als alle diese Vorteile ist der formelle Nutzen." Auch Jänicke (a. a. O.) zieht aus „dem Durcheinander der Stimmen" die Forderung: „Die mehrklassige Volksschule kann um des formalen Zwecks willen (Entwickelung und Stärkung der Zahlkraft und des arithmetischen Denkens) die Rechnung mit den gewöhnlichen Brüchen nicht entbehren, wenn sie dieselbe auch wesentlich beschränkt."

Diese Beschränkung finden wir nicht darin, dass wir einige „Rechenfälle" — z. B. die Multiplikation eines Bruchs mit einem Bruch oder die Division durch einen Bruch — weglassen, sondern dass wir Mass halten in den einzelnen Übungen und die ungeschickten, im Leben kaum vorkommenden Bruchzahlen unbeachtet lassen. Wir werden z. B. vermeiden das Gleichnamigmachen zahlreicher Brüche, deren Nenner nicht verwandt oder in grossen Zahlen ausgedrückt sind, die Addition zahlreicher Posten, bei Divisionen mit grossem Divisor die Darstellung des Quotienten durch einen Bruch, von dem man keine Vorstellung hat

(z. B. 36487 : 24973 = $1^{11514}/_{24973}$ — hier wird stets das decimale Rechnen angewandt —) u. dgl.

Viele Lehrer sind gegen die Bruchrechnung nicht bloss eingenommen aus Überzeugung von deren Unnötigkeit, sondern auch wegen ihrer Schwierigkeit. Das Bruchrechnen soll für die meisten Schüler der Volksschule zu schwer sein. Wir können das nur für solche Schüler zugeben, denen die „Zahlkraft" überhaupt nur sehr mässig zuerteilt worden ist. Bei der Mehrzahl der Schüler, die einen gründlichen Unterricht im Rechnen mit ganzen Zahlen genossen haben, dürfte das Bruchrechnen besondere Schwierigkeiten nicht verursachen. Wie man z. B. gleichnamige Brüche addiert, subtrahiert und dividiert; wie man mit einer ganzen Zahl multipliziert oder dividiert (wenn im letztern Fall der Divisor im Zähler aufgeht), braucht wohl kaum besonders gelehrt zu werden; ebenso sind Erweitern, Einrichten und Heben dem Schüler keine fremdartigen Begriffe. (Vergl. „Resolvieren und Reduzieren".) Sollten die Verhältnisse sehr ungünstig sein, eine Anzahl Schüler z. B. das Ziel voraussichtlich nicht erreichen, so wird man sich mit den „leichten Rechenfällen" begnügen können und diese vielleicht als einen ersten Kursus der Bruchrechnung durchnehmen. Die meisten Schwierigkeiten dürfte wohl das Suchen des Hauptnenners und das Gleichnamigmachen bieten, weshalb manche Rechenmethodiker, z. B. Brennert und Kaselitz, der Addition und Subtraktion die Multiplikation und Division vorangehen lassen. Begnügt man sich aber mit kleinern Bruchausdrücken, so wird die Sache auch für schwächere Schüler lehrbar. Unnötige Furcht herrscht auch vor den Fällen in der Multiplikation und Division, wo Multiplikator oder Divisor Brüche sind. Vielfach werden hier einfach mechanische Regeln gegeben. Das ist weder statthaft noch nötig, wenn die Schüler aus dem frühern Unterricht wissen, dass Vergrösserung des einen Faktors oder des Divisors Vergrösserung des Produktes bez. Verkleinerung des Quotienten nach sich zieht, und dass man, um ein richtiges Resultat zu erhalten, das Produkt mit dem nämlichen Faktor dividieren bez. den Quotienten multiplizieren muss, mit dem man vorher multipliziert hatte. (Ausserdem kann man die letzterwähnten Fälle später in der Regeldetri behandeln.)

Zum Rechnen mit decimalen Zahlen wollen wir im sechsten Schuljahr noch ergänzend zufügen: die nicht aufgehende Division, die Verwandlung der (gemeinen) Brüche in Decimalzahlen, die Multiplikation und Division mit einer decimalen Zahl (Decimalbruch) und die Abkürzung der Rechnungen. Das Rechnen mit Decimalzahlen ist fleissig zu wiederholen; auf der 1. oder 3. formalen Stufe wird sich fast stets Gelegenheit bieten, Vergleichungen des vorliegenden Falls mit dem ähnlichen aus der Rechnung mit Decimalzahlen anzustellen. Die Schüler werden hierbei auch lernen, wo man mit Vorteil die eine oder die andere Rechnungsart anwendet. Ergiebt sich z. B. bei der Lösung von Additionsaufgaben voraussichtlich ein grosser Generalnenner, so wäre es pedantisch, dem Schüler die Verwandlung der Brüche in Decimalzahlen nicht zu gestatten; es würde vielmehr von geringer Intelligenz des Schülers zeugen, wenn er diesen Weg nicht einschlagen wollte.

Der Verwandlung von Decimalzahlen in (gemeine) Brüche werden wir wenig Raum gewähren, da sie im Leben nur selten in grösserm Mass erforderlich ist. Wo sie zweckmässig stattfindet, haben wir schon oben angedeutet; in der Volksschule werden das meist Fälle sein, wo dem Schüler der (gemeine) Bruch bereits bekannt ist (z. B. $0_{,75} = {}^3/_4$, $0_{,33} = {}^1/_3$). Über die Verwandlung geschlossener und rein periodischer Decimalzahlen braucht man nicht hinauszugehen.

2 Die Gliederung des Stoffes

Unter sog. „ungünstigen Verhältnissen" wird es nicht möglich sein, alle Lehrstücke, die nachstehend aufgeführt sind, durchzuarbeiten. Für manche Schulen oder Schüler dürften schon die unter No. 1 bis 12 genannten genügen.

Die Lehrstücke sind nicht nach den Sachverhältnissen, an welche bei Bearbeitung derselben angeknüpft wird, geordnet und benannt, sondern nach den Zahlverhältnissen (also fachwissenschaftlich). Unsere Bezeichnungen können deshalb nicht als Zielangaben dienen; diese werden nach örtlichen Verhältnissen verschieden und deshalb dem Lehrer zu überlassen sein.

1. Entstehung, Arten und Grössenverhältnisse der Brüche.
2. Verwandlung ganzer und gemischter Zahlen in Brüche und umgekehrt: Verwandlung unechter Brüche in ganze und gemischte Zahlen.
3. Die nicht aufgehende Division.
4. Verwandlung (gem.) Brüche in Decimalzahlen.
5. Veränderung des Werts einer Bruchzahl durch Addition gleichartiger Teile.

$$ {}^2/_9 + {}^5/_9 $$
$$ 9^2/_8 + 1^1/_8 $$
$$ 4^7/_8 + 2^5/_8 \,^*) $$

6. Veränderung des Werts der Bruchzahlen durch Subtraktion gleichartiger Teile.

$$ {}^{23}/_{32} - {}^{17}/_{32} $$
$$ 8^7/_{12} - 1^5/_{12} $$
$$ 4 - {}^5/_9 $$
$$ 8^4/_{15} - 2^{11}/_{15} $$

7. Veränderung des Werts eines Bruches durch Multiplikation des Zählers mit einer ganzen Zahl.

$$ {}^3/_8 \times 5 $$
$$ 5^3/_8 \times 5. $$

8. Veränderung des Werts eines Bruchs durch Division des Zählers.

$$ {}^{12}/_{25} : 6 $$
$$ 30^{12}/_{25} : 6. $$

---

*) Wir folgen in der Aufzählung der sogenannten „Rechenfälle" Hentschel, Lehrbuch. Ausdrücklich sei aber bemerkt, dass wir die „Fälle" nicht so verwendet wissen wollen, dass sie der Schüler sich einprägen und seine Übersicht über dieselben geben soll. Sie sollen dem Lehrer nur andeuten, wie verschieden die Aufgaben sein können. Man vergleiche auch das sehr sorgfältig gliedernde Rechenbuch von Heiland und Muthesius.

9. Veränderung des Werts eines Bruchs durch Multiplikation des
Nenners.

$$3/_4 : 5$$
$$10^2/_3 : 5$$
$$7^3/_8 : 5$$

10. Veränderung des Werts eines Bruchs durch Division des Nenners.

$$1^2/_{25} \times 5$$
$$16^1/_8 \times 4$$
$$18^3/_8 \times 4.$$

11. Erweitern der Brüche.
12. Heben der Brüche.
   (Teilbarkeit der Zahlen und grösstes gemeinschaftliches Mass.)
13. Addition ungleichnamiger Brüche.
   a) Das Gleichnamigmachen.
   b) Die Addition.

$$2/_{11} + 6/_{12}$$
$$6^2/_3 + 9^1/_{10} + 5/_{12}.$$

14. Subtraktion ungleichnamiger Brüche.

$$3/_5 - 3/_{10}$$
$$4^3/_4 - 1/_2$$
$$4^1/_3 - 4/_7$$
$$4^1/_3 - 2^6/_7.$$

15. Multiplikation einer ganzen Zahl mit einem Bruch.

$$12 \times 1/_4 \qquad 12 \times 1/_7$$
$$12 \times 3/_4 \qquad 12 \times 3/_7$$
$$12 \times 6^3/_4 \qquad 12 \times 2^3/_7.$$

16. Multiplikation einer ganzen (dekadischen) Zahl mit einer Decimalzahl.

$$3 \times 0,1$$
$$3 \times 0,3$$
$$3 \times 2,3$$

17. Division (Messen) einer ganzen Zahl durch einen Bruch.

$$48 : 1/_4 \qquad 48 : 1/_7$$
$$48 : 3/_4 \qquad 48 : 3/_7$$
$$48 : 6^3/_4 \qquad 48 : 2^3/_7.$$

18. Division (Messen) einer ganzen (dekadischen Zahl) durch eine
Decimalzahl.

$$3 : 0,1$$
$$3 : 0,3$$
$$3 : 2,3.$$

19. Multiplikation eines Bruchs mit einem Bruch, einer gemischten
Zahl mit einem Bruch u. s. w.

$$2/_5 \times 2/_3$$
$$11^1/_{12} \times 5^2/_3$$
$$12^3/_4 \times 1/_6$$
$$7^2/_5 \times 9^2/_{11}.$$

20. Division eines Bruchs durch einen Bruch, einer gemischten Zahl
durch einen Bruch u. s. w.

$$4/_5 : 2/_7$$
$$7^1/_2 : 1/_2$$
$$3/_4 : 2/_5.$$
$\left.\right\}$ Gleichnamigmachen.

$$\frac{12}{17} : \frac{2}{3}$$
$$5\frac{1}{3} : \frac{5}{12}$$
$$\frac{7}{16} : 6\frac{5}{12}$$
$$7\frac{3}{8} : 2\frac{4}{9}.$$

21. Multiplikation einer Decimalzahl mit einer Decimalzahl.
22. Division (Messen) einer Decimalzahl durch eine Decimalzahl.
23. Verwandlung von Decimalzahlen in gem. Brüche.
24. Annäherungswerte.

3 Die Bearbeitung des Stoffs

Während das Rechnen mit Decimalzahlen sich vorzugsweise für das schriftliche (Ziffern-) Rechnen eignet, ist das Bruchrechnen ein rechtes Übungsfeld für das Kopfrechnen. Der Grundsatz des Volksschulrechnens: Ziffernrechnen tritt nur dann in Gebrauch, wenn das Zahlgedächtnis nicht ausreicht, wird möglichst streng durchgeführt; die Verfahrungsweisen beim Ausrechnen sind beim Kopf- und Zifferrechnen dieselben. Ausführlichere Anweisungen über die Verfahrungsweisen findet man in allen grössern Lehrbüchern des Rechenunterrichts. Wir beschränken uns deshalb hier auf Hervorhebung einiger Punkte.

1. Die Brüche treten nicht plötzlich im Rechenunterricht auf; schon in den frühern Schuljahren hat der Schüler ihre Entstehung (bei der Division) kennen gelernt und mit ihnen gerechnet. Besonders sind es benannte Bruchzahlen, die ihm geläufig sind. Er weiss, dass $\frac{1}{2}$ m = 50 cm, $\frac{1}{2}$ Dutzend = 6 Stück, $\frac{1}{2}$ Schock = 30 Stück ist u. s. w. Ferner, dass 2 Halbe = 1, $\frac{4}{4}$ = 1 u. s. w. Dieses vorhandene Material ist jetzt zusammenzufassen und zu sichten. Auf Brüche führt sowohl das Teilen, als das Messen oder Vergleichen. Vielfach wird die Entstehung der Brüche nur in der ersten Form der Division vorgeführt: man teilt die Gegenstände, z. B. Äpfel, Papier, Bindfaden, Linien, Kreise u. s. w. und benutzt auch wohl „Bruchrechenapparate". Aber auch die zweite, allerdings schwierigere Form darf nicht unterlassen werden. Beim Messen sind es zunächst nicht die eingeführten Massstäbe und Gewichte, die Brüche nötig machen, sondern die Naturmasse. Die Massstäbe u. s. w. haben ja bekanntlich sehr kleine Unterabteilungen, die Bruchzahlen scheinbar unnötig machen. (Diese Unterabteilungen sind zwar immer ein Bruchteil der Masseinheit, man wird sich dessen beim Messen aber kaum bewusst.) Naturmasse, z. B. die Spanne, der Schritt, der Fuss haben Unterabteilungen nicht; deshalb spricht man hier von $\frac{1}{2}$ Spanne, $\frac{1}{2}$ Schritte u. s. w. Auch wenn Naturkörper mit einander verglichen werden, kommt man fast immer auf Brüche; der eine Baum ist $1\frac{1}{2}$ oder $1\frac{1}{2}$ mal so hoch als der andere; der Goldschmied- (Käfer) ist nur $\frac{8}{4}$ so gross als der Maikäfer u. s. w.; Deutschland ist ungefähr $1\frac{1}{5}$ mal so gross als Italien. Im Geschichtsunterricht kann man die Regierungszeit der Regenten vergleichen u. s. w. Anknüpfungspunkte sind also zahlreich vorhanden.

Es ist wohl der häufigste Fall, dass der ganze Massstab nicht genaue Male in der aufzumessenden Grösse enthalten ist; das übrigbleibende Stück

11*

kann dann nur mit einem kleinern Massstabe (Einheit) ausgemessen werden,
z. B. mit der Hälfte, dem vierten, achten, zehnten u. s. w. Teil der ersten
Einheit. Auf die kleinere Einheit bezieht sich das Wort „Bruch“. Man
zählt nun ebenfalls, wie viel mal die angenommene kleinere Einheit in
dem noch auszumessenden Stück enthalten ist, und erhält so eine Bruch-
z a h l gewöhnlich nur „Bruch“ genannt. Die Bruchzahl oder der Bruch
ist also n i c h t e i n T e i l einer Zahl, sondern ebenfalls eine (ganze) Zahl,
deren Einheit aber kleiner als die Eins der natürlichen Zahlenreihe ist.
Sie enthält (wie die sogenannten ganzen Zahlen) eine bestimmte Menge
von Einheiten; diese können zusammen weniger oder mehr als die Eins
der natürlichen Zahlenreihe ausmachen (echte und unechte Brüche).
(Es ist sehr wichtig, dass der Schüler eine richtige Auffassung von
einem Bruch bekommt. Hier wird oft ein Fehler gemacht, und die
Schüler meinen dann, sie hätten beim Bruch mit einer Doppelzahl zu
rechnen.)

Auch auf die Erklärung des Namens der Einheit, „Bruch“, führt
die Entstehung. „Gebrochene Zahl“ statt „Bruch“ setzen, wird dem
Schüler unverständlich sein. Eher wird er sich etwas Richtiges vorstellen, wenn er sich erinnert an zerbrochene Gegenstände, an die Bruch-
stelle, den Bruch und die Bruchstücke. Es wird ihm aber auch verständlich werden, dass man den beim Ausmessen einer Grösse angewandten
(grössern) Massstab den „g a n z e n Massstab“ oder die „g a n z e Einheit“
nennen kann, den kleinern einen von jenem „a b g e b r o c h e n e n“ (abgeleiteten) oder eine „B r u c h - Einheit“. Die Ausdrücke g a n z e Zahl
(statt dekadische), B r u c h - Z a h l, g e m i s c h t e Zahl bedürfen nun kaum
der Erklärung.

Sind die Ausdrücke Bruch-Einheit und Bruch-Zahl richtig verstanden
worden, so sind auch die Bezeichnungen S t a m m brüche und a b g e l e i t e t e
Brüche klar. (Diese Namen sind übrigens nicht nötig.)

Aus der Entstehungsweise der Brüche ergiebt sich ferner, dass von
gleichnamigen Brüchen die mit dem grössten Zähler, von ungleichnamigen
Bruch - E i n h e i t e n die mit dem kleinsten Nenner die grössten sind.
Man wird schon hier die Grösse verschiedener Brüche näher vergleichen
können, um das spätere Heben, Erweitern und Gleichnamigmachen u. s. w.
vorzubereiten: z. B. $^1/_4$ $=$ der Hälfte von $^1/_2$; deshalb $^2/_4$ $=$ $^1/_2$, oder
$^1/_2$ $=$ $^2/_4$. Die Bruchzahl $^8/_{15}$ ist 4 mal so gross als $^2/_{15}$ u. s. w.

2. Wie man unechte Brüche in ganze oder gemischte Zahlen verwandelt und ganze oder gemischte Zahlen einrichtet, wird dem Schüler
ohne Weiteres verständlich sein. Den Brüchen, die der Einheit (Eins)
gleich sind (uneigentliche Brüche) besondere Namen zu geben, dürfte in
der Volksschule überflüssig sein. Ebenso das nähere Eingehen auf die
Doppelbrüche. „Das $^1/_2$ Viertelchen Kaffee“ scheint im Verkehr zwar
noch immer vorhanden zu sein; der Schule Aufgabe ist es aber nicht,
abgeschaffte Dinge zu erhalten und zu pflegen.

Da von uns bekannten Rechnungsarten nur die Division auf
Brüche führt, so schreibt man diesen wie eine Divisionsaufgabe und umgekehrt eine Divisionsaufgabe wie einen Bruch. Diese Auffassung (nicht
so zu verstehen, als sei der Bruch eine Divisionsaufgabe) ist wichtig für
den so vorteilhaften Bruchsatz bei spätern schriftlichen Aufgaben. Sie
leitet auch über zum folgenden Abschnitt.

3. Schon bei der Division mit Decimalzahlen haben wir ein Mittel (Erweiterung) kennen gelernt, den sogenannten Rest in Divisionsaufgaben zu beseitigen. Jetzt kennen wir in der Annahme vom Divisor abgeleiteter (abgebrochener) kleinerer Einheiten ein ferneres Mittel, jede Division ohne Rest zu Ende zu führen. Vielfach wird die Division den Schülern hier wiederum nur als „Teilen" vorgeführt. Es heisst z. B. 13 : 6. Damit ist die Aufgabe gestellt 6 (Personen) sollen sich unter 13 (Äpfel) teilen. Jede bekommt zunächst 2 ganze; der übrig bleibende wird in 6 Teile geteilt, wovon jeder Teiler einen erhält. Die Form des Messens ist auch hier zu üben. Z. B. 13 : 6. Die Masseinheit ist 6*), sie ist in 13 zweimal enthalten; es bleibt ein Rest (1); dieser kann mit dem 6. Teil der Masseinheit ($\frac{1}{6}$ von 6) noch einmal gemessen werden. Aufgaben mit sehr grossem Divisor sind zwecklos. Hier kann auch der Unterschied in der Entstehung von Bruchzahlen erwähnt werden. $\frac{2}{6}$ kann sein $\frac{2}{6}$ von einem Ganzen, oder je $\frac{1}{6}$ von zwei Ganzen.

4. Da wir bei frühern Divisionen den Rest in Decimalzahlen erweiterten und als Quotient statt eines (gem.) Bruchs eine Decimalzahl erhielten, so liegt der Schluss nahe, dass die betreffende Decimalzahl gleich ist einem (gem.) Bruch, dass beide also in einander übergeführt werden können. Das Verfahren bei der Umwandlung (gem.) Brüche iu Decimalzahlen ist aus der vorigen methodischen Einheit (und aus der Schreibweise der Brüche) klar. An dieser Stelle kann auch die Auffassung der Decimalzahlen als Decimalbrüche behandelt oder wiederholt werden. Bei der Umwandlung der (gem.) Brüche in Decimalzahlen tritt nun geordnet auf, was bei den frühern Divisionen schon hin und wieder beobachtet wurde: manche Brüche geben endliche, andere periodische u. s. w. Decimalzahlen. Die Frage, welche Brüche geschlossene und welche periodische Decimalzahlen geben, liegt zwar ausserhalb der Aufgabe des Volksschulrechnens, doch kann sie leicht beantwortet werden, wenn der Schüler früher gelernt hat, dass da, wo der Divisor im Dividend aufgeht, auch die Faktoren des Divisors und die daraus gebildeten Teilprodukte aufgehen. Dieser Satz sollte aber jedem Volksschüler bekannt sein; denn mit ihm kann er nicht nur oft sehr bequem Divisionen ausführen, sondern er schafft ihm auch Einsicht in das Verfahren beim Suchen des grössten gemeinschaftlichen Masses und des kleinsten gemeinschaftlichen Vielfachen mehrerer Zahlen.

5. und 6. Diese beiden Lehrstücke enthalten nichts Neues. Sie sollen bloss als Vorbereitung für die spätere Addition und Subtraktion dienen und werden nicht in grosser Ausdehnung behandelt. Der Schüler hat im ersten Abschnitt die Entstehung der Bruch-Zahlen aus den Bruch-Einheiten kennen gelernt und hierbei schon Brüche addiert, er kann also selbst angeben, wie die Addition gleichnamiger Brüche auszuführen ist. Die Brüche als benannte Zahlen auffassen zu lassen, wie manche Rechenlehrer raten, halten wir bei einem ernsten Rechenunterricht für unnötig.

Bei der Addition und Subtraktion gemischter Zahlen gewöhne man die Schüler nicht an das vorherige Einrichten der Zahlen. Für das schriftliche Rechnen sind keine besondern Regeln nötig. Damit die

---

*) Wenn noch nötig, zuerst mit Anschauungsmitteln.

Nenner die Übersicht nicht stören, schreibt man den Nenner über die
Posten bez. den Minuenden (wie später den Generalnenner) oder man
rückt ihn rechts seitwärts unter den Zähler.

$$
\begin{array}{llll}
 & 52 & & \\
3 & 15 & \text{oder} & 3 \; {}^{15}/_{52} \\
 & 23 & & 23/ \\
4 & 37 & & 4 \; {}^{37}/_{52} \\
 & 43 & & 43/_{52} \\
 & 45 & & 45/_{52} \\
\hline
 & 7^{163}/_{52} = 10\,{}^{7}/_{52} & & 7^{163}/_{52} = 10\,{}^{7}/_{52}
\end{array}
$$

Da die Schüler mit dem „Heben" der Brüche vielleicht noch nicht
genügend vertraut sind, wählt man die Beispiele so, dass nicht oder leicht
zu heben ist, oder hebt vorläufig auch gar nicht. Das Heben wäre stets
vor der Verwandlung des unechten Bruches in eine gemischte Zahl auszuführen. Die letzterwähnte Operation wird man zweckmässig nicht bis
zum Schluss aufschieben, wenn die Zähler nur kleine Zahlen sind, wie
das hier Regel sein soll. Man wandelt gleich um, sobald ein Ganzes
erreicht wird, und bemerkt jedes Ganze mit einem Strich. In obigem
Beispiel wäre also zu rechnen:

$$
{}^{15}/_{52} + {}^{23}/_{52} = 1\,{}^{36}/_{52}\,; \quad {}^{36}/_{52} + {}^{37}/_{52} = 1 + {}^{21}/_{52}\,; \quad {}^{21}/_{52} + {}^{23}/_{52} = {}^{44}/_{52}\,;
$$
$$
{}^{44}/_{52} + {}^{15}/_{52} = 1 + {}^{7}/_{52}\,; \quad 3 + 4 + 3 + {}^{7}/_{52} = 10\,{}^{7}/_{52}\,.
$$

Sobald die Schüler im Verständnis sicher sind, dürfen die Wiederholungen
weggelassen werden, wie das beim stillen Rechnen ja gewöhnlich geschieht.

7.—10. Die bei diesen methodischen Einheiten zu gewinnenden Sätze
sind zwar sehr einfach, aber von grosser Wichtigkeit; deshalb recht klare
Einsicht und tüchtige Übung. Die beiden ersten Sätze:

1. Wenn man den Zähler mit einer ganzen Zahl multipliziert, so
   vergrössert man den Bruch ebensovielmal; man multipliziert also
   einen Bruch mit einer ganzen Zahl, indem man den Zähler desselben multipliziert;

2. Wenn man den Zähler mit einer ganzen Zahl dividiert u. s. w.,

sind auch schwächern Schülern so einleuchtend, dass man Multiplikation
und Division der Brüche überhaupt für recht einfach halten könnte. Die
Schüler werden aber sofort merken, dass der zweite Satz nur in wenigen
Fällen angewandt werden kann. Sie müssen deshalb noch nach einem
andern Mittel zur Verkleinerung des Bruchs suchen, das sie in der Vergrösserung des Nenners finden. Wenn ihnen die Entstehung und die
Grössenverhältnisse der Brüche wirklich klar geworden sind, bietet die
Einsicht in diese Divisionsweise keine Schwierigkeiten. Aus dem Gegensatz ergiebt sich ein anderes Verfahren für die Multiplikation in gewissen
Fällen, dessen Vorteile auf der Hand liegen. Die Sätze über Multiplikation und Division: Man multipliziert einen Bruch mit einer ganzen
Zahl, indem man entweder den Zähler multipliziert oder den Nenner
dividiert; man dividiert u. s. w., lässt man natürlich zusammenstellen und
vergleichen. Bei den darauffolgenden Übungen haben die Schüler stets
das vorteilhafteste Verfahren anzuwenden. Zu merken ist auch der Fall,
dass man den Zähler als ganze Zahl erhält, wenn man ihn mit einer
Zahl multipliziert, die gleich seinem Nenner ist ($\frac{5}{8} \times 8 = 5$); oder dass
man den Bruch mit einer dem Nenner gleichen Zahl multipliziert hat,

wenn man diesen wegstreicht. (Für die spätere Multiplikation und Division sehr wichtig.) Gemischte Zahlen werden vor Ausführung der Multiplikation oder Division nicht erst eingerichtet.

Wenn sich der Nenner des Multiplikanden gegen den Multiplikator heben lässt, so wird vor Ausführung der Multiplikation gehoben. Der Schüler soll nicht rechnen $^2/_9 \times 18 = {}^{36}/_9 = 4$; sondern $^2/_9 \times 18 = 18 : 9 \times 2 = 2 \times 2 = 4$.

Beim schriftlichen Rechnen gewöhnt man ihn bald an den vorteilhaften Bruchsatz.

$$Z. \ B. \ \frac{27}{\underset{2}{52}} \times 26 = \frac{27 \times 26}{52} = \frac{27}{2} = 13^1/_2$$

$$Ebenso: \ \frac{15}{52} : 9 = \frac{\overset{5}{\cancel{15}}}{52 : 9} = \frac{5}{156}.$$

11. Die Einsicht für das Erweitern der Brüche ist schon aus 6 bis 10 gewonnen worden, ausserdem bekannt aus der Division dekadischer Zahlen (z. B. $815 : 5 = (815 \times 2) : (5 \times 2) = 1630 : 10 = 163$) und aus dem Rechnen mit Decimalzahlen. Wichtiger als das Erweitern m i t einer gegebenen Zahl (z. B. Erweitere $^4/_5$ durch 9!) ist das Erweitern z u einem gegebenen Bruch (z. B. mit welcher Zahl müssen 5 tel erweitert werden, damit es 45 tel werden? Erweitere $^5/_{12}$ auf 60 tel!), weil hierdurch die Addition und Subtraktion ungleichnamiger Brüche vorbereitet wird. Auch Übungen, wie folgende, sind wichtig: Nennt alle Brüche, die sich zu 12, 24, 36, 72, 360 teln u. s. w. erweitern lassen! Bildet daraus Reihen!

Oder:

Vergleicht die Grösse der aufgeführten Brüche!

Hieran liesse sich das Gleichnamigmachen der Brüche anschliessen, wenn besondere Umstände dies wünschenswert machen sollten. Am natürlichsten tritt es aber unmittelbar vor der Addition ungleichnamiger Brüche auf. Dort wird es unbedingt verlangt und findet sofortige Anwendung.

12. Das H e b e n ist an bequemen Zahlen schon vielfach geübt worden. Die Regeln über die Teilbarkeit der Zahlen sind zum Teil ebenfalls bekannt. Man kann sie hier nochmals zusammenstellen und nötigenfalls ergänzen. Dem Schüler sollen wenigstens bekannt sein die Erkennungsmittel für:

$$2, 4, 8;$$
$$3, 9;$$
$$5, 10, 100, 25;$$
$$6, 12, 15.$$

Vielleicht auch noch für 11.

Hiermit wird man für das jetzige Bruchrechnen in der Volksschule ausreichen. In vielen Fällen gewährt es aber grosse Erleichterung, wenn man gleich das grösste gemeinschaftliche Mass mehrerer Zahlen kennt. Zur Auffindung desselben kann man bekanntlich zwei Wege einschlagen: Zerlegung der Zahlen in die Grundfaktoren, oder wiederholte Division.

Beispiel: Es sei das grösste gemeinschaftliche Mass für die Zahlen 144 und 360 zu suchen.

a) $144 = 2.2.2.2.3.3$
   $360 = 2.2.2.3.3.5$

Gemeinschaftlich sind die Faktoren $2.2.2.3.3$; deshalb das grösste gemeinschaftliche Mass $2.2.2.3.3 = 72$.

b)
$$360 : 144 = 2 \text{ oder } 360 : 144 : 72$$
$$144 : 72 = 2 \qquad \qquad 72 —$$

Dem erstern Verfahren ist der Vorzug zu geben, besonders wenn die Zahlen nicht sehr gross sind. Es setzt nur voraus, dass der Schüler in der Faktorenlehre nicht unbewandert ist; dann sieht er den Grund des Verfahrens sofort ein und gelangt auch rasch und sicher zum Ziel.

Das zweite Verfahren lässt das grösste gemeinschaftliche Mass bei allen Zahlen mit Sicherheit auffinden und kann besonders dann angewandt werden, wenn die obengenannten Erkennungsmittel für die Verwandtschaft der Zahlen nicht ausreichen. Die Begründung des Verfahrens ist nicht schwer und bleibt auch nicht vereinzelt. Denn die Anwendung der „Erkennungsmittel" soll ebenfalls begründet werden und beruht auf den nämlichen Zahlgesetzen. (Geht eine Zahl in einer andern auf, so auch in deren Vielfachen; geht eine Zahl in zwei anderen auf, so auch in deren Summe und Unterschied.)

14. und 15. Die Schwierigkeit bei der Berechnung der Summe oder Differenz ungleichnamiger Brüche liegt bekanntlich im „Gleichnamigmachen" der Brüche. Die Schüler haben dies zwar schon ausgeführt, aber nur unter sehr günstigen Verhältnissen; ihre bisherige Kenntnis vom „Erweitern" reicht nicht aus, um die Bruch-Einheit (oder den Nenner) zu bestimmen, zu welcher sich in jedem angegebenen Falle alle Brüche erweitern lassen. Intelligente Schüler werden zwar in dem Satz: „Die Faktoren sind stets im Produkt enthalten," einen Weg finden. Sie sehen alle Nenner als Faktoren an und suchen das Produkt; dabei kommen sie aber auf ungemein grosse Zahlen, die sich als unnötig erweisen. An den oben gestellten Aufgaben haben sie gesehen, dass man mit einem viel kleinern Nenner auskommt, wenn die gegebenen Nenner mit einander verwandt sind. Wie findet man diesen kleinsten gemeinschaftlichen Nenner? Zunächst können gewiss alle die Nenner als Faktoren weggelassen werden, die schon in einem andern enthalten sind; denn sie gehen auch auf in dem gesuchten Nenner, der ja ein Vielfaches der übrigbleibenden ist. In

dem obigen Beispiel waren die Nenner 2, 3, 4, 6, 12, 18. Die 4 ersten können wir weglassen, denn sie sind in 12 enthalten. Von 12 und 18 ist das kleinste gemeinschaftliche Vielfache aber nicht $12 \times 18 = 216$, sondern 36. Dagegen würde es von 11 und 12 wirklich $11 \times 12 = 132$ sein. Woher dieser Unterschied? Im letztern Falle soll in der zu suchenden Zahl 11 enthalten sein, sie muss also den Faktor 11 haben; ebenso wegen der 12 den Faktor 12 oder die Grundfaktoren 2.2.3. Im erstern Falle muss die Zahl wegen der 12 die Grundfaktoren 2.2.3 enthalten, wegen der 18 2.3.3. Setzen wir zunächst $12 = 2.2.3$, so sind von 18 schon zwei Grundfaktoren vorhanden; wir haben deshalb nur noch den dritten (3) zuzufügen. $2.2.3.3 = 36$. Hieraus ergiebt sich die Wichtigkeit der Zerlegung der Zahlen in die Grundfaktoren. Sie ist unsern Schülern nichts Unbekanntes, sondern zu Zwecken der Multiplikation und Division bereits früher geübt worden. (Vergl. Viertes Schuljahr.) Wir machen hier nochmals darauf aufmerksam, dass sie nicht als „reine Faktorenlehre" behandelt werden soll, weil dieses wissenschaftliches Interesse voraussetzt. Die Schüler müssen den Nutzen derselben immer einsehen.

Zur Aufsuchung des kleinsten gemeinschaftlichen Vielfachen sind für das schriftliche Verfahren in den verschiedenen Rechenbüchern etwas abweichende Schemata angegeben. Wir empfehlen das im weim. Kirchen- und Schulblatt,[*) Jahrg. 1879, Seite 171, angegebene. Da diese Zeitschrift ausserhalb des weimarischen Landes weniger verbreitet sein dürfte, teilen wir das Wichtigste davon mit.

$$18 = 2.3.3$$
$$12 = 2.2.3$$
$$15 = 3.5.$$
$$16 = 2.2.2$$
$$35 = 5.7.$$
$$50 = 2.5.5$$
$$\overline{2.2.2.3.\quad 3.5.5.7 = 25200}$$

Dazu werden folgende Erläuterungen gegeben:

1. Das gesuchte Vielfache soll 18 enthalten, daher muss es mindestens eine Zwei und zwei Dreien als Faktor haben, ich schreibe also unter den Strich 2.3.3; das Vielfache ist also bis jetzt 18, und in der That ist 18 das kleinste Vielfache von 18.

2. Das gesuchte Vielfache soll 12 enthalten, daher muss es zwei Zweien und eine Drei als Faktor haben. Nun ist eine Zwei bereits da und, hier zum Teil überflüssigerweise, auch zwei Dreien; ich brauche also nur noch eine Zwei, welche ich, damit die Ordnung gewahrt werde, voran stelle. Es steht nunmehr unter dem Striche als kleinstes gemeinschaftliches Vielfaches von 18 und 12 die Zahl 2.2.3.3, d. i. 36.

3. Wegen 15 brauche ich noch eine Fünf (diese setze ich hinter die zweite Drei).

4. Wegen 16 brauche ich noch zwei Zweien u. s. w.

Demnach ist $2.2.2.2.3.5.5.7 = 25200$ das kleinste gemeinschaftliche Vielfache der Zahlen 18, 12, 15, 16, 35 und 50.

---

*) Von Herrn Geh. Oberschulrat Dr. Leidenfrost. — Wir geben die Beispiele, wie sie im Kirchen- und Schulblatt enthalten sind; in der Volksschule werden wir nicht mit so grossen Generalnennern rechnen.

Die Schüler sind noch darauf aufmerksam zu machen, dass eine Veränderung der Reihenfolge der Faktoren Vorteile bei Bildung des Produktes
bietet:

$$2.2.5.5 = 100$$
$$100.2.2 = 400$$
$$400.3.3 = 3600$$
$$3600.7 = 25200$$

Die **Erweiterungszahlen** (d. s. die Zahlen, mit welchen Zähler
und Nenner der zu erweiternden Brüche multipliziert werden müssen)
werden gewöhnlich durch Division gefunden. (Dem Schüler ist dieses
Verfahren bereits bekannt: Produkt und ein Faktor ist gegeben, den
andern findet man durch Division.) Es empfiehlt sich aber, das **Multiplikationsverfahren** vorzugsweise anwenden zu lassen, denn

1. „bietet es abermals Gelegenheit, die Faktorenlehre anzuwenden
   und zu üben;
2. kann es gerade in schwierigern Divisionsfällen, wo der Schüler
   oft schon seine Zuflucht zu schriftlicher Ausführung nehmen wird,
   noch im Kopf vollendet werden. Darf es doch als unbestreitbar
   angesehen werden, dass, gerade so wie die Fertigkeit des Schülers
   im Addieren diejenige im Subtrahieren überragt, auch den Zahl-
   raum, innerhalb dessen der Schüler mit Sicherheit im Kopf multiplizieren kann, entschieden weiter reicht, als derjenige, innerhalb
   dessen er sich unter sonst gleichen Umständen einer Division
   unterziehen mag." (A. a. O. S. 189.)

Nehmen wir in obigem Beispiel die Zahlen 18, 12, 15, 16, 35 und
50 als Nenner von Brüchen an, so findet man die Erweiterungszahlen
durch das Multiplikationsverfahren auf folgende Weise:

Damit aus 18 teln 25200 tel werden, muss man den Bruch mit 1400
erweitern, denn $18 = 2.3.3$ ist der eine Faktor des Produkts 25200;
der andere besteht aus den übrigen Grundfaktoren von 25200, nämlich
aus $2.2.2.5.5.7 = 1400$.

$12 = 2.2.3$, der andere Faktor (die übrigen Grundfaktoren von
25200) $2.2.3.5.5.7 = 2100$.

$15 = 3.5$, der andere Faktor $2.2.2.2.3.5.7 = 1680$ u. s. w.

Der bessern Übersicht wegen schreibt man die zu erweiternden
(gleichnamig zu machenden) Brüche in eine senkrechte Reihe, rechts neben
dieselben die Erweiterungszahlen, neben diese die erweiterten Brüche.
Hat man die Erweiterungszahlen richtig gefunden, so sind bloss noch die
Zähler zu multiplizieren, denn die multiplizierten Nenner geben stets den
Hauptnenner. (Die Ausführung der letztern Multiplikation kann aber
als Probe für die Richtigkeit der Erweiterungszahl dienen.) Deshalb ist
auch nicht nötig, den Nenner der erweiterten Brüche jedesmal hinzu-
schreiben; es genügt, wenn man sie denselben oben anmerkt.

	25200	
$\frac{5}{18}$	1400	7000
$\frac{5}{12}$	2100	10500
$\frac{7}{15}$	1680	11760
$\frac{7}{16}$	1575	11025
$\frac{7}{35}$	720	5040
$\frac{7}{50}$	504	3528

Nun kann die Addition der Brüche unmittelbar erfolgen, ebenso die Angabe der Differenz je zweier Brüche. (Auch die Division — das Messen — könnte hier angeschlossen werden.)

Sind gemischte Zahlen zu addieren, so addiert man erst die Zähler der gleichnamig gemachten Brüche, hebt — wenn möglich — und verwandelt den unechten Bruch in eine gemischte Zahl u. s. w.

Wie man eine schriftliche Additionsaufgabe zweckmässig anordnet, zeigt folgendes Schema (Kirchen- und Schulblatt S. 187):

$$
\begin{array}{ll}
1680 & \\
25^{7}/_{12} & 140 \quad 986 \\
40^{19}/_{20} & 84 \; 1590 \\
3^{7}/_{48} & 35 \quad 245 \\
{}^{5}/_{16} & 105 \quad 525 \\
714^{6}/_{24} & 60 \quad 540 \\
15^{39}/_{56} & 30 \; 1170 \\
\hline
800^{1}/_{105} & 6056/_{1680} = 316/_{105} = 3^{1}/_{105}
\end{array}
$$

Zuweilen gewährt es Vorteil, nicht alle zu addierenden Brüche gleichnamig zu machen, sondern die verwandten in Gruppen zu bringen, diese zu addieren und die Summen schliesslich in eine Hauptsumme zu vereinigen. Ein Beispiel hierfür entnehmen wir Erfurth (a. a. O. S. 115).

$$
{}^{5}/_{6} + 1^{10}/_{11} + 1^{19}/_{24} + {}^{5}/_{4} + {}^{7}/_{2} + 7^{11}/_{22} + 1^{11}/_{12} + {}^{5}/_{6} + 1^{1}/_{2} + {}^{2}/_{7} + {}^{9}/_{10} + 1^{11}/_{15}
$$

Nach gewöhnlicher Weise addiert, erhält man den Hauptnenner 9240 und hat deshalb mit grossen Zahlen zu rechnen. Man kann hier aber folgende Gruppen bilden:

$$
\begin{array}{lllll}
\text{a)} \; {}^{5}/_{6} & \text{b)} \; 1^{19}/_{2} & \text{c)} \; {}^{9}/_{10} & \text{d)} \; {}^{5}/_{7} & \text{e)} \; 1^{10}/_{11} \\
{}^{5}/_{6} & 11^{}/_{} & 14^{}/_{15} & {}^{2}/_{7} & {}^{}/_{22} \\
1^{4}/_{} & {}^{5}/_{6} & & & 1^{5}/_{22} \\
1^{2}/_{} & & 1^{5}/_{6} & 1 & \\
\hline
1^{7}/_{6} & 2^{13}/_{24} & & &
\end{array}
$$

$$
\begin{array}{l}
1^{7}/_{6} \\
2^{10}/_{24} \\
1^{5}/_{6} \\
1 \\
\hline
7^{1}/_{4} \\
+ 1^{5}/_{22} \\
\hline
\text{SSa. } 8^{21}/_{44}
\end{array}
$$

Da unsere Schüler bereits mit Decimalzahlen rechnen können, so dürfen sie von denselben Anwendung machen, wenn sich bei Lösung einer Additionsaufgabe mit (gem.) Brüchen voraussichtlich ein grosser Hauptnenner ergiebt. (Hentschel a. a. O. S. 123.)

$$
\begin{array}{l}
{}^{4}/_{12} = 0{,}308 \\
{}^{5}/_{17} = 0{,}294 \\
10^{}/_{19} = 0{,}526 \\
1^{}/_{23} = 0{,}783 \\
{}^{6}/_{29} = 0{,}207 \\
11^{}/_{31} = 0{,}355 \\
\hline
2{,}473
\end{array}
$$

Der Hauptnenner würde 86822723 sein.

Zur Subtraktion bemerken wir nur, dass man das „Rechnen mit Vorteilen" nicht ausser Acht lassen möge.

$$5\tfrac{1}{7} - \tfrac{11}{12} = (5\tfrac{1}{7} - 1) + \tfrac{1}{12} = 4\tfrac{1}{7} + \tfrac{1}{12} = 4\tfrac{19}{84}.$$
$$\text{Oder } 5\tfrac{1}{7} - \tfrac{11}{12} = (5 - \tfrac{11}{12}) + \tfrac{1}{7} = 4\tfrac{1}{12} + \tfrac{1}{7} = 4\tfrac{19}{84}.$$

15. In Hentschels Lehrbuch des Rechenunterrichts ist (Seite 81) folgende „Vorbemerkung" zu lesen: „Wir beschränken uns bei der Multiplikation und Division mit Brüchen nach Möglichkeit. Denn gerade bei diesen beiden Rechnungsarten ist es recht schwer, die Lernenden sicher zu machen, vor Koufusionen zu bewahren und doch einen übermässigen Aufwand an Kraft und Zeit zu vermeiden." Ferner Seite 93: „Dass Division und Multiplikation mit Brüchen die schwierigsten Kapitel der Bruchrechnung sind und nur mit grosser Mühe, Sorgfalt und Geduld bei den Schülern Klarheit und Sicherheit in diesen Stücken erlangt werden kann, das weiss der erfahrene Lehrer nur zu gut." Es wird deshalb geraten, „die gleichartigen Rechnungsfälle fast ausschliesslich auf einerlei Weise lösen zu lassen, für das schriftliche Rechnen feste Regeln in fester Form aufzustellen, dieselben aus dem Mündlichen herzuleiten und ihre Zahl möglichst zu beschränken."

Aus manchen Rechenbüchern sind diese Fälle bereits weggelassen. Aber Regeldetri-Aufgaben, z. B. 2 kg kosten 6 M.; wieviel kosten ³⁄₄ kg? führen doch auf die Multiplikation einer Zahl mit einem Bruch.

Der Schüler rechnet:

$$\begin{array}{ll} 2 \text{ kg} & 6 \,\mathscr{M}; \\ 1 \text{ kg} & 3 \,\mathscr{M}; \\ \tfrac{1}{4} \text{ kg} & \tfrac{3}{4} \,\mathscr{M}; \\ \tfrac{3}{4} \text{ kg} & \tfrac{3}{4} \,\mathscr{M} \times 3 = \tfrac{9}{4} \,\mathscr{M} = 2\tfrac{1}{4} \,\mathscr{M} \end{array}$$

Nach Analogie anderer Aufgaben wird er aber auch schliessen:

$$\begin{array}{ll} 1 \text{ kg} & 3 \,\mathscr{M}; \\ \tfrac{3}{4} \text{ kg} & 3 \,\mathscr{M} \times \tfrac{3}{4}. \end{array}$$

Nun steht er vor der Aufgabe: Multiplikation einer ganzen Zahl mit einem Bruch. Wie leicht diese Aufgabe zu lösen ist, wurde eben gezeigt. Bei der Ausrechnung hat der Schüler schon angegeben, dass $3 \times \tfrac{3}{4}$ so viel heisst, als den 4. Teil von 3 dreimal nehmen. Damit ist das Verständnis für die Multiplikation mit einem Bruch eröffnet. Die schriftliche Darstellung geschieht zweckmässig mit Benutzung die sog. Bruchstrichs:

$$3 : 4 \times 3 = \frac{3 \cdot 3}{4}.$$

Wo gehoben werden kann, geschieht es natürlich vor Ausführung der Division oder Multiplikation.

Ob man zuerst dividiert und den Quotient multipliziert, oder ob man zuerst multipliziert und dann das Produkt dividiert, bleibt für das Resultat sich gleich; deshalb wird dem Schüler in passenden Fällen erlaubt sein — aber erst nachdem er Einsicht in die Multiplikation mit einem Bruch genommen hat — auch zu rechnen:

$$3 \times \tfrac{3}{4} = (3 \times 3) : 4 = \frac{3 \cdot 3}{4}.$$

Aufgaben wie $15 \times {}^{3}/_{8}$ lassen wir zunächst auf zweierlei Weise ausrechnen:

a) $15 \times {}^{3}/_{8} = 15 : 8 \times 3 = 1 {}^{7}/_{8} \times 3 = 3 + {}^{21}/_{8} = 3 + 2 {}^{5}/_{8} = 5 {}^{5}/_{8}$

b) $15 \times {}^{3}/_{8} = (15 \times 3) : 8 = 45 : 8 = 5 {}^{5}/_{8}$

Zur Ausrechnung b gelangen wir auch durch die vorteilhafte Schreibweise:

$$\frac{15 \times 3}{8} = 15 \times \frac{3}{8} = 45 = 5 {}^{5}/_{8}.$$

Der Schüler wird bald beurteilen lernen, wo er am vorteilhaftesten die eine oder andere Ausrechnungsweise anwendet.

Wegen der Multiplikation mit einer Decimalzahl führen wir den Schüler noch in eine andere Auffassungsweise der Multiplikationsaufgaben ein. Er soll bereits wissen, dass man Aufgaben wie 78×5 nicht rechnet: $70 \times 5 + 8 \times 5 = 350 + 40 = 390$, sondern:

$$78 \times 5 = \frac{78 \times 10}{2} = 390.$$

Dann wird er auch den Satz kennen: Wenn man einen Faktor zu gross setzt, erhält man ein zu grosses Produkt; man bekommt aber das richtige Produkt, wenn man dasselbe mit derselben Zahl dividiert, mit welcher man den Faktor multipliziert hat.

Mit Hilfe dieses Satzes können wir bei den in Rede stehenden Aufgaben den Bruch beseitigen und mit einer ganzen Zahl multiplizieren.

$$12 \times {}^{1}/_{7} = 12 \times ({}^{1}/_{7} \times 7) : 7 = \frac{12 \times 1}{7} = \frac{12}{7} = 1 {}^{5}/_{7}.$$

(Dass man den Bruch mit einer Zahl, die gleich dem Nenner ist multiplizieren muss, wenn man soviel Ganze erhalten will, als der Zähler angiebt, ist schon im 7. Lehrstück geübt worden.)

Ist der Multiplikator eine gemischte Zahl, so zerlegt man dieselbe.

$$12 \times 2 {}^{3}/_{7} = (12 \times 2) + 12 \times {}^{3}/_{7}$$
$$= 24 + \frac{12 \times 3}{7}$$
$$= 24 + 5 {}^{1}/_{7}$$
$$= 29 {}^{1}/_{7}.$$

Die gemischte Zahl vor Ausführung der Multiplikation einzurichten, ist nicht zu empfehlen.

Neben der gewöhnlichen Ausrechnungsweise lasse man den Schüler auch andere anwenden, damit er gewöhnt werde, die Aufgaben zu überlegen und vorteilhaft zu rechnen.

Beispiele: a) $12 \times 6 {}^{3}/_{4} = (12 \times 6) + (12 \times {}^{3}/_{4})$
$$= 72 + 9$$
$$= 81$$

$12 \times 6 {}^{3}/_{4}$ aber auch $= (12 \times 7) - (12 \times {}^{1}/_{4})$
$$= 84 - 3 = 81.$$

b) $35 \times {}^{5}/_{12} = (36 \times {}^{5}/_{12}) - (1 \times {}^{5}/_{12})$
$$= 15 - {}^{5}/_{12}$$
$$= 14 {}^{7}/_{12}.$$

16. Die Multiplikation mit einer Decimalzahl bietet nun eigentlich nichts Neues mehr; mögen wir die Decimalzahl als einen Decimalbruch oder eine Systemzahl auffassen.

Wir sehen den decimalen Multiplikator zunächst als eine ganze (dekadische) Zahl an und multiplizieren wie mit einer solchen. Soviel mal wir denselben bei dieser Annahme erhöht hatten, sovielmal müssen wir das Produkt erniedrigen, was bekanntlich durch Abstreichen von soviel Stellen geschieht, als der Multiplikator decimale Stellen hatte. Wenn wir mit decimalen Einheiten zu multiplizieren haben, so fällt die Multiplikation ganz weg; die Multiplikation mit einer decimalen Einheit ist gleich der Division durch eine dekadische Einheit desselben Grads.

$$3000 \times 0,1 = \frac{3000 \times 1}{10} = \frac{3000}{10} = 300$$

$$3000 \times 0,01 = \frac{3000 \times 1}{100} = \frac{3000}{100} = 30$$

$$3000 \times 0,001 = \frac{3000 \times 1}{1000} = \frac{3000}{1000} = 3$$

$$3000 \times 0,0001 = \frac{3000 \times 1}{10000} = \frac{3000}{10000} = 0,3$$

Dann kürzer: $3000 \times 0,01 = 300,0$
$$3000 \times 0,001 = 30,00$$
u. s. w.

17. Auf Divisionsaufgaben, in welchen der Divisor ein Bruch (oder eine gemischte Zahl) ist, führen uns wiederum Regeldetriaufgaben, wenn wir dieselben nach der Vergleichungsmethode lösen wollen, was oft kurz zum Ziel führt.

Die Division tritt hier auf in der Form des „Messens" oder Vergleichens. Nun lassen sich allerdings nur gleichartige Dinge mit einander messen; deshalb haben manche Rechenlehrer empfohlen, in der Volksschule nur ein Verfahren anzuwenden: nämlich Dividend und Divisor gleichnamig zu machen und dann wie mit ganzen Zahlen zu dividiren. Dies Verfahren ist in vielen Fällen jedoch recht umständlich. Wir meinen, dass die meisten Schüler, die bis zu dieser Stufe des Rechenunterrichts vorgeschritten sind, auch ein kürzeres Verfahren begreifen werden. Dieses gründen wir auf den Satz: „Wenn man den Divisor durch Multiplikation vergrössert, wird der Quotient zu klein; um ihn richtig zu erhalten, muss man ihn mit derselben Zahl multipliciert hatte."

Den Divisor multipliciren wir mit einer dem Nenner gleichen Zahl, damit wir den Zähler als Ganze erhalten.

$$48 : 1\tfrac{1}{4} = (48 : 1) \times 4 = \frac{48 \times 4}{1} = 192.$$

Rechnen wir $48 : 1$ statt $48 : 1\tfrac{1}{4}$, so haben wir den Divisor (die Mass-Einheit) 4 mal zu gross gesetzt, der Quotient ist 4 mal zu klein geworden, ist also mit 4 zu multipliciren.

$$11 : 6\tfrac{3}{4} = 11 : \tfrac{27}{4} = \frac{11}{27} \times 4 = \frac{44}{27} = 1\tfrac{17}{27}.$$

$$48 : 6\tfrac{3}{4} = 48 : \tfrac{27}{4} = \frac{\overset{16}{48} \times 4}{27} \times \frac{64}{9} = 7\tfrac{1}{9}$$

18. Wenn man Dividend und Divisor mit derselben Zahl multipliziert, bedarf der Quotient keiner Berichtigung.

$$48 : \tfrac{1}{4} = (48 \times 4) : (\tfrac{1}{4} \times 4)$$
$$= 192 \quad : \quad 1 \quad = 192.$$

Diesen Satz benutzen wir bei der nun folgenden Division durch eine Decimalzahl. Wir multiplizieren hier beide Zahlen mit der dekadischen Einheit, die den Divisor zu einer ganzen (dekadischen) Zahl macht.

a) $30 : 0,01 = (30 \times 100) : (0,01 \times 100)$
$$= 3000 : 1 = 3000.$$

b) Die Division durch decimale Einheiten braucht man nicht umständlich auszuführen; sie geschieht durch Erhöhung (Hinaufrücken) des Dividenden.

c) $24 : 1,2 = (24 \times 10) : (1,2 \times 10)$
$$= 240 : 12 = 20$$

Die Multiplikation führt man natürlich nicht weitläufig aus.

19. Das zur Multiplikation eines Bruchs mit einem Bruch nötige Verständnis ist durch die Übungen No. 7—10 vorbereitet worden.

Die gewöhnliche Regel: Man multipliziert Zähler mit Zähler und Nenner mit Nenner, geben wir dem Schüler nicht, weil sie leicht zu gedankenlosem Rechnen verleitet. Findet sie der Schüler schliesslich selbst, so mag er sich beim praktischen Rechnen darnach richten; die Erklärung derselben soll ihm keinesfalls erlassen werden.

a) $\tfrac{5}{4} \times \tfrac{1}{4} = \tfrac{5}{4} : 4 \times 1 = \tfrac{5}{16} \times 1 = \tfrac{5}{16}.$

Oder: $\tfrac{5}{4} \times \tfrac{1}{4} = (\tfrac{5}{4} \times 1) : 4 = \dfrac{\times 1}{4 \times 4} = \tfrac{5}{16}$

$\tfrac{3}{4} \times \tfrac{3}{4} = \tfrac{3}{4} : 4 \times 3 = \tfrac{3}{16} \times 3 = \tfrac{9}{16}.$

Oder: $\tfrac{3}{4} \times \tfrac{3}{4} = (\tfrac{3}{4} \times 3) : 4 = \dfrac{3 \times 3}{4 \times 4} = \tfrac{9}{16}.$

b) $\tfrac{3}{4} \times 2\tfrac{3}{4} = (\tfrac{3}{4} \times 2) + (\tfrac{3}{4} \times \tfrac{3}{4}) = \tfrac{3}{2} + \tfrac{9}{16} = 2\tfrac{1}{16}.$

Oder: $\tfrac{3}{4} \times 2\tfrac{3}{4} = \tfrac{3}{4} \times \tfrac{11}{4} = \dfrac{3 \times 11}{4 \times 4} = \tfrac{33}{16} = 2\tfrac{1}{16}.$

c) $3\tfrac{3}{4} \times 2\tfrac{3}{4} = (3\tfrac{3}{4} \times 2) + (3\tfrac{3}{4} \times \tfrac{3}{4})$
$$= (3 \times 2) + (\tfrac{3}{4} \times 2) + (3 \times \tfrac{3}{4}) + (\tfrac{3}{4} \times \tfrac{3}{4})$$
$$= \quad 6 + \tfrac{3}{2} \quad + \quad 2\tfrac{1}{4} \quad + \quad \tfrac{9}{16}$$
$$= \quad 10\tfrac{5}{16}$$

Oder: $3\tfrac{3}{4} \times 2\tfrac{3}{4} = \tfrac{15}{4} \times 2\tfrac{3}{4}$
$$= (\tfrac{15}{4} \times 2) + (\tfrac{15}{4} \times \tfrac{3}{4})$$
$$= \quad 7\tfrac{1}{2} \quad + \quad 2\tfrac{13}{16}$$
$$= \quad 10\tfrac{5}{16}.$$

Oder: $3\tfrac{3}{4} \times 2\tfrac{3}{4} = \tfrac{15}{4} \times \tfrac{11}{4}$
$$= \tfrac{165}{16} = 10\tfrac{5}{16}.$$

Beim ersten Verfahren erhält man vier zu addierende Teilprodukte. Dieses Verfahren wird nur zweckmässig sein, wenn dabei nicht mehr als zwei Brüche entstehen, oder wenn die ganzen Zahlen sehr gross sind. Im allgemeinen führen das zweite oder dritte Verfahren schneller zum Ziel.

d) Die Rechnungsvorteile bestehen auch hier vorzüglich im gegenseitigen Aufheben der gemeinschaftlichen Faktoren.

$$\frac{5}{8} \times \frac{16}{26} = \frac{5 \times \overset{2}{16}}{8 \times \underset{13}{26}} = \frac{5}{13}$$

$$\frac{5}{8} \times \frac{16}{25} = \frac{5 \times \overset{2}{16}}{8 \times \underset{5}{25}} = \frac{2}{5}$$

20. a) $^4/_9 : ^2/_9 = 4$.

$^4/_{18} : ^9/_{18} = 4 : 9 = ^4/_9$.

b) $7^1/_2 : 1^1/_2 = {}^{15}/_2 : {}^3/_2 = 5$.

Wenn die Schüler das Wesen eines Bruchs und das „Messen" klar erfasst haben, so werden diese Aufgaben unmittelbar gelöst. Man kann des leichten Verständnisses halber auch ungleichnamige Brüche auf diese Weise dividieren lassen, besonders wenn sie leicht gleichnamig zu machen sind. Z. B.

$$\tfrac{3}{4} : {}^5/_6 = {}^9/_{12} : {}^{10}/_{12} = 9 : 10 = {}^9/_{10}.$$

Dagegen würde es unpraktisch sein, zu rechnen $^7/_{33} : {}^5/_{24} = {}^{56}/_{264} : {}^{55}/_{264}$ $= 56 : 55 = 1^1/_{55}$.

c) Bei ungleichnamigen Brüchen verfahren wir wieder wie oben (unter No. 17).

$$^{12}/_{17} : {}^3/_7 = {}^{12}/_{17} : 3 \times 7$$
$$= \frac{12 : 3}{17} \times 7$$
$$= {}^4/_{17} \times 7$$
$$= {}^{28}/_{17} = 1^{11}/_{17}.$$

$$^{12}/_{17} : {}^5/_7 = {}^{12}/_{17} : 5 \times 7$$
$$= \frac{12}{17 \times 5} \times 7$$
$$= {}^{12}/_{85} \times 7 = {}^{84}/_{85}.$$

Erklärung wie oben: Durch Division mit 3 statt $^3/_7$ ist der Quotient 7 mal zu klein geworden, er muss deshalb mit 7 multipliziert werden. Im ersten Beispiel kann die Division am Zähler ausgeführt werden, im zweiten muss sie durch Multiplikation des Nenners stattfinden. Auf die Regel: Man kehrt den Divisor um und multipliziert, drängen wir auch hier nicht hin. Wohl aber ist zu beachten, dass man die einzelnen Operationen in anderer Reihenfolge vornehmen kann (beim schriftlichen Rechnen im Bruchsatz hinschreiben!) und dadurch oft Vorteile erhält.

d) $^7/_{33} : {}^5/_{24} = \frac{7 \times \overset{8}{24}}{\underset{11}{33} \times 5} = {}^{56}/_{55} = 1^1/_{55}$

$$^{25}/_{48} : {}^{15}/_{16} = \frac{\overset{5}{25} . \overset{}{16}}{48 . \underset{3}{15}} = {}^5/_9$$

e) Man könnte das unter c und d angewandte Verfahren auch aus der Division gleichnamiger Brüche ableiten. Z. B. $^4/_5 : ^2/_3$. Die beiden

Brüche sind gleichnamig zu machen, indem man Zähler und Nenner des Dividend mit dem Nenner des Divisors und Zähler und Nenner des Divisors mit dem Nenner des Dividenden multipliziert. Das Gleichnamigmachen führt man aber nicht aus, sondern deutet es bloss an.

$$^4/_5 : {}^2/_3 = \frac{4 \times 3}{5 \times 3} : \frac{2 \times 5}{3 \times 5}$$

Die Nenner kommen nun nicht weiter in Betracht, deshalb

$$^4/_5 : {}^2/_3 = (4 . 3) : (. 5) = \frac{\overset{2}{4 \times 3}}{2 \times 5} = {}^6/_5 = 1\,^1/_5.$$

Empfehlenswert ist dieses Verfahren, wenn es auf Ableitung einer mechanischen Regel abgesehen ist.

f) $5\,^1/_8 : {}^3/_4 = {}^{41}/_8 : {}^3/_4 = \frac{41 \times 4}{8 \times 3} = {}^{41}/_6 = 6\,^5/_6.$

Aber $6\,^3/_5 : {}^3/_4 = (6 : {}^3/_4) + ({}^3/_5 : {}^3/_4)$

$$\left(= \frac{6 \times 4}{3} + \frac{3 \times 4}{5 \times 3} \right)$$

$$= 8 + {}^4/_5 = 8\,^4/_5.$$

g) $^7/_8 : 3\,^1/_2 = {}^7/_8 : {}^7/_2 = {}^1/_4.$

h) $2\,^3/_4 : 1\,^1/_2 = 2\,^3/_4 : {}^3/_2 = (2 : {}^3/_2) + ({}^3/_4 : {}^3/_2)$

$$= 1\,^1/_3 + {}^1/_2$$
$$= 1\,^5/_6$$

Oder $6\,^3/_4 : 1\,^1/_5 = {}^{27}/_4 : {}^6/_5$

$$= \frac{\overset{9}{27} \times 5}{4 \times 6}$$

$$= {}^{45}/_8 = {}^5/_8.$$

21. Auch hier geben wir nicht die mechanische Regel: „Man multipliziert wie mit ganzen Zahlen und giebt dem Produkt so viele Decimalstellen, als beide Faktoren zusammen haben"; erst muss die nötige Einsicht gewonnen sein.

Wir verfahren deshalb wie im Abschnitt 16.

$$0,2 \times 0,4 = (0,2 \times 4) : 10 = 0,8 : 10 = 0,08$$
$$3,6 \times 0,4 = (3,6 \times 4) : 10 = 14,4 : 10 = 1,44$$
$$3,6 \times 2,8 = (3,6 \times 28) : 10 = 100,8 : 10 = 10,08$$

oder $3,6 \times 2,8 = (3,6 \times 2) + (3,6 \times 0,8).$

Beim Tafelrechnen können wir zwei Wege einschlagen: a) Vor der Ausführung der Multiplikation ist zu überlegen, in welche Stelle die niedrigste Produktziffer kommt. Die Einerstelle des Multiplikands ist massgebend für das Einsetzen.

$$84,7 \times 0,423$$
$$33\;88$$
$$1\;694$$
$$2541$$
$$\overline{35,8281}$$

b) Man erhebt beide Faktoren zu ganzen (dekadischen) Zahlen. Dadurch wird das Produkt um so viele Grade zu gross, als beide Faktoren erhöht worden sind, desbalb hat man es um eben so viele Grade wieder zu erniedrigen, was durch Einsetzen des Komma geschieht.

$$84,7 \times 0,423 = (847 \times 423) : 10000 \text{ (oder } 10^4)$$

$$
\begin{array}{r}
\overline{3388} \\
1694 \\
2541 \\
\hline
35,8281
\end{array}
$$

22. Die Division einer Decimalzahl durch eine Decimalzahl unterscheidet sich nicht von der in No. 18 angegebenen: Wir rücken durch Multiplikation mit einer dekadischen Einheit die Stellen des Divisors und Dividenden soweit hinauf, dass der Divisor zu einer ganzen Zahl wird.

$$32,385 : 2,55 \quad = 3238,5 : 255 = 12,7$$
$$0,648 : 0,0015 = 6480 : 15 \quad = 432.$$

Dividend und Divisor gleichnamig zu machen, wie vielfach angeraten wird, ist weder nötig noch zweckmässig.

23. Das Wenige, was von der Verwandlung der Decimalzahlen in (gem.) Brüche in der Volksschule vorkommen soll, schliessen wir an das Heben der Brüche an, weil der einfachste Fall, die Verwandlung einer endlichen (geschlossenen) Decimalzahl, weiter nichts erfordert als die Anwendung der Bruchform statt der decimalen Schreibweise und event. Heben.

$$0,25 = {}^{25}/_{100} = {}^1/_4$$

Auf die Verwandlung der rein- und gemischt-periodischen Decimalzahlen legen wir in der Volksschule keinen Wert. Wir wissen uns nicht zu entsinnen, dass wir jemals davon Gebrauch gemacht haben. Wer diese Verwandlung für wünschenswert halten sollte, wird seinen Zweck schon erreichen, wenn er eine Regel aus der Entstehung der (periodischen) Decimalzahlen ableitet. Z. B.:

$$
\begin{array}{lll}
{}^8/_9 = 0,8; & \text{also } 0,8 & = {}^8/_9 \\
{}^2/_3 \text{ oder } {}^6/_9 = 0,6; & \text{„ } \quad 0,6 & = {}^6/_9 = {}^2/_3 \\
{}^{85}/_{99} = 0,85; & \text{„ } \quad 0,85 & = {}^{85}/_{99} \\
{}^6/_{11} = 0,54; & \text{„ } \quad 0,54 & = {}^{54}/_{99} = {}^6/_{11} \\
{}^1/_{27} = 0,037; & \text{„ } \quad 0,037 & = {}^{37}/_{999} = {}^1/_{27}.
\end{array}
$$

24. Das Heben der Brüche führt auch auf das Setzen von Annäherungswerten. Zuweilen kommen Brüche vor, die sich gar nicht oder nur wenig kürzen lassen, mit denen es sich dann (im Kopf) recht unbequem rechnen lässt. Auf vollständige Genauigkeit kommt es aber im praktischen Leben vielfach gar nicht an; deshalb wird es erlaubt sein, einen Bruch ein wenig zu vergrössern oder zu verkleinern. (Das praktische Leben macht thatsächlich recht viel Gebrauch davon.) Der Schüler soll imstande sein, bei einer Veränderung angeben (berechnen) zu können, wie viel er vom genauen Wert abweicht; mit Berücksichtigung der Sachverhältnisse wird er dann auch zu beurteilen haben, ob in einem vorliegenden Fall die Abänderung überhaupt statthaft ist. Bei manchen Brüchen, wo die Abänderung nur am Zähler vorgenommen wird, ist die Angabe des Fehlers leicht. Z. B. ${}^{23}/_{30}$ beinahe $= {}^{24}/_{30} = {}^4/_5$; Fehler ${}^1/_{30}$. Setzt man statt ${}^7/_{15}$ ${}^7/_{14} = {}^1/_2$, so ist der Fehler ${}^1/_{30}$, denn ${}^1/_2 = {}^{15}/_{30}$, ${}^7/_{15}$ nur ${}^{14}/_{30}$. Hier mussten die Brüche erst gleichnamig gemacht werden.

$^{71}/_{91}$ ungefähr $^{72}/_{90} = {}^{4}/_{5}$. Der Fehler könnte hier schon bedeutender sein; denn der Bruch ist auf doppelte Weise vergrössert worden. Macht man beide Brüche gleichnamig, so ergiebt sich als Fehler $^{9}/_{455}$, der gewiss bei vielen Dingen nicht in's Gewicht fällt.

Man kann auch im Voraus den Nenner des Nährungswertes bestimmen, jedoch wird hiervon seltener Gebrauch gemacht. $^{125}/_{144}$ sollen z. B. in Achteln (ungefähr) ausgedrückt werden. Hier fassen wir den Bruch auf als Divisionsaufgabe: 125 : 144.

125 Ganze sind $125 \times 8 = 1000$ Achtel;

1000 Achtel dividiert durch $144 = 6^{17}/_{18}$ Achtel = ca. $^{7}/_{8}$.

Man rechnet kürzer: $\dfrac{125 \times 8}{\cancel{144}} = 6^{17}/_{18} =$ rund $^{7}/_{8}$)

18

Oder man hebt mit 18; giebt ungefähr $^{7}/_{8}$.

Viel häufiger kommen die Abkürzungen bei den Decimalzahlen vor. Die Schüler haben davon wohl bereits Gebrauch gemacht bei der Division und dem Verwandeln gemeiner Brüche in Decimalzahlen*). Im praktischen Rechnen kürzt man aber nicht nur Quotienten, sondern auch Summen, Differenzen und Produkte. Man kann annehmen, dass in den meisten Fällen, die ein Volksschüler rechnerisch zu behandeln hat, drei Dezimalstellen genügen. Die Kenntnis der abgekürzten Rechnungen hat deshalb für viele Volksschüler entschiedenen Wert. Bekanntlich scheidet man diese Rechnungen in solche mit genauen und ungenauen Zahlen. Letztere lassen wir weg bis auf einen Fall. (Wir fügen sie hier an der Übersicht halber, nicht in der Meinung, dass die Schüler im sechsten Schuljahr sie einüben sollen.)

Als Regel soll der Schüler sich merken, dass die abgekürzte Zahl bis auf $^{1}/_{2}$ Einheit ihres niedrigsten Teils genau (sicher) sein soll.

Bei der Addition muss also wenigstens die vierte untere Stelle mit berechnet werden, wenn die Summe bis auf die dritte gekürzt werden soll. Ist die Anzahl der Summanden eine grössere, so müsste man auch noch die fünfte Stelle berücksichtigen; das kann geschehen durch Addition der fünften Stellen oder durch Abkürzung der Summanden auf vier Stellen.

0,32461	0,3246
6,37892	6,3789
8,76595	8,7650
0,87952	0,8795
7,36942	7,3694
0,84807	0,8481
24,56649 abgek. 24,567.	24,5665 abgek. 24,567.

Hätte man beim ersteren Verfahren bloss die vierte Stelle berücksichtigt, so wäre die abgekürzte Summe 24,566.

Beim zweiten Verfahren hat jeder Summand einen Fehler erhalten, der aber stets kleiner als $^{1}/_{2}$ zt ist. 6 mal $^{1}/_{2}$ zt = $^{6}/_{2}$ zt könnte die Summe der Fehler also nicht sein, wohl aber $^{5}/_{2}$ zt. Nun sind aber vier Summanden zu niedrig, zwei dagegen zu hoch eingestellt worden, deshalb haben

---

*) Bei wenig günstigen Verhältnissen begnügt man sich mit diesen Abkürzungen.

sich die Fehler wieder etwas ausgeglichen. Mehr als 0,5 ergänzt man bei den Abkürzungen bekanntlich auf 1, weniger als 0,5 lässt man aus. Wie soll man es aber halten bei 0,5? Als Regel hat man bei der Addition hier eingeführt: Wird durch die Ergänzung die Zahl eine gerade, so setzt man 0,5 = 1; ist sie bereits gerade, so lässt man 0,5 aus. Also 0,5655 = 0,566; aber 0,5665 = 0,566. Andere ergänzen 0,5 in jedem Falle zu 1,0. Von der abgekürzten Addition wird man im praktischen Rechnen besonders Gebrauch machen, wenn (gem.) Brüche zu addieren sind, die einen unbequemen Hauptnenner erhalten müssen. Man verwandelt dann vor der Addition die Brüche in (abgekürzte) Decimalzahlen (s. u.). Wie weit man in der Abkürzung gehen darf, entscheidet die Natur des rechnerisch zu behandelnden Gegenstandes, oder eine sonstige Bestimmung über die Genauigkeit.

Bei der abgekürzten Subtraktion genügt nicht immer die Berücksichtigung einer weiteren Stelle, wie vielfach angegeben ist.

$$
\begin{array}{ll}
12,23476 & \qquad \text{oder} \qquad 12,235 \\
-\ 3,84934 & \qquad\qquad\qquad\ -\ 3,849 \\
\hline
\ \ 8,38542 \ \ \text{abgek. } 8,385 & \qquad\quad\ \ 8,386 \\
12,2348 \qquad\quad \text{und} & \qquad\quad\ 12,235 \\
-\ 3,8493 & \qquad\qquad\ \ -\ 3,849 \\
\hline
\ \ 8,3855 & \qquad\quad\ \ \ 8,386
\end{array}
$$

Hier ist eine Differenz von 1 t entstanden, weil nur der Minuend um 1 t erhöht worden ist, also eine Ausgleichung der Fehler nicht stattgefunden hat; man muss also eine Stelle mehr berücksichtigen. Werden beide Glieder durch Kürzung gleichartig verändert, so bedarf es nur so vieler Stellen, als man haben will.

Die abgekürzte Multiplikation wird häufig in Anwendung kommen können, weil man bei der Multiplikation recht oft Zahlen erhält, die weit über die nötige Genauigkeit hinausreichen. Die Ausführung der abgekürzten Rechnung ist etwas schwieriger, als bei Addition und Subtraktion.

Beispiel: $23,794 \times 6,3584$

$$
\begin{array}{r}
142,764 \\
7\,1382 \\
1\,18970 \\
190352 \\
95176 \\
\hline
151,2917696 \ \text{abgek. } 151,292.
\end{array}
$$

Wollte man so verfahren, so hat man im Grunde genommen nicht abgekürzt gerechnet. Wir rechnen deshalb anders. Da das Hauptprodukt die Summe der Teilprodukte ist und wir jenes nur bis auf Tausendstel genau haben wollen, so kürzen wir die Teilprodukte, sobald sie unter die zt hinabreichen. Also:

$23,794 \times 6,3584$

$$
\begin{array}{rll}
142,764 & =\ 23,794 \times 6 \\
7\,1382 & =\ 23,794 \times 0,3 \\
1\,1897 & =\ 23,79 \ \ \times 0,05 & +\ 2 \ \text{zt} \\
1903 & =\ 23,7 \ \ \ \times 0,008 & +\ 7 \ \text{zt} \\
94 & =\ 23 \ \ \ \ \ \times 0,0004 & +\ 2 \ \text{zt} \\
\hline
151,2916 & \text{abg. } 151,292.
\end{array}
$$

Erklärung: Das erste Teilprodukt (23,794 × 6) ist vollständig zu berechnen, da es bloss bis zu den t reicht; das zweite (23,794 × 0,3) ebenfalls, da es nur bis zu den zt hinabgeht, die berücksichtigt werden müssen.

Das dritte Teilprodukt (23,794 × 0,05) reicht bis zu den ht; diese schreiben wir zwar nicht mit auf (sondern nur das Teilprodukt von 23,79 × 0,05), es sind aber 2 zt (0,004 × 0,05) darin enthalten, die wir zu den 45 zt (aus 0,09 × 05) addieren müssen.

Das vierte Teilprodukt (23,794 × 0,008) würde bis zu den m reichen, das fünfte (23,794 × 0,0004) bis zu den zm. Es werden bloss berechnet die Teilprodukte von 23,7 × 0,008 und 23 × 0,0004. Vom zweiten Teilprodukt an kommt vom Multiplikand immer eine Zahl weniger in Betracht. Um Irrungen zu vermeiden, setzt man über die jedesmal in Wegfall kommende Multiplikandziffer einen Punkt.

Von der abgekürzten Division genauer Zahlen wird weniger Gebrauch gemacht. Wie bei der abgekürzten Multiplikation der Multiplikand nach und nach gekürzt wurde, so bei der abgekürzten Division der Divisor.

Beispiel: 74,519 : 6,4832

$$= 745190 : 64832 = 11,4957$$

$$64832$$

$$\underline{96870} : 64832$$

$$64832$$

$$\overline{32038} : 6483$$

$$25933$$

$$\overline{6105} : 648$$

$$5735$$

$$\overline{370}$$

$$324 : 64$$

$$\underline{46}$$

$$43 : 6$$

$$\overline{3}$$

Von den Rechnungen mit ungenauen Zahlen erwähnen wir besonders der Division, weil sie häufig anzuwenden sein dürfte. Sie ist nicht schwer; der Schüler hat nur aufzumerken, wo der höchste Teil des Dividenden unsicher wird und da die Division abzubrechen.

Beispiel: 86,44136 : 0,5495732 abgek. auf 86,441 : 0,5496.

$$= 864410 : 5496 = 157,2$$

$$5496$$

$$31481$$

$$27480$$

$$40010$$

$$38472$$

$$15380$$

$$10992$$

$$4388$$

Die unsichere Stelle des Divisors (6) macht alle Reste der unterstrichenen Stellen unsicher. Sobald die höchste Stelle des Restes unsicher geworden, ist die Fortsetzung der Division zwecklos; denn nun wird der Quotient höchst wahrscheinlich falsch; unsicher ist er schon eine Stelle vorher geworden. Man berechnet deshalb die Aufgabe durch abgekürzte Division bis auf Zehntel und kürzt den Quotienten auf Einer.

$$86{,}441 : 0{,}5496 = 157{,}3 \text{ abgek. } 157.$$
$$\overline{31\ 48}$$
$$\overline{4\ 00}$$
$$\overline{16}$$

Ein tieferes Eingehen auf die abgekürzten Rechnungen liegt ausserhalb der Aufgabe des Volksschulrechnens. (Ausführliche Behandlung findet sich in B a c k h a u s. Das Rechnen mit Decimalzahlen, und K u t s c h, Rechenbuch für Schulen.) Zum Schluss bemerken wir noch, dass für die allermeisten Schüler die ausführliche Behandlung der umständlichern Rechnungen vergebliche Mühe gewesen sein dürfte, wenn ihnen nicht reichlich Gelegenheit zur Anwendung bez. Wiederholung gegeben wird.

Lippert & Co. (G. Pätz'sche Buchdr.), Naumburg a. S.

A. Historisch-humanistische Lehrfächer (Menschenleben)

Zeit	I Gesinnungsunterricht		II Kunstunterricht			III Sprachunterricht		
	Biblische Geschichte	*Profan-Geschichte*	*Singen*	*Zeichnen*	*Modellieren*	*Lesen*	*Aufsatz u. Grammatik*	*Schre*
I. Schuljahr a) 16 Std. b) 18 Std.	Heimatlicher Vorkursus — Erbauungsstunden — Feier des Weihnachtsfestes in der Schule	Eine Auswahl Grimmscher Märchen (S. 1. Schuljahr 6. Aufl. Leipzig, Bredt)	S. die Arbeit von Löwe und das 1. bis 3. Schuljahr	Malendes Zeichnen. Lebensformen im Anschluss an den Gesinnungs- und heimatlichen Unterricht S. Konr. Lange, Künstlerische Erziehung	Praktische Beschäftigung im Anschluss an die Sachgebiete und zur Fortführung der Kindergartenarbeit	Vorübungen	—	Erlernen der Formen der Schreibschrift (lateinisch)
II. Schuljahr 20 Std.		Robinson (S. 2. Schuljahr 4. Aufl.)				Konz. Lesebuch II. Schuljahr S. Lehmensick, »Lesen« in Rein Handbuch Langensalza	—	
III. Schuljahr 22 Std.		Thüringer Sagen (S. 3. Schuljahr 3. Aufl.)				Gesch. Lesebuch (Leipzig, Bredt)	Vorübungen	
IV. Schuljahr 24 Std.	Altes Testament: Patriarchen, Moses, Richter, Könige	Nibelungen, Gudrun, (S. 4. Schuljahr 3. Aufl.)	S. die Arbeit von Löwe im XXVI. Jahrbuch des Vereins für wissenschaftliche Pädagogik und die Schuljahre 4 bis 8	Lebensformen aus den Nibelungen	Formen im Anschluss an den Zeichen-Unterricht	Der Lesestoff wird aufser der Schülerbibliothek entnommen: 1. dem konzentrierenden Lesebuche, 2. dem biblischen Lesebuche (Schulbibel) (S. Lehmensick, Lese-Unterricht. 3. den Quellenlesebuche für Geschichte, 4. d. Sammlg. hist. Gedichte Pädagogische Studien 1892)	Anschluß an die Sachgebiete des Unterrichts und an das Schulleben. Die grammatischen Übungen sind eng mit dem Aufsatz-Unterrichte verknüpft. S. d. »Schuljahre«, Theorie und Praxis des Volksschulunterrichts (Leipzig, Bredt)	Üben selbe Alpha bete
V. Schuljahr 26 Std.	Propheten Neues Testament: Leben Jesu	Deutsche Geschichte I. Von Hermann bis Otto I. (S. 5. Schuljahr 3. Aufl.)		Romanische Kunstperiode (Heimatl. Anknüpfg. Anschg. Darstellg.)				Erlernen der Schreibformen des zweiten
VI. Schuljahr 28 Std.	Leben Jesu	2. Von Otto I. bis Rudolf von Habsburg (S. 6. Schuljahr 3. Aufl.)		Gotische Zeit Anschg. Darstellung				
VII. Schuljahr 30 Std.	Apostelgeschichte Paulus	3. Von Rudolf von Habsburg bis zum 30jähr. Krieg (S. 7. Schuljahr 2. Aufl.)		Renaissance (Mittelalter) Anschg. Darstellg.				Erlernen beider Alphabete gleichmäßig
VIII. Schuljahr 32 Std.	Reformationszeit, Luther, Abschl. Schul-Katechismus	4. Vom 30jähr. Krieg bis 1870/71, Wiederaufrichtung des deutsch. Reichs, Wilhelm I. (S. 8. Schuljahr 2. Aufl.)		Renaissance (Neuere Zeit) Anschg. Darstellg. Zeichnen n. d. Natur				Üben beider Alphabete gleichmäßig

C. Turnen

B. Naturwissenschaftliche Fächer (Naturleben)

IV Erdkunde			V Naturkunde		VI Mathematik		
Mathemat. Geographie	*Phys. Geographie*	*Schul-reisen*	*Technisch-wirtschaft-liche Reihe*	*Beobach-tungsreihe*	*Raumlehre*	*Rechnen*	*Hand-arbeit*
Beobachtungen von Stand u. Bewegung der Gestirne. (S. Finger, Heimatkunde. Heckenhayn, Methodisches Lehrbuch. Diesterweg, Populäre Himmelskunde)	Wanderungen und Beobachtungen in der nächsten Umgebung (S. Scholz, Heimatkunde, in Reins Encyklopädie) II. Harms, Vaterländische Erdkunde, Tischendorf, Präparationen, Prüll, Deutschland	Vergl. Scholz, Schulreisen. Heft 5 des Päd. Seminars zu Jena	Heimatl. Beobachtungen (Schulgarten) S. Misshach, der Schulgarten im Dienste der Volksschule (Päd. Bausteine, 4. Heft)	S. Maennel im 3. Seminarheft. Jena Sigismund, Die Familie als Schule der Natur (Leipzig, 1857)	Siehe Martin und Schmidt Raumlehre nach Formengemeinschaften, Dessau 1888 Zeifsig, Formenkunde Fickel, Geom. Formenlehre	Zahlraum von 1 bis 10 (Addition. Subtraktion) — Zahlraum von 1 bis 100 Multiplikation und Division (nur die leichteren Formen) Zahlraum von 1 bis 1000 Die schweren Reihen in Multiplikation und Division. Die grösseren Reihen	Fortführung der Arbeiten des Kindergartens
	Heimat, Saalthal, Unstrutthal	Saalthal, Unstrutthal					
Scheinbare Drehung der Himmelskugel (S. Capesius M. Geogr i. d. Handbuch v. Rein)	Thür. Wald, Thüringen, Rheingebiet, Donaugebiet, Süddeutschland	Thüringer Wald	Wald und Wiese Jäger u. Nomaden, Jagdtiere, Herdenwirtschaft-Kleidung	Leipzig 1885	Wohnhaus: Würfel, rechteckige Säule, dreis. S.	Unbegrenzter Zahlraum, Die vier Spezies mit abstrakten und konkreten Zahlen	
Krümmung der Erdoberfläche, Jahreszeiten	Nord- und Mitteldeutschland, Wesergebiet, Elbgebiet, Oder- und Weichselgebiet	Harzgebirge	Feld Ackerbau: Getreidebau, Obstbau, Weinbau Nahrung	S. Maennel im 3. Seminarheft Jena Seyfert, Die Naturwissenschaften in d. Erziehungsschule. Leipzig 1888. 2. Aufl. Landberg, Streifzüge durch Wald und Flur. Leipzig, Teubner 1897	Kirche: Quadr. Säule, 6seit. S., 8+ S. 6-u. 8seit. Pyr., Abgest. Pyr.	Die vier Spezies mit gemischten und dezimalen Zahlen	Im Winter: Arbeit in der Schulwerkstatt, Anschluss an Naturkunde und Mathematik. S. die Arbeit von Scholz, im 3. Seminarheft. S. 7 ff. (S. Beyer, Naturwissenschaft in der Erziehungsschule und den Artikel in Reins Encyklopädie)
	Alpen, Italien, Mittelmeerländer, die Schweiz, Österreich-Ungarn	Rhöngebirge	Haus Kleinbürger, Hausbau, Bergbau, Handwerker Wohnung		Acker und Wiese: Kongruenzsätze, Kreisberechnung, Walze	Bruchrechnung	
Entfernung und Gröfse der Gestirne	Aussereurop. Erdteile	Lutherstätten: Eisleben, Mansfeld, Magdeburg, Wittenberg	Wasser Grossburger. Verkehrsmittel, Gesundheitslehre Verkehr		Wald: Kegel, Kegelstutz, Pythagor. Lehrsatz		Im Sommer: Arbeit im Schulgarten. Anschluss an Naturkunde und Arten (S. Hartmann, der Rechenunterricht. Teuper, Wegweiser zur Bildung Heimat! Rechenaufgaben. Leipzig 1887)
Kopernikus, Kepler, Galilei, Foucault, Newton	Preussen, Skandinavien, Frankreich, Russland, England, Das disch. Reich, Kolonieen	Leipzig und Erzgebirge	Erde als Lebensgemeinschaft, Elektrizität, Magnetismus, Gesundheitslehre		Kulturstätten: Kugel, Kegelmantel, Ellipse, Verhältnissätze, gebhener Schnitt	Die sog. bürgerlichen Rechnungsmethoden, der Rechenunterricht.	

nd Spiele